SQL
实践教程
（第10版）

A Guide to SQL
10th Edition

［美］ 马克·谢尔曼（Mark Shellman）
哈桑·阿夫尤尼（Hassan Afyouni）
菲利普·J. 普拉特（Philip J. Pratt） 著 徐波 译
玛丽·Z. 拉斯特（Mary Z. Last）

人民邮电出版社
北　京

图书在版编目（CIP）数据

SQL实践教程：第10版 /（美）马克·谢尔曼
(Mark Shellman) 等著；徐波译. -- 北京：人民邮电
出版社，2023.7
  ISBN 978-7-115-58468-7

Ⅰ. ①S… Ⅱ. ①马… ②徐… Ⅲ. ①关系数据库系统
－教材 Ⅳ. ①TP311.132.3

中国版本图书馆CIP数据核字(2021)第278290号

版 权 声 明

- ◆ 著　　　[美] 马克·谢尔曼（Mark Shellman）
　　　　　　哈桑·阿夫尤尼（Hassan Afyouni）
　　　　　　菲利普·J.普拉特（Philip J. Pratt）
　　　　　　玛丽·Z.拉斯特（Mary Z. Last）
　　译　　　徐　波
　　责任编辑　王峰松
　　责任印制　王　郁　焦志炜
- ◆ 人民邮电出版社出版发行　　北京市丰台区成寿寺路 11 号
　　邮编　100164　　电子邮件　315@ptpress.com.cn
　　网址　https://www.ptpress.com.cn
　　北京瑞禾彩色印刷有限公司印刷
- ◆ 开本：720×960　1/16
　　印张：21　　　　　　　　　2023 年 7 月第 1 版
　　字数：356 千字　　　　　　2023 年 7 月北京第 1 次印刷
　　著作权合同登记号　图字：01-2021-4398 号

定价：119.80 元
读者服务热线：(010)81055410　印装质量热线：(010)81055316
反盗版热线：(010)81055315
广告经营许可证：京东市监广登字 20170147 号

内 容 提 要

　　本书介绍了SQL的编程原理、基本原则、使用方法及技巧，包含数据库设计基础知识，第一范式、第二范式、第三范式的概念和范式间的转换方法，涉及数据库创建、单表查询、多表查询、更新数据、数据库管理知识，并提供了常用SQL语句的案例速查表。公司使用SQL来管理订单、物品、客户和销售代表的有趣案例贯穿全书，方便读者跟随进度逐步上手SQL。

　　本书可作为高等院校SQL或数据库相关课程的参考教材，也可作为SQL的案例参考和函数速查手册，适合有一定编程基础、想要上手使用SQL的人阅读。

前　　言

结构化查询语言（Structured Query Language，SQL，发音为 se-quel 或 ess-cue-ell）是一种流行的计算机语言，有着极广的受众，包括家庭计算机用户、小型企业主、大型机构的终端用户、程序员等。尽管本书使用 MySQL Community Server 8.0.18 作为介绍 SQL 的载体，但各章的内容、示例和习题也可以用其他任何 SQL 实现工具来完成。

本书在写作之时就照顾到了范围很广的教学层面，包括接受计算机科学入门课程的初学者和钻研高级信息系统课题的研究者。本书既可用于独立的 SQL 课程，也可作为数据库概念教学的辅助教材，帮助学生掌握 SQL。

应按照顺序学习本书各章内容。建议学生完成章末的习题及章节中的示例，以实现最好的学习效果。第 8 章的内容要求读者至少学习或使用过一种编程语言，因此教师应该判断学生是否能够理解该章的概念。没有编程背景的学生可能难以理解嵌入式 SQL 的话题。如果觉得学生难以理解这些编程示例，教师可以选择跳过第 8 章的教学。

《SQL 实践教程（第 10 版）》建立在以前版本成功的基础之上。这些版本通过一个使用 SQL 来管理订单、物品、顾客、销售代表的业务环境，描述了 SQL 的基本指令。和以前的版本一样，本书使用 MySQL 8.0、Oracle 19c、SQL Server 2019 作为展示 SQL 指令的载体。本书还会在 Oracle 和 SQL Server 指令与 MySQL 版本有所不同时予以说明。Oracle 和 SQL Server 用户的区别将在 "用户说明" 中指出，这样可以让学生更容易明白他们所使用的 SQL 实现工具有什么不同。学生可以从 Oracle 网站免费下载 Oracle 19c 企业版、专业版或精简版以完成本书的学习，而不必购买和安装完整的 Oracle 程序。

本书用一整章内容来介绍数据库的设计，向学生展示了如何实现一个适当的设计、满足一组特定的需求，并讨论了存储过程和触发器等重要主题。本书还围绕宠物食品用品供应商和学生住宿公司这两个案例更新了相关问题。

本书特色

使用示例

从第3章开始，本书的每一章都包含了多个使用SQL解决问题的示例。通过这些示例，你会看到用于解决问题并实现解决方案的SQL指令。对于大多数学生而言，通过示例学习是精通一门技术语言的有效学习方式。由于这个原因，教师应该鼓励学生在计算机旁阅读各章的内容，并在计算机上输入书中的指令。

案例研究

关于KimTay Pet Supplies公司的延续性案例研究会在本书各章的案例及每章案例练习的第1组习题中出现。尽管为了便于管理，这个数据库的规模较小，但KimTay数据库的示例和习题模拟了使用SQL指令可以实现的真实业务。在各章及各章最后的习题中围绕同一个案例进行探究可以保证知识的高度连续性，进一步加强学习效果。

本书中的另一个案例研究围绕StayWell数据库，它会在每章案例练习的第2组习题中出现。这个案例研究向学生提供了在没有文中示例的直接引导下探索"自己的内容"的机会。

嵌入式问题

你在许多地方可以看到"有问有答"栏目，它们的作用是帮助读者在继续学习之前理解一些关键的内容。在有些情况下，问题的设计目的是在介绍一些特殊的概念之前让读者有机会对它们进行思考。每个问题的解答都会直接出现在问题的后面。读者可以直接阅读问题和解答，但是如果花点时间思考问题的答案，之后再将自己的解答与书中提供的解答进行比较，无疑会有更大的帮助。

关于 Oracle 和 SQL Server 的用户说明

当一条SQL指令在Oracle或SQL Server中具有不同的用法或格式时，我们将在"用户说明"中对其予以说明。当读者看到与自己所使用的SQL实现工具相关的用户说明时，请确保阅读它的内容。读者也可以阅读其他SQL实现工具的用户说明，以了解各种SQL实现工具的区别。

实用提示

实用提示框对基础信息进行了强调，为 SQL 的成功实现提供了有用的技巧。学生应该留意实用提示框中的建议，在练习 SQL 技能的时候也可以重温这些提示。

复习材料

本书各章最后可能设有"本章总结""复习题"环节。其中，"复习题"测试学生是否记住了本章的重点，有时也会测试学生对他们所学习的知识的应用能力。此外，"关键思考题"用于锻炼学生解决问题的能力和分析技巧，它们会在正文和其他问题中穿插出现。各章还包含了与 KimTay 和 StayWell 数据库相关的练习。

附录

本书正文之后有 3 个附录。附录 A 是 SQL 参考，描述了本书所介绍的主要 SQL 指令的作用和语法。学生可以阅读附录 A，以快速掌握在什么时候、如何使用重要的指令。

附录 B 提供了有关"如何进行参考"的信息，允许学生通过搜索一个问题的解答来交叉引用附录 A 的适当内容。

附录 C 提供了编写查询指令的 10 条戒律，并对组成 SQL 语句的步骤和规则进行了总结。

教师支持资源

本书为教师和学生提供了丰富的补充材料包。教师支持资源提供了详细的教师电子手册、插图文件、教学幻灯片和 Cognero 测试库。教师电子手册提供了使用本书的一些建议和策略，并包含了复习题和案例练习的答案。插图文件允许教师使用本书中出现的插图创建自己的幻灯片。教师也可以使用材料包中以 PowerPoint 幻灯片形式提供的课件。这些课件完美契合了各章所涵盖的内容，包含了各章的插图，并且可以自定义。

教师支持资源还包含了关于 KimTay 和 StayWell 数据库的案例脚本文件，可在 MySQL、Oracle 和 SQL Server 中创建这两个数据库中的表和数据。有了这些文件之后，教师可以选择性地向学生布置作业，要求学生创建本书所使用的数据库并在其中加载数据。教师也可以通过向学生提供 MySQL、Oracle 或 SQL Server 脚本文件来自动完成或简化这些任务。

本书的组织形式

本书包含8章和3个附录，下面依次对它们进行描述。

第1章：KimTay和StayWell数据库简介

第1章介绍了贯穿全书的两个数据库案例：KimTay数据库和StayWell数据库。本章提供了许多"有问有答"习题，以帮助学生理解如何对数据库进行操作，为以后使用SQL进行实际操作打下基础。

第2章：数据库设计基础知识

第2章介绍了与关系数据库、功能依赖关系和主键有关的重要概念和术语，并介绍了设计数据库以满足特定需求的一种方法。本章还描述了在数据库设计中查找和修正各种不同的潜在问题的规范化过程。最后，本章介绍了如何使用实体关系图以图形的方式表示数据库设计。

第3章：创建表

在第3章中，学生们开始使用数据库管理系统（Database Management System，DBMS）创建并运行SQL指令来创建表、使用数据类型并向表中添加行。本章还讨论了空值的角色和用法。

第4章：单表查询

第4章是本书使用SQL指令查询数据库的两章之一。本章中的查询都只涉及单个表。本章所讨论的内容包括单个条件和复合条件，计算列，SQL的BETWEEN、LIKE、IN操作符，使用SQL聚合函数，嵌套查询，数据分组，以及提取具有空值的列。

第5章：多表查询

第5章通过演示连接多表的查询，完成了对数据库查询的讨论。本章所讨论的内容包括SQL的IN和EXISTS操作符、嵌套的子查询、使用别名、表与自身的连接、SQL的集合操作，以及ALL和ANY操作符的用法。本章还讨论了各种不同的连接类型。

第6章：更新数据

第6章讨论了如何使用SQL的COMMIT、ROLLBACK、UPDATE、INSERT、DELETE指令对表数据进行更新，介绍了如何根据一个现有的表创建一个新表及如何更改一个表的结构。本章还讨论了事务的相关内容，包括它们的作用和实现。

第7章：数据库管理

第7章讨论了SQL的数据库管理功能，包括视图的用法，用户数据库权限的授予和撤回，创建、删除和使用索引，从系统目录使用和获取信息，以及使用完整性约束来控制对数据项的访问。

第8章：函数、存储过程、触发器

第8章讨论了一些对单独的行进行操作的重要SQL函数，介绍了如何使用PL/SQL和T-SQL把SQL指令嵌入另一种语言。本章的内容还包括使用嵌入式SQL指令插入新行、修改和删除现有的行、提取单行，以及使用游标提取多行。此外，还介绍了触发器。

附录A：SQL参考

附录A包含了本书各章所讨论的主要SQL子句和操作符的指令参考。学生可以使用附录A作为创建指令的快速参考。每条指令包含了一段简短的描述，并在一张表中说明了必要和可选的子句及操作符，此外还附有示例和结果。

附录B：SQL参考使用指南

附录B向学生提供了一个提出问题（例如"如何删除行？"）的机会，并确认这些问题在附录A中的对应位置，用于寻找答案。当学生知道他们需要完成的任务，但无法想起他们所需要的准确SQL指令时，附录B用处极大。

附录C：编写查询指令的10条戒律

附录C向学生提供了一整页关于在编写查询语句时什么可以做、什么不可以做的指南。附录C的10条戒律涵盖了本书所讨论的多种SQL规则。

面向学生的说明

关于在Oracle或SQL Server中运行脚本文件的细节，可以咨询自己的教师，也可以参考正文的第3章，以了解与创建及使用脚本有关的信息。关于下载MySQL和Oracle 19c软件的信息，可以访问Oracle网站。关于SQL Server Express的信息，可以访问Microsoft网站。

关 于 作 者

作者简介

Mark Shellman（加斯顿学院）

Mark Shellman博士是一位资深教授，在位于美国北卡罗来纳州达拉斯市的加斯顿学院信息技术系工作。被学生们亲切地称为Mark博士的他善于组织学生开展自主学习，并且他本人也热爱自学。他在信息技术领域擅长的领域包括数据库和编程语言。Mark博士教授信息技术超过30年，是Microsoft Access数据库"新视点"（New Perspectives）系列的几本教材的作者之一。

Hassan Afyouni（e-conn公司）

Hassan Afyouni博士从事信息技术已经超过30年。他是数据库专家、Oracle技术专家、企业架构师、技术咨询师、教育家，担任加拿大、美国和黎巴嫩的几所学院和大学的教师。他同时是一位在数据库领域受人尊敬的前沿图书作者。

Philip J. Pratt（大峡谷州立大学）

Philip J. Pratt是美国大峡谷州立大学荣誉数学和计算机科学系的教授。他在这所大学已经工作了30余年。他的教学研究领域包括数据库管理、系统分析、复变分析和离散数学。他编著了超过70本教科书，并且是流行的系列图书Shelly Cashman中3个水平等级的Microsoft Office Access教程的作者之一。另外，他还是《SQL实践教程》前几个版本的作者之一。

Mary Z. Last

Mary Z. Last从1984年以来一直从事计算机信息系统的教学工作。她曾是美国得克萨斯州贝尔顿市的玛丽哈丁贝勒大学的副教授和学习与教学成效中心的主任，现已退休。Last女士积极参与了计算机教育家的口述历史项目（Oral History Project），鼓励年轻的女性投身数学和科学事业。她从1992年以来就是Shelly Cashman系列图书中贡献巨大的作者之一。她还是很多前沿数据库教科书的作者。

作者致谢

Mark Shellman 的致谢

首先，我想利用本书表达对我的父母 Mickey 和 Shelba 的缅怀，在本书写作期间他们永远离开了我。他们生前对我的关爱和支持是无与伦比的。我还想感谢我的妻子 Donna Sue、两个孩子 Taylor 和 Kimberly，感谢你们在我参与这个项目期间对我的支持和耐心。最后，我对整个开发团队抱有同样的感谢之情，包括 Amy Savino、Michele Stulga 和 Joy Dark，也包括我的合作伙伴 Hassan Afyouni。衷心感谢你们在整个项目期间的支持和关注，你们对我的意义可能超乎你们的想象。你们是最棒的！

Hassan Afyouni 的致谢

我想把本书献给我美丽而富有耐心的妻子 Rouba，感谢她对我持久的关爱和支持。我还想把本书献给我亲爱的孩子们——Aya、Wissam、Sammy 和 Luna。

特别感谢我的合作伙伴 Mark Shellman，以及 Cengage 开发小组的 Amy Savino、Michele Stulga、Joy Dark。感谢本书的整个制作团队。另外，感谢 Jennifer Bowes 为我提供机会参与这个项目。

资源与支持

本书由异步社区出品，社区（www.epubit.com）为你提供相关资源和后续服务。

配套资源

本书提供教师支持资源。请在异步社区本书页面中单击 配套资源 并按提示进行操作。

提交勘误

作者和编辑尽最大努力来确保书中内容的准确性，但难免会存在疏漏。欢迎你将发现的问题反馈给我们，帮助我们提升图书的质量。

当你发现错误时，请登录异步社区，按书名搜索，进入本书页面，单击"发表勘误"，输入勘误信息，单击"提交勘误"按钮即可。本书的作

者和编辑会对你提交的勘误信息进行审核，确认并接受后，你将获赠异步社区的100积分。积分可用于在异步社区兑换优惠券、样书或奖品。

扫码关注本书

扫描下方二维码，你将会在异步社区微信服务号中看到本书信息及相关的服务提示。

与我们联系

我们的联系邮箱是contact@epubit.com.cn。

如果你对本书有任何疑问或建议，请你发邮件给我们，并请在邮件标题中注明本书书名，以便我们更高效地做出反馈。

如果你有兴趣出版图书、录制教学视频，或者参与图书翻译、技术审校等工作，可以发邮件给我们；有意出版图书的作者也可以到异步社区在线提交投稿（直接访问www.epubit.com/contribute即可）。

如果你所在的学校、培训机构或企业想批量购买本书或异步社区出版的其他图书，也可以发邮件给我们。

如果你在网上发现有针对异步社区出品图书的各种形式的盗版行为，包括对图书全部或部分内容的非授权传播，请你将怀疑有侵权行为的链接发邮件给我们。你的这一举动是对作者权益的保护，也是我们持续为你提供有价值内容的动力之源。

关于异步社区和异步图书

"异步社区"是人民邮电出版社旗下IT专业图书社区，致力于出版精品IT图书和相关学习产品，为作译者提供优质出版服务。异步社区创办于2015年8月，提供大量精品IT图书和电子书，以及高品质技术文章和视频课程。更多详情请访问异步社区官网www.epubit.com。

"异步图书"是由异步社区编辑团队策划出版的精品IT专业图书的品牌，依托于人民邮电出版社近30年的计算机图书出版积累和专业编辑团队，相关图书在封面上印有异步图书的LOGO。异步图书的出版领域包括软件开发、大数据、人工智能、测试、前端、网络技术等。

异步社区

微信服务号

目　　录

第1章

KimTay 和 StayWell 数据库简介

学习目标

● 了解 KimTay Pet Supplies 公司。这家公司的数据库用于管理宠物用品的
  相关业务。KimTay 数据库贯穿本书中的许多案例。
● 了解 StayWell Student Accommodation 公司。这是一家总部位于西雅图
  的公司，它的数据库用于帮助业主管理大学生的住宿情况。StayWell 数
  据库也贯穿了本书中的许多案例。

1.1 简介

在本章中，我们将检视 KimTay Pet Supplies 公司关于数据库的需求。本书的
众多示例都将使用这家公司的数据库。然后，我们将检视 StayWell Student
Accommodation 公司关于数据库的需求，各章最后的习题中会出现它们的身影。

1.2 什么是数据库

在本书中，我们将对这两家公司的数据库进行操作。数据库是一种包含不同分
类的信息，并维护这些分类之间关系的结构。例如，KimTay Pet Supplies 公司的数
据库（即本书所称的 KimTay 数据库）包含了诸如销售代表、顾客、发票和物品等
分类的信息。StayWell Student Accommodation 公司的数据库（即本书所称的
StayWell 数据库）包含了与管理住宿的办公室、提供住宿的业主、居住者，以及为
房屋所提供的服务（例如清洁和维护）有关的信息。

每个数据库还包含了分类之间的关系。例如，KimTay 数据库包含了销售代表
与他们所负责的顾客之间的关系信息，以及顾客与他们所开具的发票之间的关系

信息。StayWell 数据库包含了两个主要的公司办公室和它们所管理的房屋、业主、针对服务请求所提供的不同服务，以及与租住房屋的居住者之间的关系信息。

　　读者在学习本书时，将会学习与数据库有关的很多内容，并学习如何查看和更新它们所包含的信息；在阅读各章时，将会看到 KimTay 数据库的示例。在各章的最后，教师可以布置与 KimTay 数据库或 StayWell 数据库有关的习题。

1.3　KimTay 数据库

　　KimTay Pet Supplies 公司（一家宠物食品用品供应商，位于美国怀俄明州科迪市，下称 KimTay）的管理层发现，公司最近业务的增长使得原先的手工系统无法再支撑顾客、发票和库存数据的维护需求。另外，KimTay 还想通过互联网扩展业务。如果把数据存储在数据库中，管理层就能保证数据是最新的，而且比当前的手工系统更加精确。另外，管理者们可以方便、快速地解答与存储在数据库中的数据有关的问题，并且可以生成各种非常实用的报表。

　　管理层已经确定，KimTay 必须在新的数据库中维护与销售代表、顾客和库存有关的如下信息。

- 每位销售代表的身份标识（下称 ID）、名字、姓氏、完整地址[1]、手机号码、总佣金和佣金率。
- 每位顾客的 ID、名字、姓氏、完整地址、电子邮件地址、当前余额、信用限额，以及为其服务的销售代表的 ID。
- 仓库中每件物品的 ID、描述、库存数量、分类、库存位置和单价。

　　KimTay 还必须存储与发票有关的信息。图 1-1 显示了其中一张发票样本，它包括以下 3 个部分。

- 发票的抬头（位于顶部），包括公司名称和联系信息、发票号码和日期，以及顾客的 ID、姓名[2]和完整地址，此外还包括销售代表的 ID 和姓名。
- 发票的票面包括一条或多条明细，有时称为发票项。每条明细包含了物品 ID、物品描述、订购物品的数量，以及该物品的报价。每条明细还包含了总价，通常称为扩展项，它是订购数量与报价相乘的结果。

1　完整地址由多个部分组成，包含街道及房号（下称地址）、城市、州、邮政编码等。——编者注
2　姓名包含名字（first name）和姓氏（last name 或 surname）。——编者注

● 最后，发票的结算总额（位于底部）包含了整张发票的总价。

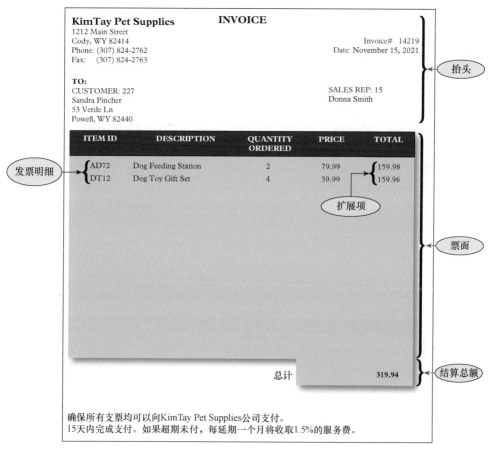

图 1-1 发票样本

KimTay 必须在数据库中存储与每位顾客的发票有关的下列数据项。

● 发票号码、发票的开票日期、开具发票的顾客 ID；顾客信息，包含顾客的姓名、完整地址、为该顾客服务的销售代表的 ID；销售代表信息，包含销售代表的姓名。

● 每条发票明细的发票号码、物品 ID、订购数量和报价；物品描述，存储在物品信息中。订购数量与报价相乘的结果并没有被存储，因为数据库可以随时对它进行计算。

发票的结算总额并没有被存储在数据库中。因为数据库会在打印发票或者在屏幕上显示发票时计算出总额。

图1-2 和图 1-3 显示了 KimTay 的数据样本。

CUSTOMER

CUST_ID	FIRST_NAME	LAST_NAME	ADDRESS	CITY	STATE	POSTAL	EMAIL	BALANCE	CREDIT_LIMIT	REP_ID
125	Joey	Smith	17 Fourth St	Cody	WY	82414	jsmith17@example.com	$80.68	$500.00	05
182	Billy	Rufton	21 Simple Cir	Garland	WY	82435	billyruff@example.com	$43.13	$750.00	10
227	Sandra	Pincher	53 Verde Ln	Powell	WY	82440	spinch2@example.com	$156.38	$500.00	15
294	Samantha	Smith	14 Rock Ln	Ralston	WY	82440	ssmith5@example.com	$58.60	$500.00	10
314	Tom	Rascal	1 Rascal Farm Rd	Cody	WY	82414	trascal3@example.com	$17.25	$250.00	15
375	Melanie	Jackson	42 Blackwater Way	Elk Butte	WY	82433	mjackson5@example.com	$252.25	$250.00	05
435	James	Gonzalez	16 Rockway Rd	Wapiti	WY	82450	jgonzo@example.com	$230.40	$1,000.00	15
492	Elmer	Jackson	22 Jackson Farm Rd	Garland	WY	82435	ejackson4@example.com	$45.20	$500.00	10
543	Angie	Hendricks	27 Locklear Ln	Powell	WY	82440	ahendricks7@example.com	$315.00	$750.00	05
616	Sally	Cruz	199 18th Ave	Ralston	WY	82440	scruz5@example.com	$8.33	$500.00	15
721	Leslie	Smith	123 Sheepland Rd	Elk Butte	WY	82433	lsmith12@example.com	$166.65	$1,000.00	10
795	Randy	Blacksmith	75 Stream Rd	Cody	WY	82414	rblacksmith6@example.com	$61.50	$500.00	05

SALES_REP

REP_ID	FIRST_NAME	LAST_NAME	ADDRESS	CITY	STATE	POSTAL	CELL_PHONE	COMMISSION	RATE
05	Susan	Garcia	42 Mountain Ln	Cody	WY	82414	307-824-1245	$12,743.16	0.04
10	Richard	Miller	87 Pikes Dr	Ralston	WY	82440	307-406-4321	$20,872.11	0.06
15	Donna	Smith	312 Oak Rd	Powell	WY	82440	307-982-8401	$14,912.92	0.04
20	Daniel	Jackson	19 Lookout Dr	Elk Butte	WY	82433	307-883-9481	$0.00	0.04

ITEM

ITEM_ID	DESCRIPTION	ON_HAND	CATEGORY	LOCATION	PRICE
AD72	Dog Feeding Station	12	DOG	B	$79.99
BC33	Feathers Bird Cage (12×24×18)	10	BRD	B	$79.99
CA75	Enclosed Cat Litter Station	15	CAT	C	$39.99
DT12	Dog Toy Gift Set	27	DOG	B	$39.99
FM23	Fly Mask with Ears	41	HOR	C	$24.95
FS39	Folding Saddle Stand	12	HOR	C	$39.99
FS42	Aquarium (55 Gallon)	5	FSH	A	$124.99
KH81	Wild Bird Food (25 lb)	24	BRD	C	$19.99
LD14	Locking Small Dog Door	14	DOG	A	$49.99
LP73	Large Pet Carrier	23	DOG	B	$59.99
PF19	Pump & Filter Kit	5	FSH	A	$74.99
QB92	Quilted Stable Blanket	32	HOR	C	$119.99
SP91	Small Pet Carrier	18	CAT	B	$39.99
UF39	Underground Fence System	7	DOG	A	$199.99
WB49	Insulated Water Bucket	34	HOR	C	$79.99

图1-2 KimTay 的样本数据

INVOICES

INVOICE_NUM	INVOICE_DATE	CUST_ID
14216	11/15/2021	125
14219	11/15/2021	227
14222	11/16/2021	294
14224	11/16/2021	182
14228	11/18/2021	435
14231	11/18/2021	125
14233	11/18/2021	435
14237	11/19/2021	616

INVOICE_LINE

INVOICE_NUM	ITEM_ID	QUANTITY	QUOTED_PRICE
14216	CA75	3	$37.99
14219	AD72	2	$79.99
14219	DT12	4	$39.99
14222	LD14	1	$47.99
14224	KH81	4	$18.99
14228	FS42	1	$124.99
14228	PF19	1	$74.99
14231	UF39	2	$189.99
14233	KH81	1	$19.99
14233	QB92	4	$109.95
14233	WB49	4	$74.95
14237	LP73	3	$54.95

图 1-2　KimTay 的样本数据（续）

INVOICES

INVOICE_NUM	INVOICE_DATE	CUST_ID	ITEM_ID	QUANTITY	QUOTED_PRICE
14216	11/15/2021	125	CA75	3	$37.99
14219	11/15/2021	227	AD72	2	$79.99
			DT12	4	$39.99
14222	11/16/2021	294	LD14	1	$47.99
14224	11/16/2021	182	KH81	4	$18.99
14228	11/18/2021	435	FS42	1	$124.99
			PF19	1	$74.99
14231	11/18/2021	125	UF39	2	$189.99
14233	11/18/2021	435	KH81	1	$19.99
			QB92	4	$109.95
			WB49	4	$74.95
14237	11/19/2021	616	LP73	3	$54.95

图 1-3　另一种 INVOICES 表结构

　　在 SALES_REP 表中，我们可以看到 ID 分别为 05、10、15、20 的 4 位销售代表。销售代表 05 的姓名是 Susan Garcia。她的完整地址是"42 Mountain Ln，Cody，WY"，邮政编码是 82414，手机号码是 307-824-1245。她的总佣金是 12743.16 美元，佣金率是 0.04（即 4%）。

　　在 CUSTOMER 表中，12 位 KimTay 顾客的 ID 分别为 125、182、227、294、314、375、435、492、543、616、721、795。ID 为 125 的顾客的姓名是 Joey Smith，地址、城市和州分别是 17 Fourth St、Cody 和 WY，邮政编码为 82414，电子邮件为 jsmith17@example.com。他的当前余额是 80.68 美元；信用卡限额是

500.00 美元；REP_ID 列是 05，这表示为 Joey Smith 提供服务的是销售代表 05（即 Susan Garcia）。

在 ITEM 表中，我们可以看到 15 件物品，它们的 ID 分别为 AD72、BC33、CA75、DT12、FM23、FS39、FS42、KH81、LD14、LP73、PF19、QB92、SP91、UF39、WB49。物品 AD72 是 Dog Feeding Station（犬用喂食器），当前该物品有 12 件库存。犬用喂食器属于 DOG（狗）分类，位于 B 区，价格是 79.99 美元。这张表中的其他分类还有 BRD（鸟）、CAT（猫）、FSH（鱼）、HOR（马）。

在 INVOICES 表中，我们可以看到里面有 8 张发票，分别用发票号码 14216、14219、14222、14224、14228、14231、14233、14237 标识。发票 14216 是在 2021 年 11 月 15 日向 ID 为 125 的顾客（即 Joey Smith）开具的。

初看上去，INVOICE_LINE 表有些奇怪：为什么需要一张单独的表来表示发票明细呢？发票明细能包含在 INVOICES 表中吗？从理论上说是可以的。我们可以构建一张如图 1-3 所示的 INVOICES 表。注意这张表包含了一些与图 1-2 相同的发票信息，它们具有相同的日期和顾客 ID。另外，如图 1-3 所示，表中的每一行都包含了一张特定发票的所有发票明细。例如，观察第 2 行，我们可以发现发票 14219 具有 2 条发票明细。其中一条明细是物品 AD72，数量为 2，报价为 79.99 美元；另一条发票明细是物品 DT12，数量为 4，报价为 39.99 美元。

有问有答

问题：图 1-2 的信息是如何在图 1-3 中表示的？

解答：查看图 1-2 中的 INVOICE_LINE 表，并注意第 2 行和第 3 行。第 2 行表示发票 14219 的一条明细：物品 AD72，数量为 2，报价为 79.99 美元。第 3 行表示发票 14219 的另一条明细：物品 DT12，数量为 4，报价为 39.99 美元。因此，我们在图 1-3 中看到的信息在图 1-2 中是用两行而不是一行来表示的。

使用两行来存储本可以用一行表示的信息似乎效率不高。但是，图 1-3 所示的布局存在一个问题：这张表的结构太复杂了。图 1-2 中的每个位置表示一项数据，但在图 1-3 中，有些位置包含了多个项，这样就难以追踪列之间的信息。例如，在发票 14219 的明细中，AD72 对应于 QUANTITY 列的 2（而不是 4）并且对应于 QUOTED_PRICE 列的 79.99 美元（而不是 39.99 美元），这种对应关系难以记录，却至关重要。另外，更加复杂的表会产生如下一些实际的问题。

● 需要多少空间容纳这些数据项？

- 当一张发票的明细行数超出允许的上限时会怎样?
- 对于一件特定的物品,如何判断哪张发票包含了该物品的发票明细?

尽管这些问题都不是无法解决的,但它们还是使问题变得更加复杂,而图 1-2 所示的效果并不存在这些问题。在图 1-2 中,我们不需要担心某一行的某一列存在多个数据项,不管任何发票具有多少条明细,找到某件特定物品的发票明细都是非常容易的(只需要在 ITEM_ID 列中用给定的物品 ID 查找所有的发票明细)。一般而言,这种更为简单的结构是我们倾向采用的。这也是发票明细出现在一张独立的表中的原因。

为了测试读者对 KimTay 数据库的理解,请根据图 1-2 回答下列问题。

有问有答

问题:Susan Garcia 所服务的顾客的 ID 是什么?

解答:125、375、543、795(在 SALES_REP 表中查找 Susan Garcia 的 REP_ID,得到 05 后,在 CUSTOMER 表中查找 REP_ID 字段的值为 05 的所有顾客)。

有问有答

问题:开具了发票 14222 的顾客的姓名是什么?为这位顾客提供服务的销售代表的姓名是什么?

解答:这位顾客的姓名是 Samantha Smith,为其服务的销售代表的姓名是 Richard Miller(在 INVOICES 表中查找号码为 14222 的发票的 CUST_ID,得到 294,然后在 CUSTOMER 表中找到 CUST_ID 字段的值为 294 的顾客,查找该行对应的 REP_ID,也就是 10,并在 SALES_REP 表中找到销售代表 10 的姓名)。

有问有答

问题:列出发票 14228 中的所有物品。对于每件物品,给出它的描述、订购数据和报价。

解答:物品 ID:FS42;描述:Aquarium (55 Gallon);订购数量:1;报价:124.99 美元。物品 ID:PF19。描述:Pump & Filter Kit;订购数量:1;报价:74.99 美元(在 INVOICE_LINE 表中查找所有发票号码为 14228 的行,这些行都包含了物品 ID、订购数量和报价,使用物品 ID 在 ITEM 表中查找对应的物品描述)。

> **有问有答**
>
> **问题：** INVOICE_LINE 表中为什么要有 QUOTED_PRICE 列？难道不能只使用物品 ID 并在 ITEM 表中查询价格吗？
>
> **解答：** 如果 INVOICE_LINE 表中没有出现 QUOTED_PRICE 列，就需要通过查询 ITEM 表才能获取一条发票明细的价格。尽管这种方法是合理的，但它使得 KimTay Pet Supplies 无法对同一件物品向不同的顾客收取不同的费用。由于 KimTay Pet Supplies 想要针对不同的顾客收取不同的费用，因此需要在 INVOICE_LINE 表中包含 QUOTED_PRICE 列。如果观察 INVOICE_LINE 表，你将会看到报价与 ITEM 表中的实际价格有时相同，有时不同。例如，在号码为 14216 的发票中，Joey Smith 购买了 3 件 Enclosed Cat Litter Station（封闭式猫砂盆），每件的报价只有 37.99 美元，而不是常规的 39.99 美元。

1.4　StayWell 数据库

StayWell Student Accommodation 公司（下称 StayWell）为美国西雅图地区的业主提供关于学生住宿的寻租和管理业务。这家公司为这座城市的两个主要区域——Columbia City 和 Georgetown 中包含 1～5 间卧室的房屋提供出租和管理业务。StayWell 可以为本地及全美各地的业主提供这项服务，两个主要区域分别由公司的两个办公室——StayWell-Columbia City 和 StayWell-Georgetown 负责。

StayWell 希望对业务进行扩展。当前的推广模式以向学生发放广告、通过大学的出版物宣传及在线推广为主，但是需要有意向的业主和承租人主动联系办公室，从而就与房屋出租有关的所有事宜进行交流。办公室在提供维护服务时需要收取费用，当前这些环节也是通过电子邮件或直接交流完成的。

StayWell 认为提高效率并向基于电子商务的业务模型过渡的最好方式就是把所有与房屋、业主、承租人和服务有关的数据存储在数据库中。这意味着访问这些信息会变得更方便。StayWell 希望这些数据库可以用于未来的项目中，例如移动 App 和在线预订系统等。

这些数据被分为几个表，如下所述。

图 1-4 所示的 OFFICE 表显示了办公室的编号、地址、区域、城市、州和邮政编码。

OFFICE

OFFICE_NUM	OFFICE_NAME	ADDRESS	AREA	CITY	STATE	ZIP_CODE
1	StayWell-Columbia City	1135 N. Wells Avenue	Columbia City	Seattle	WA	98118
2	StayWell-Georgetown	986 S. Madison Rd	Georgetown	Seattle	WA	98108

图 1–4　StayWell 办公室的样本数据

StayWell 将办公室分为两个是为了更好地对房屋进行管理，主要是与业主就房屋的状态和维护进行交流。办公室还提供租金收取服务，即业主可以定期收到房租，而不需要担心租金拖欠的问题。办公室还对出租的房屋进行推广，帮助学生入住合适的房屋，提供看房服务并收取押金。最后，办公室还负责管理房屋的维护，并与入住者和业主就维修服务的事宜进行磋商。这些内容将在以后详述。

StayWell 把与每所房屋的业主有关的信息存储在 OWNER 表中，如图 1-5 所示。每位业主由一个唯一的业主编号表示，它是由 2 个大写字母外加 3 位数字组成的。对于每位业主，这张表还包含了其名字、姓氏、地址、城市、州和邮政编码（注意业主来自全美各地）。尽管有些房室可能是由一对夫妇或一个家庭所共有的，但表中只存储了主要联系人的信息。

OWNER

OWNER_NUM	LAST_NAME	FIRST_NAME	ADDRESS	CITY	STATE	ZIP_CODE
MO100	Moore	Elle-May	8006 W. Newport Ave.	Reno	NV	89508
PA101	Patel	Makesh	7337 Sheffield St.	Seattle	WA	98119
AK102	Aksoy	Ceyda	411 Griffin Rd.	Seattle	WA	98131
CO103	Cole	Meerab	9486 Circle Ave.	Olympia	WA	98506
KO104	Kowalczyk	Jakub	7431 S. Bishop St.	Bellingham	WA	98226
SI105	Sims	Haydon	527 Primrose Rd.	Portland	OR	97203
BU106	Burke	Ernest	613 Old Pleasant St.	Twin Falls	ID	83303
RE107	Redman	Seth	7681 Fordham St.	Seattle	WA	98119
LO108	Lopez	Janine	9856 Pumpkin Hill Ln.	Everett	WA	98213
BI109	Bianchi	Nicole	7990 Willow Dr.	New York	NY	10005
JO110	Jones	Ammarah	730 Military Ave.	Seattle	WA	98126

图 1–5　StayWell 房屋业主的样本数据

每个区域的每所房屋是由一个房屋 ID 标识的，如图 1-6 所示。每所房屋还包含了对它进行管理的办公室编号，以及房屋的地址、面积（以平方英尺为单位，

1 平方英尺约合 0.093 平方米)、卧室数、楼层数、每月租金和业主编号。房屋 ID 是标识每所房屋的不重复整数。

PROPERTY

PROPERTY_ID	OFFICE_NUM	ADDRESS	SQR_FT	BDRMS	FLOORS	MONTHLY_RENT	OWNER_NUM
1	1	30 West Thomas Rd.	1,600	3	1	1,400	BU106
2	1	782 Queen Ln.	2,100	4	2	1,900	AK102
3	1	9800 Sunbeam Ave.	1,005	2	1	1,200	BI109
4	1	105 North Illinois Rd.	1,750	3	1	1,650	KO104
5	1	887 Vine Rd.	1,125	2	1	1,160	SI105
6	1	8 Laurel Dr.	2,125	4	2	2,050	MO100
7	2	447 Goldfield St.	1,675	3	2	1,700	CO103
8	2	594 Leatherwood Dr.	2,700	5	2	2,750	KO104
9	2	504 Windsor Ave.	700	2	1	1,050	PA101
10	2	891 Alton Dr.	1,300	3	1	1,600	LO108
11	2	9531 Sherwood Rd.	1,075	2	1	1,100	JO110
12	2	2 Bow Ridge Ave.	1,400	3	2	1,700	RE107

图 1-6　StayWell 房屋的样本数据

　　初看上去，在 OWNER 表中包含房屋 ID 是合理的，因为这样只增加了 1 列，但是如果仔细观察这些表，你就会注意到房屋的数量是要多于业主数量的，因为有些业主委托 StayWell 管理的房屋不止一所。如果 OWNER 表中包含了房屋 ID，有些行的房屋 ID 就不止一个。这就需要在一行中用多个属性列来表示房屋（或者说每个单行需要包含多个数据项），从而造成交叉引用的问题。

　　StayWell 对两个区域的房屋提供了维护服务，如图 1-7 所示。SERVICE_ CATEGORY 表包含了与这些服务有关的细节。CATEGORY_NUM 列为每种服务提供了唯一的编号，CATEGORY_DESCRIPTION 列描述了编号代表的具体服务。

SERVICE_CATEGORY

CATEGORY_NUM	CATEGORY_DESCRIPTION
1	Plumbing
2	Heating
3	Painting
4	Electrical systems
5	Carpentry
6	Furniture replacement

图 1-7　StayWell 维护服务的样本数据

图 1-8 所示的 SERVICE_REQUEST 表显示了入住者向办公室提出的维修请求。每一行包含了服务 ID（不重复）、房屋 ID 以及与图 1-7 相关的服务分类。例如，第 1 行显示了服务 ID（即 1）、房屋 ID（即 11）。观察 PROPERTY 表，我们可以看到房屋位于 9531 Sherwood Rd。通过查询办公室编号，我们可以看到这所房屋是由 StayWell-Georgetown 管理的。这张表包含了与请求有关的细节以及当前状态，此外还包含了完成服务的预计工时（以小时为单位）、实际服务时间（以小时为单位）和下次服务日期（如果存在）。

SERVICE_REQUEST

SERVICE_ID	PROPERTY_ID	CATEGORY_NUMBER	OFFICE_NUM	DESCRIPTION	STATUS	EST_HOURS	SPENT_HOURS	NEXT_SERVICE_DATE
1	11	2	2	The second bedroom upstairs is not heating up at night.	Problem has been confirmed. Central heating engineer has been scheduled.	2	1	11/01/2019
2	1	4	1	A new strip light is needed for the kitchen.	Scheduled	1	0	10/02/2019
3	6	5	1	The bathroom door does not close properly.	Service rep has confirmed issue. Scheduled to be refitted.	3	1	11/09/2019
4	2	4	1	New outlet has been requested for the first upstairs bedroom. (There is currently no outlet).	Scheduled	1	0	10/02/2019
5	8	3	2	New paint job requested for the common area (lounge).	Open	10	0	
6	4	1	1	Shower is dripping when not in use.	Problem confirmed. Plumber has been scheduled.	4	2	10/07/2019
7	2	2	1	Heating unit in the entrance smells like it's burning.	Service rep confirmed the issue to be dust in the heating unit. To be cleaned.	1	0	10/09/2019
8	9	1	2	Kitchen sink does not drain properly.	Problem confirmed. Plumber scheduled.	6	2	11/12/2019
9	12	6	2	New sofa requested.	Open	2	0	

图1-8 服务请求分类样本

图 1-9 所示的 RESIDENTS 表包含了与每所房屋的入住者有关的信息。RESIDENTS 表中的列包括每位入住者的名字和姓氏，以及入住者 ID。PROPERTY_ID 表示他们所居住房屋的 ID。

RESIDENTS

RESIDENT_ID	FIRST_NAME	SURNAME	PROPERTY_ID
1	Albie	O'Ryan	1
2	Tariq	Khan	1
3	Ismail	Salib	1
4	Callen	Beck	2
5	Milosz	Polansky	2
6	Ashanti	Lucas	2
7	Randy	Woodrue	2
8	Aislinn	Lawrence	3
9	Monique	French	3
10	Amara	Dejsuwan	4
12	Rosalie	Blackmore	4
13	Carina	Britton	4
14	Valentino	Ortega	5
15	Kaylem	Kent	5
16	Alessia	Wagner	6
17	Tyrone	Galvan	6
18	Constance	Fleming	6
19	Eamonn	Bain	6
20	Misbah	Yacob	7
21	Gianluca	Esposito	7
22	Elinor	Lake	7
23	Ray	Rosas	8
24	Damon	Caldwell	8
25	Dawood	Busby	8
26	Dora	Harris	8
27	Leroy	Stokes	8
28	Tamia	Hess	9
29	Amelia	Sanders	9
30	Zarah	Byers	10
31	Sara	Farrow	10
32	Delilah	Roy	10
33	Dougie	McDaniel	11
34	Tahir	Halabi	11
35	Mila	Zhikin	12
36	Glenn	Donovan	12
37	Zayn	Fowler	12

图 1-9 StayWell 入住者的样本数据

1.5 本章总结

- KimTay 的信息需求包括销售代表、顾客、物品、发票和发票明细。
- StayWell 的信息需求包括管理办公室、房屋细节、业主、入住者和服务请求。

关键术语

数据库 database

1.6　案例练习

KimTay Pet Supplies

根据图1-2所示的KimTay数据库回答下列问题。本练习不需要操作计算机。

1. 请列出信用额度大于500美元的所有顾客的名字和姓氏。

2. 请列出于2021年11月18日为顾客ID 435开具的发票号码。

3. 请列出HOR分类的每件物品的ID、物品描述和现存价值（现存价值是指当前数量与单价相乘的结果）。

4. 请列出DOG分类的所有物品的ID和物品描述。

5. 有多少位顾客的余额超出他们的信用额度？

6. 数据库中最廉价物品的ID、描述和价格是什么？

7. 对于每张发票，请列出发票号码、发票日期、顾客ID，以及顾客的名字和姓氏。

8. 对于2021年11月16日开具的每张发票，请列出发票号码、顾客ID，以及顾客的名字和姓氏。

9. 对于服务了至少一位信用额度为1000美元的顾客的销售代表，请列出这位销售代表的ID、名字和姓氏。

10. 对于2021年11月15日开具的每张发票，请列出每件订购物品的发票号码、物品ID、物品描述及分类。

关键思考题

KimTay需要在发票出现问题时与顾客进行联系。为了帮助与顾客进行联系，KimTay应该在CUSTOMER表中包含哪些其他类型的数据？

StayWell Student Accommodation

使用图1-4 ~ 图1-9所示的StayWell数据库回答下列问题。本练习不需要操作计算机。

1. 列出每位业主的编号、名字和姓氏。

2. 列出城市为Seattle的每位业主的名字和姓氏。

3．列出每所面积小于1600平方英尺的房屋的ID。

4．列出数据库中拥有不止一所房屋的每位业主的名字、姓氏及所在城市。

5．列出拥有月租金小于1400美元的每位房屋业主的名字、姓氏及所在城市。

6．列出位于782 Queen Ln的房屋的所有入住者。

7．两层楼的房屋有多少所？

8．有多少位业主居住在华盛顿州（WA）之外？

9．对于预约或开放了服务请求的每所房屋，列出业主的名字和姓氏以及业主ID。

10．列出提出了维修服务请求的每所房屋的ID和建筑面积。

11．列出预计工时超过5小时的所有维修请求的房屋ID和办公室编号。

12．所有拥有3间卧室的房屋的平均租金是多少？

关键思考题

StayWell数据库中并没有包含服务收费项。我们可以在哪张表中包含服务收费信息？为什么？

第2章
数据库设计基础知识

学习目标

- 理解实体、属性和联系的概念。
- 理解关系和关系数据库的概念。
- 理解功能依赖关系并能识别一个列在功能上依赖于另一个列。
- 理解主键的概念，并能识别表中的主键。
- 设计数据库以满足一组需求。
- 把非范式表转换为满足第一范式。
- 把表从第一范式转换为第二范式。
- 把表从第二范式转换为第三范式。
- 创建实体联系图来表示数据库的设计。

2.1 简介

在第1章中，我们看到了KimTay数据库和StayWell数据库中的表以及表中的各列。我们会在本书的剩余部分一直使用这两个数据库。确定组成一个数据库的特定表和表中各列的过程被称为数据库设计。在本章中，我们将学习一种数据库设计方法来满足一组需求。在这个过程中，我们将学习如何标识数据库中的表以及表中的各列，还将学习如何确认表之间的关系。

本章首先介绍一些与数据库有关的重要概念，然后使用KimTay的一组需求来描述设计方法，以进行适当的数据库设计。接下来，本章讲解了规范化的过程，识别并修正了数据库设计中的潜在问题。最后，我们将学习一种以图形的方式表示数据库设计的方法。

2.2 数据库的概念

在学习如何设计数据库之前，我们需要熟悉一些与关系数据库有关的重要概念。关系数据库正是本书所要探索的数据库类型。理解实体、属性和联系这几个术语对于掌握数据库的设计是非常重要的。功能依赖关系和主键的概念在学习数据库设计的过程中也是至关重要的。

2.2.1 关系数据库

关系数据库（relational database）是表的集合。我们在第1章的 KimTay 数据库案例中已经看到过表的样子，图 2-1 显示了这个数据库中的表。按照正式的定义，这些表被称为关系（relation），这也是关系数据库的名称由来。

SALES_REP

REP_ID	FIRST_NAME	LAST_NAME	ADDRESS	CITY	STATE	POSTAL	CELL_PHONE	COMMISSION	RATE
05	Susan	Garcia	42 Mountain Ln	Cody	WY	82414	307-824-1245	$12,743.16	0.04
10	Richard	Miller	87 Pikes Dr	Ralston	WY	82440	307-406-4321	$20,872.11	0.06
15	Donna	Smith	312 Oak Rd	Powell	WY	82440	307-982-8401	$14,912.92	0.04
20	Daniel	Jackson	19 Lookout Dr	Elk Butte	WY	82433	307-883-9481	$0.00	0.04

CUSTOMER

CUST_ID	FIRST_NAME	LAST_NAME	ADDRESS	CITY	STATE	POSTAL	EMAIL	BALANCE	CREDIT_LIMIT	REP_ID
125	Joey	Smith	17 Fourth St	Cody	WY	82414	jsmith17@example.com	$80.68	$500.00	05
182	Billy	Rufton	21 Simple Cir	Garland	WY	82435	billyruff@example.com	$43.13	$750.00	10
227	Sandra	Pincher	53 Verde Ln	Powell	WY	82440	spinch2@example.com	$156.38	$500.00	15
294	Samantha	Smith	14 Rock Ln	Ralston	WY	82440	ssmith5@example.com	$58.60	$500.00	10
314	Tom	Rascal	1 Rascal Farm Rd	Cody	WY	82414	trascal3@example.com	$17.25	$250.00	15
375	Melanie	Jackson	42 Blackwater Way	Elk Butte	WY	82433	mjackson5@example.com	$252.25	$250.00	05
435	James	Gonzalez	16 Rockway Rd	Wapiti	WY	82450	jgonzo@example.com	$230.40	$1,000.00	15
492	Elmer	Jackson	22 Jackson Farm Rd	Garland	WY	82435	ejackson4@example.com	$45.20	$500.00	10
543	Angie	Hendricks	27 Locklear Ln	Powell	WY	82440	ahendricks7@example.com	$315.00	$750.00	05
616	Sally	Cruz	199 18th Ave	Ralston	WY	82440	scruz5@example.com	$8.33	$500.00	15
721	Leslie	Smith	123 Sheepland Rd	Elk Butte	WY	82433	lsmith12@example.com	$166.65	$1,000.00	10
795	Randy	Blacksmith	75 Stream Rd	Cody	WY	82414	rblacksmith6@example.com	$61.50	$500.00	05

图 2-1 KimTay 数据库的样本数据

INVOICES

INVOICE_NUM	INVOICE_DATE	CUST_ID
14216	11/15/2021	125
14219	11/15/2021	227
14222	11/16/2021	294
14224	11/16/2021	182
14228	11/18/2021	435
14231	11/18/2021	125
14233	11/18/2021	435
14237	11/19/2021	616

INVOICE_LINE

INVOICE_NUM	ITEM_ID	QUANTITY	QUOTED_PRICE
14216	CA75	3	$37.99
14219	AD72	2	$79.99
14219	DT12	4	$39.99
14222	LD14	1	$47.99
14224	KH81	4	$18.99
14228	FS42	1	$124.99
14228	PF19	1	$74.99
14231	UF39	2	$189.99
14233	KH81	1	$19.99
14233	QB92	4	$109.95
14233	WB49	4	$74.95
14237	LP73	3	$54.95

ITEM

ITEM_ID	DESCRIPTION	ON_HAND	CATEGORY	LOCATION	PRICE
AD72	Dog Feeding Station	12	DOG	B	$79.99
BC33	Feathers Bird Cage (12×24×18)	10	BRD	B	$79.99
CA75	Enclosed Cat Litter Station	15	CAT	C	$39.99
DT12	Dog Toy Gift Set	27	DOG	B	$39.99
FM23	Fly Mask with Ears	41	HOR	C	$24.95
FS39	Folding Saddle Stand	12	HOR	C	$39.99
FS42	Aquarium (55 Gallon)	5	FSH	A	$124.99
KH81	Wild Bird Food (25 lb)	24	BRD	C	$19.99
LD14	Locking Small Dog Door	14	DOG	A	$49.99
LP73	Large Pet Carrier	23	DOG	B	$59.99
PF19	Pump & Filter Kit	5	FSH	A	$74.99
QB92	Quilted Stable Blanket	32	HOR	C	$119.99
SP91	Small Pet Carrier	18	CAT	B	$39.99
UF39	Underground Fence System	7	DOG	A	$199.99
WB49	Insulated Water Bucket	34	HOR	C	$79.99

图2-1 KimTay数据库的样本数据（续）

实用提示

在本书中，列和表的名称遵循了一种常见的命名约定：列名使用大写字母，单词之间的空格用下画线 "_" 代替。例如，KimTay数据库使用FIRST_NAME列存储名字，使用INVOICE_NUM列存储发票号码。

2.2.2 实体、属性和联系

当我们在数据库环境中工作时，需要掌握一些非常重要的术语和概念。实体、属性和联系这几个术语对于数据库而言是非常基本的概念。实体（entity）就像一个名词，可以表示一个人、一个地方、一件东西或一个事件。例如，与KimTay相关的实体包括顾客、发票、销售代表等，与学校相关的实体包括学生、教职人员、班级等，与房地产机构相关的实体包括客户、房屋、中介等，与二手车销售商相关的实体包括车辆、顾客、生产商等。

属性（attribute）是实体的一种特性。这个术语与日常语言所表示的意思是一样的。例如，对于人这个实体，与之相关的属性包括眼球颜色和身高等；对于 KimTay 数据库，与顾客这个实体相关的属性有名字、姓氏、地址、城市等；与学校的教职人员这个实体相关的属性包括教职人员的 ID、姓名、办公室编号、电话等；对于汽车销售商，与汽车这个实体相关的属性包括车辆识别码、车型、车身颜色、出厂年份等。

联系（relationship）就是实体之间的关联。例如，在 KimTay 数据库中，顾客和销售代表之间就存在联系。销售代表与他所服务的所有顾客有关联，顾客与他的销售代表有关联。从理论上说，我们可以认为一位销售代表与他的所有顾客相关，而一位顾客与他的销售代表相关。

销售代表和顾客之间的关系是一对多联系的一个例子，因为一位销售代表可以与多位顾客有关联，而每位顾客只能与一位销售代表有关联。在这种类型的联系中，"多"这个词与日常语言所表达的意思有所不同，它并不总是表示一个很大的数字。在当前的语境中，"多"这个词表示一位销售代表可能与任意数量的顾客有关联，即一位销售代表可以与零位、一位或多位顾客有关联。

关系数据库如何处理实体、实体的属性以及实体之间的关联呢？实体和属性相对比较简单。每个实体都有一个自己的表。例如，在 KimTay 数据库中，有一个表示销售代表的表，还有一个表示顾客的表等。实体的属性就是表中的列。在表示销售代表的表中，有一个列表示销售代表的 ID，还有一个列表示销售代表的名字，等等。

联系呢？在 KimTay 数据库中，销售代表和顾客之间存在一对多联系，这种联系在关系数据库中是如何实现的呢？

再次观察图 2-1。一方面，如果我们想要确认为 Billy Rufton（顾客 ID 为 182）服务的销售代表的姓名，则可以在 CUSTOMER 表中找到 Billy Rufton 所在的那一行，并确认 REP_ID 字段的值是 10。然后，我们可以在 SALES_REP 表中找到 REP_ID 为 10 的那一行。REP_ID 为 10 的销售代表是 Richard Miller，他为 Billy Rufton 提供服务。

另一方面，如果我们想要确定销售代表 Susan Garcia 所服务的所有顾客的姓名，则可以在 SALES_REP 表中找到 Susan Garcia 所在的那一行，并确认 REP_ID

列的值是05。然后，我们在CUSTOMER表中查找REP_ID字段的值是05的所有行。在确认了销售代表Susan Garcia的ID之后，就能发现她所服务的顾客的ID分别为125（Joey Smith）、375（Melanie Jackson）、543（Angie Hendricks）和795（Randy Blacksmith）。

我们可以在两个或更多个表中通过公共列来实现这些联系。SALES_REP表的REP_ID列和CUSTOMER表的REP_ID列用于实现销售代表和顾客之间的联系。给定一位销售代表，我们可以使用这些列来确定其所服务的所有顾客。给定一位顾客，我们可以使用这些列来确定为其提供服务的销售代表。

在当前的语境中，关系的本质是一张二维表。但是，如果我们观察图2-1中的表，则可以发现在关系上存在某些限制。每一列都有各不相同的名称，每一列中的各个数据项都应该与该列的名称匹配。例如，如果列名是CREDIT_LIMIT，则该列中的所有数据项都必须表示信用额度。另外，每一行应该是各不相同的。重复的行并不能提供任何新信息。为了实现最大限度的灵活，列和行的顺序应该是无关紧要的。最后，表的设计应该尽可能简单，把每个位置限制为单个数据项，以防止在表中的某个单独位置出现多个数据项。图2-2显示了一张包含重复组（即一个位置包含多个数据项）的表。

INVOICES

INVOICE_NUM	INVOICE_DATE	CUST_ID	ITEM_ID	QUANTITY	QUOTED_PRICE
14216	11/15/2021	125	CA75	3	$37.99
14219	11/15/2021	227	AD72	2	$79.99
			DT12	4	$39.99
14222	11/16/2021	294	LD14	1	$47.99
14224	11/16/2021	182	KH81	4	$18.99
14228	11/18/2021	435	FS42	1	$124.99
			PF19	1	$74.99
14231	11/18/2021	125	UF39	2	$189.99
14233	11/18/2021	435	KH81	1	$19.99
			QB92	4	$109.95
			WB49	4	$74.95
14237	11/19/2021	616	LP73	3	$54.95

图2-2 具有重复组的INVOICES表

图2-3显示了一种表示与图2-2相同信息的更好方法。在图2-3中，表中的每个位置都只包含一个值。

INVOICES

INVOICE_ NUM	INVOICE_DATE	CUST_ID	ITEM_ID	QUANTITY	QUOTED_PRICE
14216	11/15/2021	125	CA75	3	$37.99
14219	11/15/2021	227	AD72	2	$79.99
14219	11/15/2021	227	DT12	4	$39.99
14222	11/16/2021	294	LD14	1	$47.99
14224	11/16/2021	182	KH81	4	$18.99
14228	11/18/2021	435	FS42	1	$124.99
14228	11/18/2021	435	PF19	1	$74.99
14231	11/18/2021	125	UF39	2	$189.99
14233	11/18/2021	435	KH81	1	$19.99
14233	11/18/2021	435	QB92	4	$109.95
14233	11/18/2021	435	WB49	4	$74.95
14237	11/19/2021	616	LP73	3	$54.95

图2-3　没有重复组的INVOICES表

从图2-2中消除重复组，即可得到图2-3，其中所有的行都是单值的。这种结构的正式名称就是关系。关系是一张二维表，表中的数据项都是单值（表中的每个位置都包含了单个数据项），每一列具有不同的名称，列中的所有值都与列名匹配，行和列的顺序则无关紧要，并且每一行都包含了各不相同的值。关系数据库就是关系的集合。

实用提示

表（关系）中的行又称为记录或元组。表（关系）中的列又称为字段或属性。本书默认使用表、列、行等术语，除非有些时候为了清晰起见才会使用关系、属性、元组等更正式的术语。

为了表示关系数据库中的表和列，有一种被广泛接受的简便表示形式：对于每张表，我们可以写出表名，然后在一对括号中列出这张表的所有列。在这种表示形式中，每个表都出现在它自己的那行代码中。通过这种方法，我们可以像下面这样表示KimTay数据库：

```
SALES_REP (REP_ID, FIRST_NAME, LAST_NAME, ADDRESS, CITY, STATE, POSTAL,
    CELL_PHONE, COMMISSION, RATE)
```

```
CUSTOMER (CUST_ID, FIRST_NAME, LAST_NAME, ADDRESS, CITY, STATE, POSTAL,
    EMAIL, BALANCE, CREDIT_LIMIT, REP_ID)
INVOICES (INVOICE_NUM, INVOICE_DATE, CUST_ID)
INVOICE_LINE (INVOICE_NUM, ITEM_ID, QUANTITY, QUOTED_PRICE)
ITEM (ITEM_ID, DESCRIPTION, ON_HAND, CATEGORY, LOCATION, PRICE)
```

注意，有些表包含了具有重复名称的列。例如，REP_ID列在SALES_REP
表和CUSTOMER表中都有出现。假设存在一种情况，某个人或数据库管理系统
（DataBase Management System，DBMS）可能会混淆这两列。注意，DBMS是一
类允许用户高效地存储、操纵和提取数据的程序。例如，只写REP_ID显然并不
能确定要表示的是哪个REP_ID列。我们需要一种机制来指定自己想要使用哪个
REP_ID列。解决这个问题的一种常用方法是同时写出表名和列名，中间用一个
点号分隔。因此，可以用CUSTOMER.REP_ID表示CUSTOMER表的REP_ID
列，而用SALES_REP.REP_ID表示SALES_REP表中的REP_ID列。从理论上说，
当我们采用这种格式表示列时，相当于对列名进行了限定。对列名进行限定总是
可以被接受的，即使不存在潜在的冲突也是如此。但是，如果存在潜在的冲突，
就必须对列名进行限定。

2.3　功能依赖关系

功能依赖关系的概念对于本章的剩余内容是至关重要的。功能依赖关系是一个
在本质上非常简单的思路的正式名称。为了说明功能依赖关系的概念，假设KimTay
数据库的SALES_REP表的结构如图2-4所示。图2-1和图2-4所示的SALES_REP
表的唯一区别是，后者增加了一个名为PAY_CLASS的列来表示工资等级。

SALES_REP

REP_ID	FIRST_NAME	LAST_NAME	ADDRESS	CITY	STATE	POSTAL	CELL_PHONE	COMMISSION	PAY_CLASS	RATE
05	Susan	Garcia	42 Mountain Ln	Cody	WY	82414	307-824-1245	$12,743.16	1	0.04
10	Richard	Miller	87 Pikes Dr	Ralston	WY	82440	307-406-4321	$20,872.11	2	0.06
15	Donna	Smith	312 Oak Rd	Powell	WY	82440	307-982-8401	$14,912.92	1	0.04
20	Daniel	Jackson	19 Lookout Dr	Elk Butte	WY	82433	307-883-9481	$0.00	1	0.04

图2-4　具有PAY_CLASS列的SALES_REP表

假设KimTay规定，处于同一工资等级的销售代表按照同一比例收取佣金。

为了描述这种情况，我们可以认为销售代表的工资等级决定了他的佣金率。换种说法，我们可以认为销售代表的佣金率依赖于他的工资等级。上面的说法使用了"决定"和"依赖于"两个词，它们都描述了功能依赖关系。如果需要正式的定义，那么可以在描述中加上"功能"这个词。例如，我们可以说"销售代表的工资等级在功能上决定了他的佣金率"或"销售代表的佣金率在功能上依赖于他的工资等级"。我们还可以把功能依赖关系定义为：如果知道一位销售代表的工资等级，就可以确定他的佣金率。

在关系数据库中，B列在功能上依赖于A列是指：在任何时候，A的值都决定了B的值。可以按照下面的方式思考：当我们为A提供一个值时，是不是马上就能知道B的值是什么？如果是，B就在功能上依赖于A（常常写作A→B），也可以认为A在功能上决定了B。

在KimTay数据库中，SALES_REP表的LAST_NAME列是否在功能上依赖于REP_ID列？是的。如果我们为REP_ID提供了一个特定的值（例如10），就会立即有一个单值Miller与LAST_NAME列相关联。这可以表述为：REP_ID→LAST_NAME。

有问有答

问题：在CUSTOMER表中，LAST_NAME是否在功能上依赖于REP_ID？

解答：不是。例如，若REP_ID为10，我们并不能据此找到单个顾客的姓氏，因为REP_ID为10的销售代表在这个表中存在多行，他为4位顾客提供服务。

有问有答

问题：在INVOICE_LINE表中，QUANTITY是否在功能上依赖于INVOICE_NUM？

解答：不是。一个INVOICE_NUM可能与一张发票的几条明细相关联，因此INVOICE_NUM并不能提供足够的信息。

有问有答

问题：QUANTITY是否在功能上依赖于ITEM_ID？

解答：不是。就像INVOICE_NUM一样，一个物品ID可能与多张发票相关联，因此ITEM_ID并不能提供足够的信息。

有问有答

问题：INVOICE_LINE表中是否有哪列是QUANTITY在功能上所依赖的？

解答：为了确定QUANTITY的值，我们既需要发票号码也需要物品ID。换句话说，QUANTITY在功能上依赖于INVOICE_NUM和ITEM_ID的组合（正式的名称是连接）。也就是说，根据一个发票号码和一个物品ID，可以确定QUANTITY的一个单值。

现在，一个问题很自然地浮现出来：我们如何才能确定功能依赖关系？例如，我们是否可以通过观察样本数据来确定它们？答案是否定的。

观察图2-5所示的SALES_REP表，其中的姓氏是各不相同的。我们可能忍不住会认为LAST_NAME在功能上决定了ADDRESS、CITY、STATE和POSTAL（或者说，ADDRESS、CITY、STATE和POSTAL在功能上依赖于LAST_NAME），毕竟，已知一位销售代表的姓氏，我们就可以找到单一的完整地址。但是，情况并不总是这样。如果多位销售代表具有相同的姓氏，会出现什么情况呢？

SALES_REP

REP_ID	FIRST_NAME	LAST_NAME	ADDRESS	CITY	STATE	POSTAL	CELL_PHONE	COMMISSION	RATE
05	Susan	Garcia	42 Mountain Ln	Cody	WY	82414	307-824-1245	$12,743.16	0.04
10	Richard	Miller	87 Pikes Dr	Ralston	WY	82440	307-406-4321	$20,872.11	0.06
15	Donna	Smith	312 Oak Rd	Powell	WY	82440	307-982-8401	$14,912.92	0.04
20	Daniel	Jackson	19 Lookout Dr	Elk Butte	WY	82433	307-883-9481	$0.00	0.04

图2-5 SALES_REP表

如果ID为20的销售代表的姓氏也是Gracia，就会遇到图2-6所示的情况。由于现在有两位销售代表的姓氏是Garcia，因此无法使用销售代表的姓氏来找到唯一的地址，我们被原始数据误导了。想要不被误导，就可能需要与用户讨论或检查用户文档。如果KimTay的管理者发布了一项制度，不雇用姓氏重复的销售代表，那么LAST_NAME确实可以决定其他列的值。但是，如果不存在这样的制度，LAST_NAME就无法决定其他列的值。

SALES_REP

REP_ID	FIRST_NAME	LAST_NAME	ADDRESS	CITY	STATE	POSTAL	CELL_PHONE	COMMISSION	RATE
05	Susan	Garcia	42 Mountain Ln	Cody	WY	82414	307-824-1245	$12,743.16	0.04
10	Richard	Miller	87 Pikes Dr	Ralston	WY	82440	307-406-4321	$20,872.11	0.06
15	Donna	Smith	312 Oak Rd	Powell	WY	82440	307-982-8401	$14,912.92	0.04
20	Daniel	Garcia	19 Lookout Dr	Elk Butte	WY	82433	307-883-9481	$0.00	0.04

图2-6 有两个姓氏为Garcia的销售代表的SALES_REP表

2.4 主键

另一个重要的数据库设计概念是主键。关于这个术语，简单的定义是：主键就是表的唯一标识符。例如，REP_ID列就是SALES_REP表的唯一标识符，该表中的每个REP_ID值（例如10）都只会出现在一行中。因此，值为10的REP_ID就唯一地标识了一行（在此例中为第2行）。

在本书中，主键的定义需要更加精确，而不是简单地表示表的唯一标识符。主键的定义如下：A列（或列的集合）如果满足下面的两个性质，它就是表的主键。

- 性质1：表中的所有列在功能上依赖于A。
- 性质2：（若A是列的集合而不是单个列）A中不存在满足性质1的列的真子集。

有问有答

问题： CATEGORY列是否为ITEM表的主键？

解答： 不是，因为其他列在功能上并不依赖于CATEGORY列。例如，仅根据DOG分类，我们无法确定物品ID、描述或其他任何信息，因为有好几行的分类都是DOG。

有问有答

问题： CUST_ID列是否为CUSTOMER表的主键？

解答： 是的，因为KimTay分配了唯一的顾客ID。一个特定的顾客ID无法在多行中出现。因此，CUSTOMER表中的所有列都在功能上依赖于CUST_ID。

> **有问有答**
>
> **问题**：INVOICE_NUM 列是否为 INVOICE_LINE 表的主键？
>
> **解答**：不是，因为它并没有在功能上决定 QUANTITY 列或 QUOTED_PRICE 列。

> **有问有答**
>
> **问题**：INVOICE_NUM 列和 ITEM_ID 列的组合是否为 INVOICE_LINE 表的主键？
>
> **解答**：是的，因此我们可以根据这个列组合决定所有的列。另外，单独的 INVOICE_NUM 列和 ITEM_ID 列都不具备这个属性。

> **有问有答**
>
> **问题**：ITEM_ID 列和 DESCRIPTION 列的组合是否为 ITEM 表的主键？
>
> **解答**：不是。尽管这个列组合可以决定 ITEM 表中的所有列，但 ITEM_ID 列本身也具备这个属性。

我们可以为作为主键的列或列的集合添加下画线，用这种简便形式来指定表的主键。KimTay 数据库的完整简便表示形式如下：

```
SALES_REP(REP_ID, FIRST_NAME, LAST_NAME, ADDRESS, CITY, STATE, POSTAL,
    CELL_PHONE, COMMISSION, RATE)
CUSTOMER(CUST_ID, FIRST_NAME, LAST_NAME, ADDRESS, CITY, STATE, POSTAL,
    EMAIL, BALANCE, CREDIT_LIMIT, REP_ID)
INVOICES(INVOICE_NUM, INVOICE_DATE, CUST_ID)
INVOICE_LINE(INVOICE_NUM, ITEM_ID, QUANTITY, QUOTED_PRICE)
ITEM(ITEM_ID, DESCRIPTION, ON_HAND, CATEGORY, LOCATION, PRICE)
```

> **实用提示**
>
> 有时，我们可能会发现有一列或多列都可以作为一个表的主键。例如，如果 KimTay 数据库还有一个 EMPLOYEE 表，其中包含了员工编号和社会保障号码。无论是员工编号还是社会保障号码，它们都可以作为这个表的主键。在这种情况下，这两个列被称为候选键。和主键一样，候选键也是一个列或一些列的组合，表中的所有列都在功能上依赖于它们。主键的定义对于候选键也是完全适用的。在所有的候选键中，我们可以选择其一作为主键。

> **实用提示**
>
> 根据候选键的定义，社会保障号码是合法的主键。许多数据库，例如存储与大学生的数据有关的数据库或者存储与公司员工的数据有关的数据库，都存储了社会保障号码并将其作为主键。但是，为了保护隐私，许多组织和机构没有使用社会保障号码作为主键，而是使用学生ID或员工编号作为主键。

> **实用提示**
>
> 有些组织倾向于使用诸如顾客ID、物品ID和学生ID这类需要赋值的列作为主键，还有一些组织则简单地让计算机自动生成这些值。在这种情况下，DBMS会简单地在该列中分配下一个可用的值。例如，如果一个数据库已经分配了顾客ID 1500～1936，它就会为下一个将要添加到其中的顾客分配ID 1937。

2.5　数据库的设计

　　本节描述一种读者可以采用的特定方法，用以根据数据库必须支持的一组需求来设计数据库。确定需求是系统分析过程的组成部分。系统分析师与用户进行交流，查看现有的资料和提议的文档，并了解公司的政策来确定数据库必须支持的数据类型。本书并没有讨论这种分析的详细过程，而把重点放在了如何根据这个过程所产生的需求来确定适合的数据库设计。

　　在讨论了数据库设计方法之后，本节将描述一个需求集合样本，并通过设计一个数据库来满足这些需求，从而说明这种数据库设计方法。

2.5.1　设计方法

　　设计一个数据库以满足一组需求可采取下列步骤来完成。

　　1. 阅读需求，确定需要涉及的实体（对象），并对这些实体命名。例如，当设计的数据库与部门和员工有关时，可以使用实体名DEPARTMENT和EMPLOYEE；当设计的数据库与顾客和销售代表有关时，可以使用实体名CUSTOMER和SALES_REP。

　　2. 为步骤1所确认的实体确定唯一标识符。例如，当其中一个实体是ITEM时，确定要求用什么信息唯一地标识每件单独的物品（换句话说，公司使用哪个信息对物品进行区分）。对于ITEM实体，每件物品的唯一标识符可以是

ITEM_ID；对于CUSTOMER实体，唯一标识符可以是CUST_ID。当我们所了解的实体的数据没有可用的唯一标识符时，就需要为它创建一个。例如，我们可以使用唯一的ID来标识没有ID的物品。

3. 对于所有的实体，确认它们的属性。这些属性就成为表中的列。有两个或更多个实体包含相同的属性是可以接受的。

4. 确认属性之间所存在的功能依赖关系。思考下列问题：如果知道一个属性的特定值，是否就知道了其他属性的特定值？例如有3个属性REP_ID、FIRST_NAME和LAST_NAME，如果知道了REP_ID的特定值，是不是也就知道了FIRST_NAME和LAST_NAME的特定值？如果是，那么FIRST_NAME和LAST_NAME就在功能上依赖于REP_ID（REP_ID→FIRST_NAME, LAST_NAME）。

5. 通过功能依赖关系来确认表，包括每个属性功能依赖的属性或最小属性组合。如果一个实体的一个属性（或几个属性的组合）是其他属性所功能依赖的，那么它就是这个表的主键，其他属性就是这个表的其他列。一旦确定了表中的所有列，就可以为这个表取一个适当的名称。通常这个表的名称与步骤1确定这个实体时所取的名称相同。

6. 确认表之间的联系。在一些情况下，我们可以根据需求直接确定这种联系。例如，一位销售代表与多位顾客相关、每位顾客只与一位销售代表相关。但是当遇到另外的情况时，就需要在自己所创建的表中寻找匹配列。例如，如果SALES_REP表和CUSTOMER表都包含一个REP_ID列，并且这两个列的值必须匹配，我们就知道销售代表与顾客是相关的。由于REP_ID是SALES_REP表的主键，因此SALES_REP表是这个联系的"一"的部分，而CUSTOMER表是这个联系的"多"的部分。

从2.5.2小节开始，我们将实现这个过程，使用KimTay数据库所必须支持的需求集合来完成这个数据库的设计。

2.5.2 数据库的设计需求

数据库分析师与用户进行访谈，并查看KimTay数据库的文档。在这个过程中，数据库分析师确定了这个数据库必须支持如下需求。

1. 对于销售代表，需要存储销售代表的ID、名字、姓氏、地址、城市、州、邮政编码、手机号码、总佣金和佣金率。

2. 对于顾客，需要存储顾客的ID、名字、姓氏、地址、城市、州、邮政编码、电子邮件地址、余额、信用额度，并且需要存储为这位顾客提供服务的销售代表的 ID、名字、姓氏。数据库分析师还确定了一位销售代表可以服务多位顾客，而一位顾客只与一位销售代表有关联（换句话说，一位顾客只能由一位销售代表提供服务，而无法被零位或多于一位的销售代表服务）。

3．对于物品，需要存储物品的 ID、描述、库存数量、分类、库存位置，以及物品的单价。每种物品都只存储在一个库存位置。

4．对于发票，需要存储发票号码、发票的开具日期以及开具发票的顾客的 ID、名字、姓氏，此外还需要存储为这位顾客提供服务的销售代表的 ID。

5．对于一张发票内的每条发票明细，需要存储物品 ID 和描述、订购数量、报价。数据库分析师还获取了下面这些与发票有关的信息。

- 每张发票只涉及一位顾客。
- 在一张特定的发票中，一件特定的物品只能有一条发票明细。例如，物品 AD72 无法在同一张发票的多行中出现。
- 当销售代表在一张特定的发票中提供一定的折扣时，明细的报价可能与物品的实际单价不同。

2.5.3　数据库设计过程示例

可通过以下步骤把数据库的具体设计过程应用于 KimTay 的需求，生成适当的数据库设计效果。

步骤 1，初步确定 4 个实体：销售代表、顾客、物品、发票。为这些实体所分配的名称分别为 SALES_REP、CUSTOMER、ITEM、INVOICES。

步骤 2，在这些实体中，审视它们的数据并确定每个实体的唯一标识符。对于实体 SALES_REP、CUSTOMER、ITEM、INVOICES，它们的唯一标识符分别是销售代表 ID、顾客 ID、物品 ID、发票号码。这些唯一标识符分别被命名为 REP_ID、CUST_ID、ITEM_ID、INVOICE_NUM。

步骤 3，2.5.2 小节的第 1 个需求中提到的属性都与销售代表有关，包括销售代表的 ID、名字、姓氏、地址、城市、州、邮政编码、手机号码、总佣金、佣金率。为这些属性分配适当的名称，就产生了如下列表：

```
REP_ID
FIRST_NAME
LAST_NAME
ADDRESS
CITY
```

```
STATE
POSTAL
CELL_PHONE
COMMISSION
RATE
```

2.5.2小节的第2个需求中提到的属性用于表示顾客。这些特定的属性包括顾客的ID、名字、姓氏、地址、城市、州、邮政编码、电子邮件地址、余额、信用额度。这个需求还提到了为当前顾客提供服务的销售代表的ID、名字、姓氏。为这些属性分配适当的名称,就产生了如下列表:

```
CUST_ID
FIRST_NAME
LAST_NAME
ADDRESS
CITY
STATE
POSTAL
EMAIL
BALANCE
CREDIT_LIMIT
REP_ID
REP_FIRST_NAME
REP_LAST_NAME
```

实用提示

注意,上面为每位顾客的名字和姓氏所提供的名称是FIRST_NAME和LAST_NAME,类似于在确定SALES_REP实体的属性列表时为每位销售代表的名字和姓氏所提供的名称。但是,在这个例子中,我们需要同时包含顾客和销售代表的名字和姓氏,它们都是CUSTOMER实体的属性。在对一个实体(在此例中为CUSTOMER)的属性进行命名时,不能有两个属性具有相同的名称。因此,我们无法使用FIRST_NAME和LAST_NAME表示销售代表的名字和姓氏(更无法在此处将它们作为与CUSTOMER实体相关联的属性),因为FIRST_NAME和LAST_NAME已经用于表示顾客的名字和姓氏。我们可以使用REP_FIRST_NAME和REP_LAST_NAME作为CUSTOMER

> 实体的关联属性（即销售代表的名字和姓氏）的名称。当深入数据库的设计过程时，我们会看到这种情况是可以克服的，并且不会成为问题。但是，在这个时候注意到这一点是非常重要的。总之，当属性被用于不同的实体时，它们可以具有相同的名称（例如使用 FIRST_NAME 和 LAST_NAME 同时表示 SALES_REP 和 CUSTOMER 实体中的属性）。但是，对于同一个实体的属性，它们不能采用相同的名称。

销售代表具有 FIRST_NAME、LAST_NAME、ADDRESS、CITY、STATE、POSTAL 等属性，顾客也有 FIRST_NAME、LAST_NAME、ADDRESS、CITY、STATE、POSTAL 等属性。为了在最终的集合中区分这些属性，我们可以在属性名称的后面添加一对括号，注明对应实体的名称。例如，销售代表的地址是 ADDRESS (SALES_REP)，而顾客的地址是 ADDRESS (CUSTOMER)。

2.5.2 小节的第 3 个需求中提到的属性表示物品。这些特定的属性包括物品的 ID、库存数量、分类、库存位置、单价。为这些属性分配适当的名称，就产生了如下列表：

```
ITEM_ID
DESCRIPTION
ON_HAND
CATEGORY
LOCATION
PRICE
```

2.5.2 小节的第 4 个需求中提到的属性表示发票。这些特定的属性包括发票号码、发票的开票日期，以及开具发票的顾客的 ID、名字、姓氏，此外还包括为这位顾客提供服务的销售代表的 ID。为这些属性分配适当的名称，就产生了如下列表：

```
INVOICE_NUM
INVOICE_DATE
CUST_ID
FIRST_NAME
LAST_NAME
REP_ID
```

需求中与发票明细相关的说明指定的特定相关属性包括发票号码（以确定发票明细对应于哪张发票）、物品 ID、描述、订购数量、报价。报价如果必须与单价相同，则可以简单地称为PRICE。但是，根据2.5.2小节的第5个需求中的第3点，报价可能与单价不同，因此我们必须在列表中增加报价。为这些属性分配适当的名称，就产生了如下列表：

```
INVOICE_NUM
ITEM_ID
DESCRIPTION
QUANTITY
QUOTED_PRICE
```

根据实体分组的完整列表如下：

SALES_REP
```
REP_ID
FIRST_NAME(SALES_REP)
LAST_NAME(SALES_REP)
ADDRESS(SALES_REP)
CITY(SALES_REP)
STATE(SALES_REP)
POSTAL(SALES_REP)
CELL_PHONE
COMMISSION
RATE
```

CUSTOMER
```
CUST_ID
FIRST_NAME(CUSTOMER)
LAST_NAME(CUSTOMER)
ADDRESS(CUSTOMER)
CITY(CUSTOMER)
STATE(CUSTOMER)
POSTAL(CUSTOMER)
EMAIL
BALANCE
CREDIT_LIMIT
REP_ID
REP_FIRST_NAME
REP_LAST_NAME
```

ITEM
```
ITEM_ID
DESCRIPTION
ON_HAND
CATEGORY
LOCATION
PRICE
```

INVOICES
```
INVOICE_NUM
INVOICE_DATE
CUST_ID
FIRST_NAME
LAST_NAME
REP_ID
```

对于一张发票，发票明细如下：

```
INVOICE_NUM
ITEM_ID
DESCRIPTION
QUANTITY
QUOTED_PRICE
```

步骤4，由于销售代表的唯一标识符是销售代表ID，因此可以形成如下功能依赖关系。

```
REP_ID→FIRST_NAME(SALES_REP), LAST_NAME(SALES_REP), ADDRESS(SALES_REP),
    CITY(SALES_REP), STATE(SALES_REP), POSTAL(SALES_REP), CELL_PHONE,
    COMMISSION, RATE
```

这种记法表示 FIRST_NAME(SALES_REP)、LAST_NAME(SALES_REP)、ADDRESS(SALES_REP)、CITY(SALES_REP)、STATE(SALES_REP)、POSTAL(SALES_REP)、CELL_PHONE、COMMISSION、RATE都在功能上依赖于REP_ID。

由于顾客的唯一标识符是顾客ID，因此可以产生如下功能依赖关系。

```
CUST_ID → FIRST_NAME (CUSTOMER), LAST_NAME (CUSTOMER), ADDRESS
    (CUSTOMER), CITY (CUSTOMER), STATE(CUSTOMER), POSTAL(CUSTOMER),
    EMAIL,BALANCE, CREDIT_LIMIT, REP_ID, REP_FIRST_NAME, REP_LAST_NAME
```

有问有答

问题：是不是真的需要在由顾客ID决定的属性列表中包含销售代表的名字和姓氏?

解答：并不需要，因为它们都可以根据销售代表ID来确定，并且它们已经包含在由REP_ID决定的属性列表中。

因此，CUSTOMER实体的功能依赖关系如下所示：

```
CUST_ID → FIRST_NAME(CUSTOMER), LAST_NAME(CUSTOMER), ADDRESS(CUSTOMER),
CITY (CUSTOMER), STATE(CUSTOMER), POSTAL(CUSTOMER),EMAIL, BALANCE,
CREDIT_LIMIT, REP_ID
```

由于物品的唯一标识符是物品ID，因此可以产生如下功能依赖关系：

```
ITEM_ID → DESCRIPTION, ON_HAND, CATEGORY, LOCATION, PRICE
```

由于发票的唯一标识符是发票号码，因此可以产生如下功能依赖关系：

```
INVOICE_NUM→ INVOICE_DATE, CUST_ID, FIRST_NAME(CUSTOMER), LAST_NAME
(CUSTOMER), REP_ID
```

有问有答

问题：是不是真的需要在由发票号码决定的属性列表中包含顾客的名字、姓氏，以及为这位顾客服务的销售代表的ID?

解答：不需要，因为我们可以根据顾客ID来确定它们，并且它们已经包含在由CUST_ID决定的属性列表中。

INVOICES实体的功能依赖关系如下：

```
INVOICE_NUM → INVOICE_DATE, CUST_ID
```

最后需要查看的属性是与发票中的发票明细相关联的那些属性：ITEM_ID、DESCRIPTION、QUANTITY和QUOTED_PRICE。

有问有答

问题：为什么QUANTITY和QUOTED_PRICE并没有包含在由发票号码决定

> 的属性列表中？
>
> **解答**：为了唯一地标识特定的 QUANTITY 或 QUOTED_PRICE 值，仅使用 INVOICE_NUM 本身并不够，因为一张发票上可能列出多件物品。为此，这里需要组合使用 INVOICE_NUM 和 ITEM_ID。

下面这种简便表示形式表示 INVOICE_NUM 和 ITEM_ID 的组合在功能上确定了 QUANTITY 和 QUOTED_PRICE：

```
INVOICE_NUM, ITEM_ID → QUANTITY, QUOTED_PRICE
```

> **有问有答**
>
> **问题**：DESCRIPTION 是否需要包含在这个列表中？
>
> **解答**：不需要，因为 DESCRIPTION 可以由 ITEM_ID 单独确定，并且它已经出现在依赖 ITEM_ID 的属性列表中。

完整的功能依赖关系列表如下：

```
REP_ID → FIRST_NAME(SALES_REP), LAST_NAME(SALES_REP), ADDRESS
    (SALES_REP), CITY(SALES_REP), STATE(SALES_REP), POSTAL(SALES_REP),
    CELL_PHONE, COMMISSION, RATE
CUST_ID → FIRST_NAME(CUSTOMER), LAST_NAME(CUSTOMER), ADDRESS(CUSTOMER),
    CITY(CUSTOMER), STATE(CUSTOMER), POSTAL(CUSTOMER),EMAIL, BALANCE,
    CREDIT_LIMIT, REP_ID
ITEM_ID → DESCRIPTION, ON_HAND, CATEGORY, LOCATION, PRICE
INVOICE_NUM → INVOICE_DATE, CUST_ID
INVOICE_NUM, ITEM_ID → QUANTITY, QUOTED_PRICE
```

步骤 5，根据功能依赖关系，我们可以在创建表时将上述列表中箭头左边的属性作为主键，并将箭头右边的属性作为其他列。对于步骤 1 所确定的那些实体的对应关系，则可以使用已经确定的名称。由于我们并没有确定以 INVOICE_NUM 和 ITEM_ID 的组合作为唯一标识符的实体，因此需要为以这两个列的组合作为主键的那个表取一个名称。由于这个表表示一张发票内的不同发票明细，因此 INVOICE_LINE 是一个合适的名称。最终的表集合如下：

```
SALES_REP (REP_ID, FIRST_NAME, LAST_NAME, ADDRESS, CITY, STATE, POSTAL,
    CELL_PHONE, COMMISSION, RATE)
```

```
CUSTOMER (CUST_ID, FIRST_NAME, LAST_NAME, ADDRESS, CITY, STATE, POSTAL,
    EMAIL, BALANCE, CREDIT_LIMIT, REP_ID)
ITEM (ITEM_ID, DESCRIPTION, ON_HAND, CATEGORY, LOCATION, PRICE)
INVOICES (INVOICE_NUM, INVOICE_DATE, CUST_ID)
INVOICE_LINE (INVOICE_NUM, ITEM_ID, QUANTITY, QUOTED_PRICE)
```

步骤6，对表进行检视，根据如下表联系来确定公共列。

- CUSTOMER 和 SALES_REP 表是通过 REP_ID 列关联的。由于 REP_ID 列是 SALES_REP 表的主键，因此 SALES_REP 和 CUSTOMER 之间存在一对多的联系（一位销售代表对应多位顾客）。

- INVOICES 和 CUSTOMER 表是通过 CUST_ID 列关联的。由于 CUST_ID 是 CUSTOMER 表的主键，因此 CUSTOMER 和 INVOICES 之间存在一对多的联系（一位顾客对应多张发票）。

- INVOICE_LINE 和 INVOICES 表是通过 INVOICE_NUM 列关联的。由于 INVOICE_NUM 列是 INVOICES 表的主键，因此 INVOICES 和 INVOICE_LINE 之间存在一对多的联系（一张发票对应多条发票明细）。

- INVOICE_LINE 和 ITEM 表是通过 ITEM_ID 列关联的。由于 ITEM_ID 是 ITEM 表的主键，因此 ITEM 和 INVOICE_LINE 之间存在一对多的联系（一件物品对应多条发票明细）。

2.6 规范化

在完成数据库的设计后，我们必须对数据库进行分析，确保其不存在潜在的问题。为此，我们执行一个称为规范化的过程，在这个过程中确定是否存在潜在的问题，例如数据重复和冗余，并采取一些实现方法来消除这些问题。

规范化（normalization）的目标是将非范式的关系（满足关系定义的表，但可能包含重复组）进行转换，使得其满足某种范式（normal form）。一种特定范式的表具有一些目标属性集合。尽管范式多种多样，但常用的是第一范式、第二范式、第三范式。对于规范化的过程，第一范式的表优于非范式的表，第二范式的表优于第一范式的表，依此类推。这个过程的目的是对一个表或一些表进行处理，以产生一个新的表集合，它能够表示与原先相同的信息，但消除了原先存在的问题。

2.6.1　第一范式

根据关系的定义，一个关系（表）不能包含重复组，也就是表中某一行的某个字段不能包含多个数据项。但是，在数据库设计过程中，我们所创建的表可能既包含一个关系的所有其他属性又包含重复组。消除重复组是把非范式的数据集转换为第一范式的表的起点。当一个关系（表）不包含重复组时，它就满足第一范式（记作 1NF）。

例如，在数据库设计过程中，我们创建了下面这张 INVOICES 表，其中就存在一个由 ITEM_ID 和 QUANTITY 组成的重复组：

```
INVOICES (INVOICE_NUM, INVOICE_DATE, (ITEM_ID, QUANTITY))
```

这种记法描述了一个 INVOICES 表，其中包含了主键 INVOICE_NUM 和一个名为 INVOICE_DATE 的列。内层的括号表示一个由 ITEM_ID 和 QUANTITY 列组成的重复组。这张表的每一行包含了一张发票，其中，ITEM_ID 和 QUANTITY 列的值属于发票号码为 INVOICE_NUM 并在 INVOICE_DATE 所开具的发票。图 2-7 显示了在一张发票中存在一个物品 ID 和对应订购数量的多个组合。

INVOICES

INVOICE_NUM	INVOICE_DATE	ITEM_ID	QUANTITY
14216	11/15/2021	CA75	3
14219	11/15/2021	AD72	2
		DT12	4
14222	11/16/2021	LD14	1
14224	11/16/2021	KH81	4
14228	11/18/2021	FS42	1
		PF19	1
14231	11/18/2021	UF39	2
14233	11/18/2021	KH81	1
		QB92	4
		WB49	4
14237	11/19/2021	LP73	3

图 2-7　非范式的发票数据

为了把这个表转换为符合第一范式，可以按下面的方法消除重复组：

```
INVOICES (INVOICE_NUM, INVOICE_DATE, ITEM_ID, QUANTITY)
```

　　由此得到的满足第一范式的表如图2-8所示。

INVOICES

INVOICE_NUM	INVOICE_DATE	ITEM_ID	QUANTITY
14216	11/15/2021	CA75	3
14219	11/15/2021	AD72	2
14219	11/15/2021	DT12	4
14222	11/16/2021	LD14	1
14224	11/16/2021	KH81	4
14228	11/18/2021	FS42	1
14228	11/18/2021	PF19	1
14231	11/18/2021	UF39	2
14233	11/18/2021	KH81	1
14233	11/18/2021	QB92	4
14233	11/18/2021	WB49	4
14237	11/19/2021	LP73	3

图2-8　对发票数据依第一范式进行转换

　　在图2-7中，第2行表示物品 AD72 和 DT12 都包含在发票 14219 中。在图2-8中，这个信息是用两行来表示的，即第2行和第3行。非范式的 INVOICES 表的主键是单独的 INVOICE_NUM 列。规范化之后的 INVOICES 表的主键是 INVOICE_NUM 和 ITEM_ID 列的组合。

　　当我们把一个非范式的表转换为一个满足第一范式的表时，第一范式表的主键通常是非范式表的主键与重复组的键的组合。重复组的键是重复组中用于区分不同重复组的列。在图2-7所示的 INVOICES 表中，ITEM_ID 是重复组的键，INVOICE_NUM 是这个表的主键。在把非范式的数据转换为满足第一范式时，主键就成了 INVOICE_NUM 和 ITEM_ID 列的组合。

2.6.2　第二范式

　　下面这个 INVOICES 表满足第一范式，因为它并没有包含重复组：

```
INVOICES(INVOICE_NUM, INVOICE_DATE, ITEM_ID, DESCRIPTION, QUANTITY,
    QUOTED_PRICE)
```

这个表包含了如下功能依赖关系：

```
INVOICE_NUM → INVOICE_DATE
ITEM_ID → DESCRIPTION
INVOICE_NUM, ITEM_ID → QUANTITY, QUOTED_PRICE
```

INVOICE_NUM 单独决定了 INVOICE_DATE，ITEM_ID 单独决定了 DESCRIPTION，INVOICE_NUM 和 ITEM_ID 共同决定了 QUANTITY 或 QUOTED_PRICE。图2-9展示了这个表的样本数据。

INVOICES

INVOICE_NUM	INVOICE_DATE	ITEM_ID	DESCRIPTION	QUANTITY	QUOTED_PRICE
14216	11/15/2021	CA75	Enclosed Cat Litter Station	3	$37.99
14219	11/15/2021	AD72	Dog Feeding Station	2	$79.99
14219	11/15/2021	DT12	Dog Toy Gift Set	4	$39.99
14222	11/16/2021	LD14	Locking Small Dog Door	1	$47.99
14224	11/16/2021	KH81	Wild Bird Food (25 lb)	4	$18.99
14228	11/18/2021	FS42	Aquarium (55 Gallon)	1	$124.99
14228	11/18/2021	PF19	Pump & Filter Kit	1	$74.99
14231	11/18/2021	UF39	Underground Fence System	2	$189.99
14233	11/18/2021	KH81	Wild Bird Food (25 lb)	1	$19.99
14233	11/18/2021	QB92	Quilted Stable Blanket	4	$109.95
14233	11/18/2021	WB49	Insulated Water Bucket	4	$74.95
14237	11/19/2021	LP73	Large Pet Carrier	3	$54.95

图2-9　发票样本数据

INVOICES 表尽管满足第一范式（因为它并不包含重复组），但仍然存在问题，需要我们进行重构。

例如，一件特定物品KH81的描述在这个表中出现了两次。这种重复（正式的说法是冗余）会造成几个问题。它显然会浪费空间，但这远不如其他几个问题更加严重。这些其他问题被称为更新异常，可以分为以下4种类型。

1. **更新**：如果我们需要修改物品KH81的描述，则必须修改两次，在物品KH81所出现的每一行都需要修改。多次更新物品描述会使更新过程变得笨拙，并且浪费时间。

2. **不一致的数据**：在设计时并没有禁止物品KH81在数据库中具有两种不同的描述。事实上，如果KH81出现在表的20行中，那么这件物品在数据库中就可能具有20种不同的描述。

3. **添加**：当我们试图向数据库中添加一件新的物品及其描述时，将会面临一个现实的问题。由于INVOICES表的主键是由INVOICE_NUM和ITEM_ID组成的，因此在我们向这个表中添加一行数据时，就需要同时为这两个列提供值。如果我们在这个表中添加了一件物品，但这件物品此时还没有开具任何对应的发票，该怎么处理INVOICE_NUM列呢？唯一的解决方案是创建一个假的INVOICE_NUM值，并在实际收到该物品的订单时用真正的INVOICE_NUM值替换这个假值。显然，这并不是可以接受的解决方案。

4. **删除**：如果我们从数据库中删除了发票14216，并且它是唯一包含物品CA75的发票，那么删除这张发票也就删除了与物品CA75有关的所有信息。例如，我们不再知道物品CA75代表封闭式猫砂盆（Enclosed Cat Litter Station）。

这些问题的发生是因为DESCRIPTION列仅依赖于主键的一部分（ITEM_ID），而不是依赖于整个主键。这种情况就导致了第二范式的出现。第二范式是对第一范式的改进，它消除了这些情况下的更新异常。

当一个表（关系）满足第一范式，并且没有任何非键列（即不是主键组成部分的列）只依赖于主键的一部分时，它就满足第二范式（记作2NF）。

实用提示

当一个表的主键只有一列时，这个表就自动满足第二范式。

我们可以发现INVOICES表的基本问题是，它并不满足第二范式。尽管发现问题是非常重要的，但我们真正需要的是解决问题的方法，从而将表转换为满足第二范式。首先，取出组成主键的列集合的每个子集，并以这个子集为主键创建一个新表。对于INVOICES表，主键的子集用如下所示的符号表示：

```
(INVOICE_NUM,
(ITEM_ID,
(INVOICE_NUM, ITEM_ID,
```

然后，把每个其他列与适当的主键放在一起，也就是把每个其他列与它所依赖的最小列集合放在一起。对于INVOICES表，像下面这样增加新列：

(<u>INVOICE_NUM</u>, INVOICE_DATE)

(<u>ITEM_ID</u>, DESCRIPTION)

(<u>INVOICE_NUM</u>, <u>ITEM_ID</u>, QUANTITY, QUOTED_PRICE)

　　根据这些新表的含义和内容为它们分别起一个描述性的名称，例如INVOICES、ITEM、INVOICE_LINE。图2-10显示了这些表的样本数据。

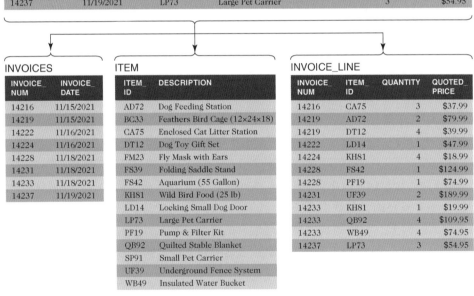

图2-10　对INVOICES表依第二范式进行转换

　　在图2-10中，原先的INVOICES表被转换为一个新的INVOICES表、一个ITEM表和一个INVOICE_LINE表，从而消除了更新异常。每件物品的描述只出现一次，从而消除了原先的表设计中所存在的冗余。例如，要把物品KH81的描述从 Wild Bird Food (25 lb)修改为 KimTay Premium Wild Bird Food (25 lb)，现在就是只涉及一处修改的简单过程。由于一件物品的描述只出现在一个位置，因此一件物品不可能在数据库中同时存在多个描述。

为了增加一件新物品及其描述，我们可以在 ITEM 表中创建一个新行，而不用关心是不是存在实际的发票对应这件物品。另外，删除发票 14216 并不会从数据库中删除 ID 为 CA75 的物品，因为该物品仍然存在于 ITEM 表中。最后，把 INVOICES 表转换为满足第二范式并没有丢失任何信息。我们可以通过这些新表重新构建原表中的数据。

2.6.3　第三范式

满足第二范式的表仍然存在一些问题。考虑下面这个 CUSTOMER 表：

```
CUSTOMER (CUST_ID, FIRST_NAME, LAST_NAME, BALANCE, CREDIT_LIMIT, REP_ID,
    REP_FIRST_NAME, REP_LAST_NAME)
```

这个表具有以下功能依赖关系：

```
CUST_ID → FIRST_NAME, LAST_NAME, BALANCE, CREDIT_LIMIT, REP_ID,
    REP_FIRST_NAME, REP_LAST_NAME
REP_ID → REP_FIRST_NAME, REP_LAST_NAME
```

CUST_ID 决定了所有其他的列。另外，REP_ID 决定了 REP_FIRST_NAME 和 REP_LAST_NAME 列。

当一个表的主键是单一的列时，这个表就自动满足第二范式（如果这个表不满足第二范式，有些列就会依赖于主键的一部分。当主键是单一的列时，这种情况是不可能发生的）。因此，CUSTOMER 表满足第二范式。

尽管这个表满足第二范式，但如图 2-11 所示，它仍然存在与图 2-9 所示的 INVOICES 表相似的更新问题。在图 2-11 中，销售代表的名字在表中出现了多次。

在 CUSTOMER 表中，包含销售代表的 ID 和姓名这个冗余导致了它与 INVOICES 表存在相同的问题。除了浪费空间的问题之外，它还存在下面这些更新异常。

1. **更新**：要修改销售代表的姓名，就需要修改表中的多行数据。

2. **不一致的数据**：在设计时并没有禁止在数据库中多次重复销售代表的姓名。例如，一位销售代表可能为 20 位顾客服务，并且这位销售代表的姓名在表中可能是以 20 种不同的方式输入的。

CUSTOMER

CUST_ID	FIRST_NAME	LAST_NAME	BALANCE	CREDIT_LIMIT	REP_ID	REP_FIRST_NAME	REP_LAST_NAME
125	Joey	Smith	$80.68	$500.00	05	Susan	Garcia
375	Melanie	Jackson	$252.25	$250.00	05	Susan	Garcia
543	Angie	Hendricks	$315.00	$750.00	05	Susan	Garcia
795	Randy	Blacksmith	$61.50	$500.00	05	Susan	Garcia
182	Billy	Rufton	$43.13	$750.00	10	Richard	Miller
294	Samantha	Smith	$58.60	$500.00	10	Richard	Miller
492	Elmer	Jackson	$45.20	$500.00	10	Richard	Miller
721	Leslie	Smith	$166.65	$1,000.00	10	Richard	Miller
227	Sandra	Pincher	$156.38	$500.00	15	Donna	Smith
314	Tom	Rascal	$17.25	$250.00	15	Donna	Smith
435	James	Gonzalez	$230.40	$1,000.00	15	Donna	Smith
616	Sally	Cruz	$8.33	$500.00	15	Donna	Smith

图2-11　CUSTOMER 表仍然存在更新问题

3.**添加**：为了在数据库中增加销售代表25（Juanita Sanchez），她至少必须为一位顾客提供服务。如果 Juanita Sanchez 还没有为任何顾客提供服务，要么数据库无法记录她的姓名，要么必须为她创建一个虚拟的顾客，直到她为一位真正的顾客提供服务。这两种解决方案都是无法令人满意的。

4.**删除**：我们如果从数据库中删除了销售代表05的所有顾客，那么也会失去与销售代表05有关的所有信息。

这些更新异常是因为 REP_ID 决定了 REP_FIRST_NAME 和 REP_LAST_NAME，但 REP_ID 并不是主键。这样一来，相同的 REP_ID 以及因此相同的 REP_FIRST_NAME 和 REP_LAST_NAME 就可以出现在许多不同的行中。

我们已经看到了满足第二范式的表相对于满足第一范式的表有了改进，但是为了消除满足第二范式的表存在的问题，我们在创建表的时候需要一种更好的策略。第三范式就提供了这种策略。但是，在讲解第三范式之前，我们需要熟悉决定了其他列的任何列（例如 CUSTOMER 表的 REP_ID）的特殊名称。决定其他列的任何列（或列的集合）被称为决定列。一个表的主键就是决定列。事实上，根据定义，任何候选键也都是决定列（记住，候选键就是可以作为主键的列或列的集合）。在图2-11中，REP_ID 就是决定列，但它并不是候选键，这就是问题所在。

当一个满足第二范式的表所包含的决定列都是候选键时，它就满足第三范式（记作 3NF）。

实用提示

本书关于第三范式的定义并不是它的原始定义，因为笔者认为它比原始定义更为合适。如果一定要体现二者的区别，可将此处定义的范式称为Boyce-Codd范式（记作BCNF）以进行区分。本书并没有进行这样的区分，而是直接将其当成第三范式的定义。

现在我们已经发现了CUSTOMER表存在的问题：它并不满足第三范式。为了对它进行转换，使之满足第三范式，需要采取以下几个步骤。

首先，对于每个并非候选键的决定列，从表中移除依赖于这个决定列的那些列（但并不移除这个决定列）。接下来，创建一个新表，使其包含原表中依赖这个决定列的所有列。最后，使这个决定列成为新表的主键。

例如，在CUSTOMER表中，移除REP_FIRST_NAME和REP_LAST_NAME，因为它们依赖于决定列 REP_ID，而后者并不是候选键。然后创建一个新表SALES_REP，它由 REP_ID（主键）、REP_FIRST_NAME 和 REP_LAST_NAME组成，如下所示：

```
CUSTOMER (CUST_ID, FIRST_NAME, LAST_NAME, BALANCE, CREDIT_LIMIT, REP_ID)
SALES_REP (REP_ID, REP_FIRST_NAME, REP_LAST_NAME)
```

此前，销售代表的名字和姓氏分别被命名为REP_FIRST_NAME和REP_LAST_NAME——在 CUSTOMER 表中是不能用标识符 FIRST_NAME 和 LAST_NAME来表示它们的，因为FIRST_NAME 和 LAST_NAME已经用于表示顾客的名字和姓氏。由于REP_FIRST_NAME 和 REP_LAST_NAME现在已经从CUSTOMER表中移除并被安置在SALES_REP表中，因此现在可以使用标识符 FIRST_NAME 和 LAST_NAME来表示销售代表的名字和姓氏。

SALES_REP表的说明如下，其中更新了表示销售代表的名字和姓氏的合适标识符：

```
SALES_REP (REP_ID, FIRST_NAME, LAST_NAME)
```

原先的CUSTOMER表以及为了使原表满足第三范式而创建的表如图2-12所示。

CUSTOMER

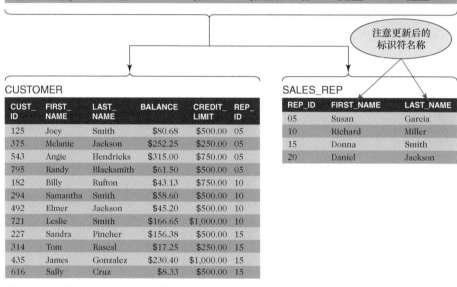

CUST_ID	FIRST_NAME	LAST_NAME	BALANCE	CREDIT_LIMIT	REP_ID	REP_FIRST_NAME	REP_LAST_NAME
125	Joey	Smith	$80.68	$500.00	05	Susan	Garcia
375	Melanie	Jackson	$252.25	$250.00	05	Susan	Garcia
543	Angie	Hendricks	$315.00	$750.00	05	Susan	Garcia
795	Randy	Blacksmith	$61.50	$500.00	05	Susan	Garcia
182	Billy	Rufton	$43.13	$750.00	10	Richard	Miller
294	Samantha	Smith	$58.60	$500.00	10	Richard	Miller
492	Elmer	Jackson	$45.20	$500.00	10	Richard	Miller
721	Leslie	Smith	$166.65	$1,000.00	10	Richard	Miller
227	Sandra	Pincher	$156.38	$500.00	15	Donna	Smith
314	Tom	Rascal	$17.25	$250.00	15	Donna	Smith
435	James	Gonzalez	$230.40	$1,000.00	15	Donna	Smith
616	Sally	Cruz	$8.33	$500.00	15	Donna	Smith

注意更新后的
标识符名称

CUSTOMER

CUST_ID	FIRST_NAME	LAST_NAME	BALANCE	CREDIT_LIMIT	REP_ID
125	Joey	Smith	$80.68	$500.00	05
375	Melanie	Jackson	$252.25	$250.00	05
543	Angie	Hendricks	$315.00	$750.00	05
795	Randy	Blacksmith	$61.50	$500.00	05
182	Billy	Rufton	$43.13	$750.00	10
294	Samantha	Smith	$58.60	$500.00	10
492	Elmer	Jackson	$45.20	$500.00	10
721	Leslie	Smith	$166.65	$1,000.00	10
227	Sandra	Pincher	$156.38	$500.00	15
314	Tom	Rascal	$17.25	$250.00	15
435	James	Gonzalez	$230.40	$1,000.00	15
616	Sally	Cruz	$8.33	$500.00	15

SALES_REP

REP_ID	FIRST_NAME	LAST_NAME
05	Susan	Garcia
10	Richard	Miller
15	Donna	Smith
20	Daniel	Jackson

图2-12   对CUSTOMER表依第三范式进行转换

　　CUSTOMER 表的这种新设计是否修正了此前所发现的所有问题呢？首先，销售代表的姓名只出现一次，因此避免了冗余，并简化了存储销售代表的名字和姓氏的过程。这种设计还防止了一位销售代表在数据库中具有不同的姓名。为了在数据库中增加一位新的销售代表，可在SALES_REP表中添加一行。其次，为了记录一位新的销售代表，服务记录不是必需的。最后，删除一个销售代表服务的所有顾客并不会从SALES_REP表中删除这位销售代表的记录，他的名字和姓氏仍然会保留在数据库中。我们可以根据新的表集合中的数据重建原表中的所有数据。以前提到的所有问题确实已经被真正地解决。

有问有答

问题：把下面这个表转换为满足第三范式。在这个表中，STUDENT_NUM 决定了 STUDENT_NAME、NUM_CREDITS、ADVISOR_NUM、ADVISOR_NAME，ADVISOR_NUM 决定了 ADVISOR_NAME，COURSE_NUM 决定了 DESCRIPTION，STUDENT_NUM 和 COURSE_NUM 的组合决定了 GRADE：

```
STUDENT (STUDENT_NUM, STUDENT_NAME, NUM_CREDITS, ADVISOR_NUM,
    ADVISOR_NAME, (COURSE_NUM, DESCRIPTION, GRADE))
```

解答：需完成下列步骤。

步骤 1，消除重复组，把这个表转换为满足第一范式，如下所示：

```
STUDENT (STUDENT_NUM, STUDENT_NAME, NUM_CREDITS, ADVISOR_NUM,
    ADVISOR_NAME, COURSE_NUM, DESCRIPTION, GRADE)
```

STUDENT 表现在满足第一范式，因为其中不再存在重复组。但是，它并不满足第二范式，因为 STUDENT_NAME 只依赖于 STUDENT_NUM，而后者是主键的一部分。

步骤 2，把 STUDENT 表转换为满足第二范式。首先，对于主键的每个子集，创建一个以该子集为主键的表，这样就产生了下面的结果：

```
(STUDENT_NUM,
(COURSE_NUM,
(STUDENT_NUM, COURSE_NUM,
```

接下来，把剩余的列与它们所依赖的最小列集合放在一起，如下所示：

```
(STUDENT_NUM, STUDENT_NAME, NUM_CREDITS, ADVISOR_NUM, ADVISOR_NAME)
(COURSE_NUM, DESCRIPTION)
(STUDENT_NUM, COURSE_NUM, GRADE)
```

最后，为每个新表取名：

```
STUDENT (STUDENT_NUM, STUDENT_NAME, NUM_CREDITS, ADVISOR_NUM,
    ADVISOR_NAME)
COURSE (COURSE_NUM, DESCRIPTION)
STUDENT_COURSE (STUDENT_NUM, COURSE_NUM, GRADE)
```

> 　　尽管这些表都满足第二范式，而且COURSE和STUDENT_COURSE表还满足第三范式，但STUDENT表并不满足第三范式，因为其中包含一个决定列（ADVISOR_NUM），而该决定列并不是候选键。
>
> 　　步骤3，把STUDENT表转换为满足第三范式，方法是移除依赖于决定列ADVISOR_NUM的列，并把它放在一张独立的表中：
>
> (STUDENT_NUM, STUDENT_NAME, NUM_CREDITS, ADVISOR_NUM)
> (ADVISOR_NUM, ADVISOR_NAME)
>
> 　　步骤4，为这两个表取名，并把所有的表集合放在一起：
>
> STUDENT (STUDENT_NUM, STUDENT_NAME, NUM_CREDITS, ADVISOR_NUM)
> ADVISOR (ADVISOR_NUM, ADVISOR_NAME)
> COURSE (COURSE_NUM, DESCRIPTION)
> STUDENT_COURSE (STUDENT_NUM, COURSE_NUM, GRADE)

2.7　数据库的结构设计图

　　对于许多人而言，数据库的结构设计图是非常实用的。一种流行的表示数据库结构图的类型是实体联系（Entity-Relationship，E-R）图。在E-R图中，矩形表示实体（表）。对应矩形之间的连接线表示实体之间的一对多联系。

　　在数据库设计中可以使用几种不同风格的E-R图。其中一种风格如图2-13所示，图中箭头指向表示表之间联系的"多"方。例如，在SALES_REP和CUSTOMER中，箭头从SALES_REP表指向CUSTOMER表，表示一位销售代表与多位顾客相关联。INVOICE_LINE表具有两个一对多的联系，分别用INVOICES表指向INVOICE_LINE表的箭头和ITEM表指向INVOICE_LINE表的箭头表示。

实用提示

在这种风格的E-R图中，我们可以将矩形放在任何位置来表示实体和联系，重要的是用箭头连接适当的矩形。

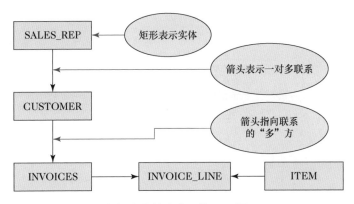

图2-13 KimTay数据库用箭头表示的E-R图

另一种风格的E-R图用称为"鸦爪"(crow's foot)的符号表示表之间联系的"多"方,如图2-14所示。

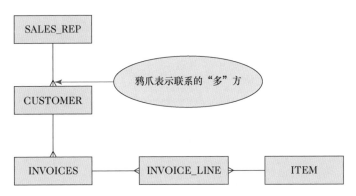

图2-14 KimTay数据库用鸦爪表示的E-R图

图2-15展示了最初风格的E-R图。在这种风格中,联系是用菱形表示的。例如,SALES_REP和CUSTOMER表之间的联系称为"服务",反映了销售代表为顾客提供服务的事实。CUSTOMER和INVOICES表之间的联系称为"开具",反映了顾客开具发票的事实。INVOICES和INVOICE_LINE表之间的联系称为"包含",反映了一张发票包含多条发票明细的事实。ITEM和INVOICE_LINE表之间的联系称为"在上面",反映了一件特定的物品出现在许多发票上的事实。在这种风格的E-R图中,数字1表示联系的"一"方,字母n表示联系的"多"方。

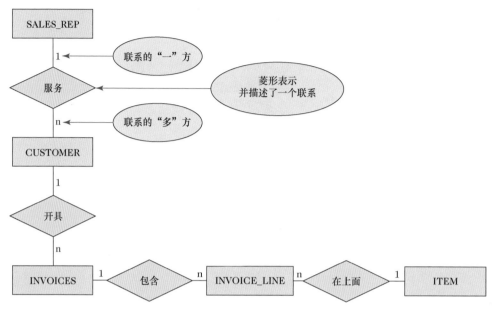

图2-15   KimTay 数据库用命名联系表示的E-R图

2.8   本章总结

- 实体可以是人、地方、东西或事件。属性是实体的一项性质。联系体现实体
  之间的关联。

- 关系是一个二维表，表中的数据项只能包含一个单值，每一列只能有一个
  特定的名称，同一列中的所有值都必须与这个名称匹配，行和列的顺序是
  无关紧要的，并且每一行都包含了不同的值。关系数据库就是关系的
  集合。

- 当A列的一个值在任意特定时刻都决定B列的一个单值时，B列就在功能上
  依赖于A列（或列的集合）。

- 如果一个关系（表）R中的所有列都在功能上依赖于A列（或列的集合），并
  且在A为列集合的情况下不存在某个满足这个性质的子集，那么A就是R的
  主键。

- 为了设计一个数据库以满足一组需求，可以首先阅读需求并确定所涉及的实
  体（对象），对这些实体进行命名并确认这些实体的唯一标识符。接下来，

确认所有实体的属性以及这些属性之间所存在的功能依赖关系，并通过这些功能依赖关系来确认表和列。最后，通过观察匹配列来确认表之间的联系。

- 当一个表（关系）不包含重复组时，它就满足第一范式。为了把一个非范式的表转换为满足第一范式，就需要消除重复组并对主键进行扩展，使之包含原先的主键和重复组的键。

- 当一个表（关系）满足第一范式并且不存在非键列（即不是主键组成部分的列）依赖于主键的一部分时，这个表就满足第二范式。为了把一个满足第一范式的表转换为满足第二范式的表集合，就需要取组成主键的列集合的每个子集，并用这个子集作为主键创建一个新表。然后，把其他每个列与适当的主键放在一起，也就是把其他每个列与它所依赖的最小列集合放在一起。最后，为这些新表提供适当的名称，以描述这个表的含义和内容。

- 当一个满足第二范式的表所包含的决定列（至少有一个其他列依赖于它）都是候选键（可以作为主键的列）时，它就满足第三范式。为了把一个满足第二范式的表转换为满足第三范式的表集合，对于每个不是候选键的决定列，从表里移除依赖于它（即这个决定列）的列（但不要移除这个决定列）；然后创建一个新表，使其包含原表中依赖于这个决定列的所有列；最后，把这个决定列作为这个表的主键。

- 实体联系图（E-R图）是表示数据库设计的图形。描述数据库设计的图形有几种常用的风格，它们使用图形和连接线描述了实体之间的联系。

关键术语

属性 attribute

Boyce-Codd范式（BCNF）Boyce-
　　Codd normal form

候选键 candidate key

连接 concatenation

数据库设计 database design

数据库管理系统（DBMS）database
　　management system

决定列 determinant

实体 entity

实体联系图 （E-R图）entity-
　　relationship diagram

字段 field

第一范式 （1NF) first normal form

功能上依赖 functionally dependent

功能上决定 functionally determine

非键列 nonkey column

范式 normal form

规范化 normalization

一对多联系 one-to-many relationship

主键 primary key

限定 qualify

记录 record

冗余 redundancy

关系 relation

关系数据库 relational database

联系 relationship

重复组 repeating group

第二范式（2NF) second normal form

第三范式（3NF) third normal form

元组 tuple

非范式的关系 unnormalized relation

更新异常 update anomaly

2.9 复习题

章节测验

1. 什么是实体？

2. 什么是属性？

3. 什么是联系？什么是一对多联系？

4. 什么是重复组？

5. 什么是关系？

6. 什么是关系数据库？

7. 描述关系数据库结构的简便表示形式。为什么能够用简便风格表示数据库的结构是非常重要的？

8. 如何限定一个字段的名称？什么时候需要这样做？

9. 一个列在功能上依赖于另一个列是什么意思？

10. 什么是主键？为什么在适当的数据库设计中需要主键？

11. 一所大学的数据库必须支持下列需求。

 a. 对于一个院系，存储它的编号和名称。

 b. 对于一位教师，存储他的编号、名字、姓氏及其所在院系的编号。

 c. 对于一门课程，存储它的代码和描述（例如，DBA210、SQL编程）。

 d. 对于一位学生，存储他的学号、名字、姓氏。对于该学生所上的每门课程，存储课程代码、课程描述、学分。另外，存储指导该学生的教师的编号和姓名。假设一位教师可能为任意数量的学生提供指导，但每位学生只能有一位教师。

根据上面这些需求设计数据库。使用自己作为学生时的经验来确定所有的功能依赖关系。列出表、列和联系。另外，用一张E-R图表示自己的设计。

12. 定义第一范式。使用不满足第一范式的表时可能会遇到什么类型的问题？

13. 定义第二范式。使用不满足第二范式的表时可能会遇到什么类型的问题？

14. 定义第三范式。使用不满足第三范式的表时可能会遇到什么类型的问题？

15. 使用第11题所确定的功能依赖关系，把下面的表转换为满足第三范式的等价表集合：

```
STUDENT (STUDENT_NUM, STUDENT_LAST_NAME, STUDENT_FIRST_NAME,
    ADVISOR_NUM, ADVISOR_LAST_NAME, ADVISOR_FIRST_NAME,
    (COURSE_CODE, DESCRIPTION, GRADE))
```

关键思考题

1. 如果对需求进行了更改，使一位学生可以对应多位教师，那么章节测验第11题的答案需要进行哪些修改？

2. 如果对需求进行了更改，必须存储一位学生开始一门课程和获得学分的年份和学期，那么章节测验第11题的答案需要进行哪些修改？

2.10 案例练习

KimTay Pet Supplies

使用图2-1所示的数据回答下列问题。本练习不需要操作计算机。

1. 为了支持以下需求，请说明需要对KimTay数据库（参见图2-1）做出的修改。一位顾客不再只由一位销售代表服务，而是可以由几位销售代表服务。当一位顾客下了一个订单时，获取佣金的销售代表必须是为这位顾客服务的销售代表集合中的一位。

2. 为了支持以下需求，请说明需要对KimTay数据库做出的修改（使用简便表示形式）。顾客和销售代表不相关。当一位顾客下了一个订单时，所有销售代表都可以处理这个订单并开具一张发票。在这张发票上，我们需要确认下了这个订单的顾客以及负责这张发票的销售代表。绘制一张E-R图来表示这个新设计。

3. 如果按照以下方式修改2.5.2小节中的需求3，请说明需要对KimTay数据库做出的修改（使用简便表示形式）：对于一件物品，存储物品的ID、描述、分类、单价。另外，对于这件物品的每个库存位置，存储该位置的编号、描述、所存储物品的库存数量。绘制一张E-R图来表示这个新设计。

4. 根据自己对KimTay的了解，确定下面这个表所存在的功能依赖关系。在确定了功能依赖关系之后，把这个表转换为满足第三范式的等价表集合：

```
ITEM (ITEM_ID, DESCRIPTION, ON_HAND, CATEGORY, LOCATION, PRICE,
    (INVOICE_NUM, INVOICE_DATE, CUST_ID, FIRST_NAME,LAST_NAME,
    QUANTITY, QUOTED_ RICE))
```

关键思考题

为了支持以下需求，请说明需要对KimTay数据库做出的修改。每个库存位置都有一位管理者，由管理者ID标识。此外，存储管理者的名字和姓氏。

StayWell Student Accommodation

根据第1章中图1-4 ~ 图1-9所示的StayWell数据，回答下列问题。本练习不需要操作计算机。

1. 确定下面这个表所存在的功能依赖关系，并把这个表转换为满足第三范式的等价表集合：

```
OFFICE (OFFICE_NUM, OFFICE_NAME, (ADDRESS, SQR_FT, BDRMS,FLOORS,
    MONTHLY_RENT, OWNER_NUM))
```

2. 确定下面这个表所存在的功能依赖关系，并把这个表转换为满足第三范式的等价表集合：

```
PROPERTY (PROPERTY_ID, OFFICE_NUM, ADDRESS, SQR_FT,BDRMS, FLOORS,
    MONTHLY_RENT, OWNER_NUM, LAST_NAME,FIRST_NAME)
```

3. StayWell每周都向西雅图地区参加暑期学习的学生提供房屋出租业务。设计一个满足下列需求的数据库，使用简单表示形式和自己喜欢的一种图风格。

    a. 对于每位租户，存储其学号、名字、中间名的首字母、姓氏、地址、城市、州、邮政编码、电话号码，以及电子邮件地址。

    b. 对于每所房屋，存储其办公室编号、地址、城市、州、邮政编码、面积、卧室数、楼层数、可以住宿的最多人数，以及周租金。

c. 对于每份租赁协议，存储租户的学号、名字、中间名的首字母、姓氏、地址、城市、州、邮政编码、电话号码、租赁起始日期、租赁结束日期，以及周租金。租赁期限是一周或多周。

第3章
创建表

学习目标

- 创建和运行SQL指令。
- 创建和激活数据库。
- 创建表。
- 确认和使用数据类型来定义表中的列。
- 理解和使用空值。
- 向表中添加行。
- 在表中修正错误。
- 把SQL指令保存到文件中。
- 使用SQL描述表的结构。

3.1 简介

读者可能已经是一位经验丰富的DBMS用户，或许已经在学校、图书馆、某个网站或其他地方见到过DBMS的身影。在本章，我们将开始学习SQL，这是用于提取和操纵数据库数据的十分流行且使用广泛的语言之一。

20世纪70年代中期，SQL作为IBM的原型关系模型DBMS——System R的数据操纵语言在IBM的圣何塞研究所被开发出来，当时取名为SEQUEL。1980年，这门语言更名为SQL（但仍然采用与之前相同的发音，不过ess-cue-ell的发音也同样流行），以避免与一种毫不相干的名为SEQUEL的硬件产品冲突。大多数DBMS将某个版本的SQL作为它们的数据操纵语言。

在本章，我们将学习有关使用SQL进行工作的基础知识。我们将学习如何创建表并设置列的数据类型，还将学习一种特殊类型的值，称为空值，并学习如

何在表中管理这些值。我们将学习如何把数据插入自己所创建的表，并最终使用
SQL描述一个表的结构。

3.2 创建和运行SQL命令

可通过使用支持SQL的DBMS来创建和运行指令，并用SQL来完成任务。
本书将使用MySQL来创建和运行SQL指令，此外还会向使用Oracle和Microsoft
SQL Server的读者说明操作上的区别。

本书使用的MySQL版本是MySQL 8.0（具体为MySQL Community Server
8.0.18）。读者可以从MySQL网站免费下载和安装MySQL的最新版本和旧版本。
虽然读者在安装时可以根据自己的需要选择某种安装类型，但为了顺利执行本书
所描述的操作，建议选择Developer Default（开发人员默认）安装类型或Full
（完整）选项。这两个选项都包含了MySQL Workbench的安装包。MySQL
Workbench包含了很多功能强大的工具，允许开发人员和数据库管理人员以可视
化的方式设计、开发和管理MySQL数据库。MySQL Workbench还包含了一个
SQL编辑器，本书将用它输入指令并查看指令的运行结果。在安装过程中，请确
保记住了设置的密码。

3.2.1 使用MySQL Workbench

安装了MySQL 8.0之后，运行MySQL Workbench 8.0 CE程序。在MySQL
Workbench的窗口中，可以看到浏览MySQL文档、访问MySQL博客及参与
MySQL相关论坛的链接。在主窗口中，还可以看到一些当前可用的连接列表
MySQL Connections。上面所列出的到服务器的连接是在MySQL的安装过程中创
建的，如图3-1所示。

在图3-1所示的界面上单击Local instance MySQL80。MySQL80是我们在安
装过程中接受默认值而得到的默认名称。如果在安装过程中更改了这个名称，那
么这里的显示将会有所不同。然后，输入密码来访问在安装过程中创建的服务
器，如图3-2所示。

图3-1　MySQL Workbench 的打开窗口

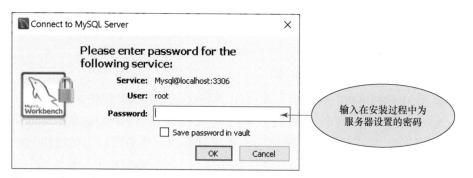

图3-2　输入服务器的密码

　　一旦成功提交了这个连接的密码，就可以访问这个连接的 MySQL Workbench环境，如图3-3所示。

　　MySQL Workbench 是一款非常强大的工具，它提供了许多功能。我们在本书中只需要使用 MySQL Workbench 中的 SQL 编辑器。因此，不妨隐藏一些窗格以对窗口进行简化。我们想要隐藏的两个窗格是 Navigator（导航器）窗格和 SQL Additions（SQL 扩展）窗格。为了隐藏这两个窗格，单击图3-3所示的对应切换按钮。

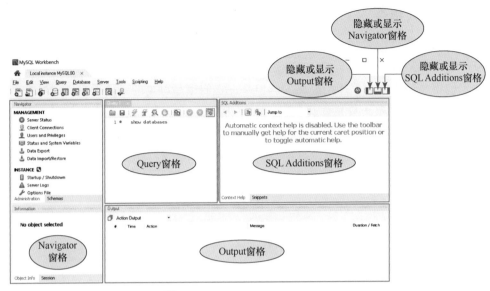

图3-3 MySQL Workbench环境

隐藏了 Navigator 窗格和 SQL Additions 窗格之后，Query（查询）窗格和 Output（输出）窗格就有了更大的空间。将这两个窗格最大化，使之填满原先的窗口，如图3-4所示。

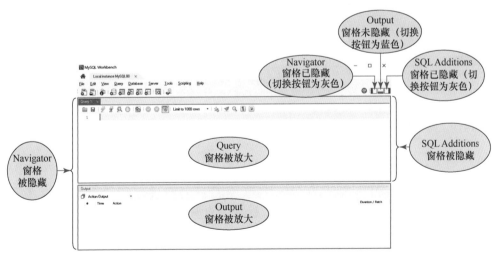

图3-4 隐藏Navigator窗格和SQL Additions窗格的效果

下一个环节就是在MySQL Workbench环境中输入SQL指令。

3.2.2 输入指令

在创建数据库之前，我们首先输入一条简单的 SQL 指令并执行，熟悉一下 MySQL Workbench 环境。MySQL 使用内部数据库来实现内部处理。这些数据库与我们将要创建的数据库是隔离的。但是，它们也是可见的。由于我们还没有亲自创建任何数据库，只是安装了 MySQL，因此它所列出的所有数据库都是内部数据库。为了显示一台 MySQL 服务器上的数据库，可以使用 SHOW DATABASES 指令，并在末尾添加分号。在 SQL 中，分号表示一条语句的结束，语法如图 3-5 所示。

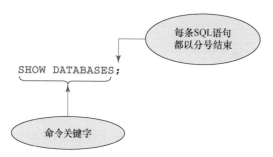

图 3-5 SHOW DATABASES 指令的语法

现在我们把 SHOW DATABASES 指令输入 MySQLWorkbench 的 SQL 编辑器中。如图 3-6 所示，在第 1 行输入这条指令，并确保在指令末尾输入一个分号。

图 3-6 输入 SHOW DATABASES 指令

注意，当我们输入指令时，SHOW DATABASES 这几个关键字会变成蓝色。蓝色在 MySQL Workbench 的 SQL 编辑器中表示关键字。这种颜色方案是 Microsoft Windows 的默认方案，可根据自己的偏好更改，但本书不会更改颜色方案。

下一个步骤是执行前面所输入的指令。在主菜单中，选择 Query（查询）→ Execute Current Statement（执行当前语句）菜单命令，如图 3-7 所示。这样就执行了我们刚刚输入的 SQL 语句。注意，也可以选择 Execute(All or Selected)〔执行（全部或选中项）]菜单命令，因为我们一共也就输入了一条SQL语句。

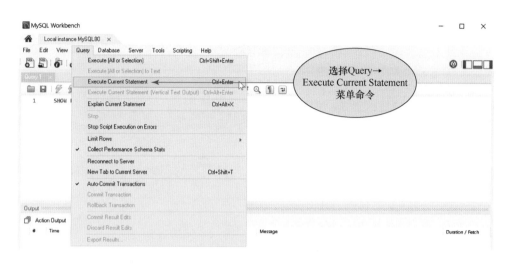

图3-7 执行查询

> **实用提示**
>
> 尽管有些环境可能并不需要分号来结束SQL语句，但加上分号是一种良好的习惯。在要求使用分号的环境中，如果没有提供分号，就会出现错误。要坚持遵循与自己所使用的任何编程语言一致的良好编码习惯，无论环境是否强制要求这么做。

　　执行了指令之后，程序窗口中就会显示结果窗格。注意，结果窗格的右边有一些其他选项，但是，我们目前并不会使用它们。SHOW DATABASES指令的作用就是列出MySQL服务器连接中可用的数据库。注意，我们并没有创建任何数据库。结果窗格中列出的6个数据库是MySQL自己使用的内部数据库。我们可能需要使用结果窗格右边的垂直滚动条，或者调整结果窗格的垂直大小，以查看所有的数据库。另外，Output窗格中有一条与该语句的执行有关的信息，例如该语句的执行时间、处理过程的基本描述、结果以及处理过程所需的时间。注意，Output窗格的Message列显示返回了6行结果，对应列出的6个数据库。带有对钩的绿色圆圈表示指令执行成功，如图3-8所示。

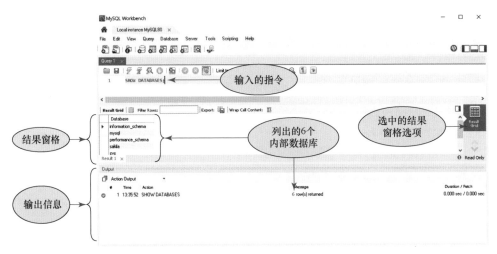

图 3-8　SHOW DATABASES 指令的执行结果

实用提示

注意，不同 MySQL 版本的内部数据库数量可能有所不同。这是完全没有问题的。

　　如图 3-9 所示，单击结果窗格底部左边标签后面的×可以移除这个窗格，而其他窗格仍然保留。为了清除输出窗格中的详细信息，可以当光标停留在输出行或输出窗格中的任何地方时右击鼠标。在弹出菜单中选择 Clear（清除）选项，这条信息就会被清除。如果想查看处理指令的历史信息，可以单击输出窗格中 Action Output（活动输出）右边的下拉箭头，并选择 History Output（历史输出）选项。

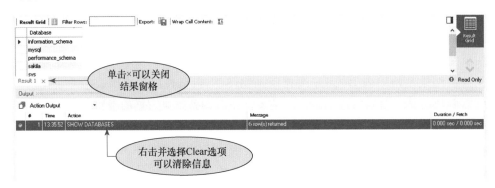

图 3-9　清除 SHOW DATABASES 指令的执行结果

既然我们已经在MySQL Workbench中输入并执行了SQL指令，下一个步骤就是创建自己的数据库了。在创建自己的数据库之前，可以简单地选中已有指令并删除它们（或采用其他自己所习惯的方法），从而清空Query窗格。现在，我们应该有了一个与图3-4相似的未输入任何指令的MySQL Workbench窗口，其中只显示了Query窗格和Output窗格。

实用提示

尽管在创建自己的数据库之前并不一定要清空Query窗格和Output窗格，但我们会随时将它们清空，以使本书所描述的示例更容易阅读和理解。这样我们在任意时刻就可以把注意力集中在一条指令或一组指令上，而不会一直看到以前的指令或结果。

3.3　创建数据库

数据库中存在很多对象，包括表和字段。所有这些对象都具有相关联的标识符（或名称）。DBMS对标识符的命名规则因不同的DBMS而异。例如，在以前版本的MySQL中，对数据库、表或字段进行命名的标识符最多为64个字符。但是，这并不意味着我们应该为标识符取这么长的名称。它只是简单地允许我们根据需要对对象进行适当的描述。如果我们想在任何DBMS中采用非常独特的方式对标识符进行命名，那么可以参考该特定DBMS的文档。

适用于大多数DBMS的基本指导方针如下。在使用DBMS时如果能够遵循这些指导方针，就可以在最大程度上规避命名方面的问题。

1. 标识符的名称不要超过30个字符。
2. 标识符的名称必须以字母开头。
3. 标识符的名称可以包含字母、数字和下画线。
4. 标识符的名称不能包含空格。

在数据库中定义对象之前，第1个步骤是创建数据库本身。MySQL中用于创建数据库的指令是CREATE DATABASE，后跟数据库的名称。例如，为了创建名为KIMTAY的数据库，所使用的指令就是CREATE DATABASE KIMTAY，如图3-10所示。注意指令末尾要添加分号。

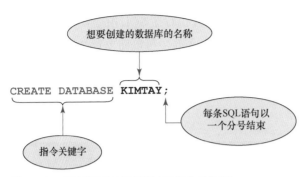

图3-10 CREATE DATABASE 指令的语法

在MySQL Workbench的SQL编辑器中输入创建KimTay数据库（名为KIMTAY，不区分大小写）的指令，如图3-11所示。

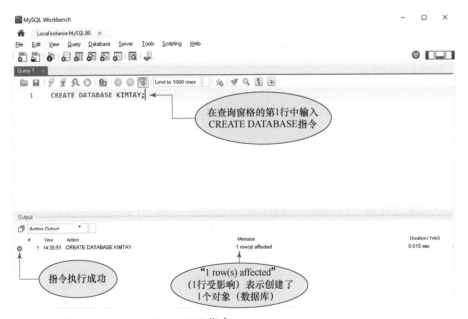

图3-11 输入 CREATE DATABASES 指令

按照之前的做法执行 SHOW DATABASES 指令，并在图3-12中查看结果。现在结果有所不同，因为增加了 KimTay 数据库，所以列出的数据库有7个。其中6个是 MySQL 的内部数据库，最后一个则是我们刚刚创建的数据库。

我们已经创建了 KimTay 数据库，接下来需要在这个数据库中创建一些表。另外，我们还需要在这些表中填充第1章和第2章讨论的数据。为此，我们首先创建保存销售代表的表。

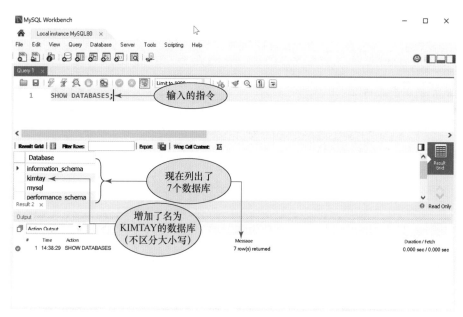

图3-12 在创建了KimTay数据库之后执行SHOW DATABASES指令的结果

更改默认数据库

为了对数据库进行操作，我们必须把默认数据库更改为自己想要使用的数据库。默认数据库就是后续所有指令所要操作的数据库。为了激活默认数据库，可以执行USE指令。例如，为了把默认数据库更改为我们为KimTay刚刚创建的数据库，需要使用的指令是USE KIMTAY，如图3-13所示。更改默认数据库又称激活或使用数据库。

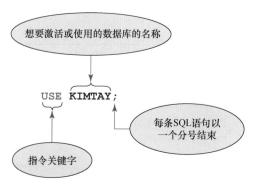

图3-13 USE指令的语法

执行指令，激活KimTay数据库，并在图3-14中查看结果。

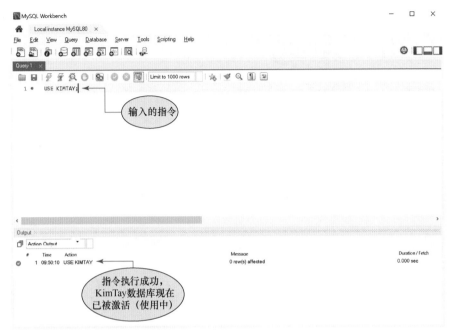

图3-14   输入USE指令以激活KimTay数据库

既然默认数据库已经被设置为KIMTAY，现在我们就可以在这个数据库中增加表了。

3.4　创建表

创建表的第1个步骤是向DBMS描述这个表的结构。

示例3-1：向DBMS描述SALES_REP表的结构。

我们可以使用CREATE TABLE指令描述一个表的结构。TABLE后跟需要创建的表的名称，然后是这个表所包含的列的名称和数据类型。数据类型表示该列可以包含的数据的类型（例如字符、数字或日期）以及该列所能够存储的字符或数字的最大数量。

在第2章中，我们完成了SALES_REP表的设计，它包含了与KimTay所雇用的销售代表有关的信息。图3-15显示了创建SALES_REP表的SQL指令。

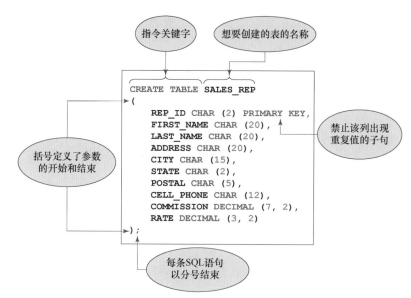

图3-15 创建SALES_REP表的CREATE TABLE指令

这条CREATE TABLE指令使用SQL的数据定义功能，对SALES_REP表进行了描述。这个表包含10个列：REP_ID、FIRST_NAME、LAST_NAME、ADDRESS、CITY、STATE、POSTAL、CELL_PHONE、COMMISSION、RATE。REP_ID列可以存储两个字符，它是这个表的主键。FIRST_NAME和LAST_NAME列各自可以存储20个字符，STATE列可以存储两个字符。COMMISSION列只能存储数值，这些数值被限制为7位数字，包含小数点后面的两位。类似地，RATE列可以存储3位数字，包含小数点后面的两位。我们可以把图3-15中的SQL指令看成创建了一个包含各个列的空表。

在SQL中，指令的格式是自由的，没有规则表示一个特定的单词必须在某一行的某个位置开始。例如，我们可以把图3-15所示的CREATE TABLE指令写成如下形式：

```
CREATE TABLE SALES_REP (REP_ID CHAR (2)  PRIMARY KEY, FIRST_NAME
CHAR (20), LAST_NAME  CHAR (20), ADDRESS  CHAR (20), CITY
CHAR (15),  STATE CHAR (2), POSTAL  CHAR (5), CELL_PHONE
CHAR (12), COMMISSION  DECIMAL (7,2), RATE  DECIMAL (3,2));
```

值得注意的是，上面这条语句中的PRIMARY KEY指定了REP_ID将成为这个表的唯一标识符，这意味着这一列"不允许出现重复值"。

图3-15所示的CREATE TABLE指令的书写方式更容易阅读。本书在书写SQL指令时将努力实现这样的可读性。

实用提示

使代码更容易阅读是极为重要的。代码的可读性越强，它们就越容易被理解和修改。带有适当缩进的代码相对于没有适当缩进的代码更容易阅读。缩进代码使之更容易阅读的方式不止一种，程序员可以采用自己的方式对代码进行缩进以提高可读性。本书将通过适当的缩进和留白，最大限度地提高代码的可读性。

实用提示

SQL是大小写不敏感的，在输入指令时，既可以使用大写字母也可以使用小写字母。但是，这个规则存在一个例外：当我们向表中插入字符值时，必须使用正确的大小写形式。

为了在MySQL Workbench中创建SALES_REP表，可以和处理以前的指令一样，输入并执行图3-15所示的指令。同样，当我们输入指令时，指令的不同部分会用不同的颜色显示。图3-16显示了输入的指令及执行结果。本书中的插图可能会调整窗格的大小，以使命令或结果尽量对用户可见。

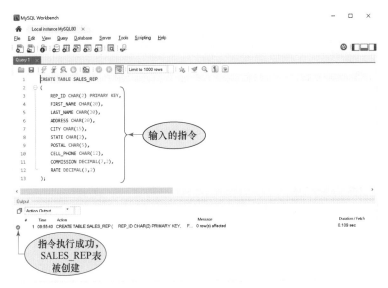

图3-16　输入CREATE TABLE指令以创建SALES_REP表

● Oracle 用户说明

本书使用 Oracle 19c 企业版/标准版数据库（下称 Oracle）。但是，读者也可以使用 Oracle 19c 精简版。Oracle 提供了一些可以连接到数据库并发布 SQL 指令的工具。这些工具各种各样，从传统的 SQL*Plus 命令行界面到带有图形用户界面的 SQL Developer，后者对用户更友好，其提供了许多功能来协助开发人员完成他们的 SQL 开发任务。

本书使用了 Oracle SQL Developer。使用 Oracle SQL Developer 输入如图 Oracle-3-1 所示的查询以创建 SALES_REP 表，单击工作表导航工具栏上的绿色按钮即可运行这条指令。

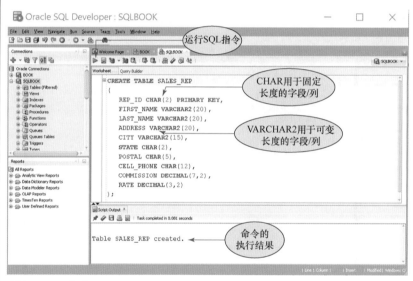

来源：Oracle 公司

图 Oracle-3-1 在 Oracle 中使用 CREATE TABLE 指令创建 SALES_REP 表

▶ SQL Server 用户说明

Microsoft 提供了一种极具竞争力的可与 Oracle 匹敌的企业级 DBMS，以用于客户–服务器应用程序：SQL Server。它有 3 个版本，其中企业版需要付费，而开发人员版和精简版是免费的。我们可以从自己的计算机通过一组 SQL Server Management Studio 客户数据库工具连接到 Microsoft SQL Server 数据库。

Management Studio 包含了一个 Query Editor（查询编辑器）窗口，用于运行 SQL 指令。读者如果使用 Management Studio 并且连接到了本地计算机上的一个数据库，则可以接受服务器类型、服务器名称和验证的默认值，然后在 Connect to Server（连接到服务器）对话框中单击 Connect（连接）按钮。在 Management Studio 窗口中打开想要运行 SQL 指令的数据库，并单击工具栏上的 New Query（新建查询）按钮。在打开的 Query Editor（查询编辑器）窗口中输入 SQL 指令，然后在工具栏上单击 Execute（执行）按钮即可运行输入的 SQL 指令。图 SQL Server-3-1 所示的指令创建了 SALES_REP 表并在 Messages（消息）窗格中显示了一条信息，指示这条指令已成功完成。

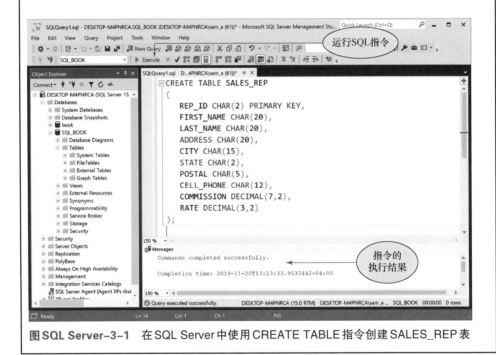

图 SQL Server-3-1　在 SQL Server 中使用 CREATE TABLE 指令创建 SALES_REP 表

　　尽管可以在 MySQL 中验证这些表已经创建，但也可以使用 SHOW TABLES 指令查看一个激活的数据库中表的列表。这个指令与我们前面使用的 SHOW DATABASES 指令相似，但列出的是当前使用的数据库中的表。在这个例子中，它列出了 KIMTAY 中存在的表，如图 3-17 所示。

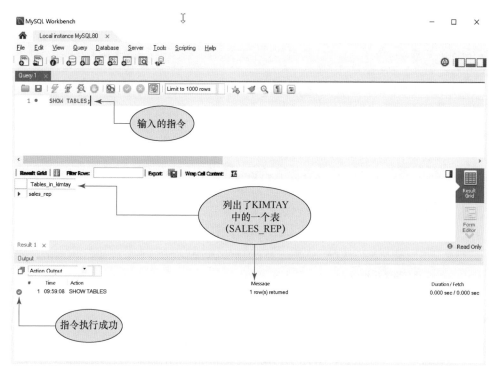

图3-17 SHOW TABLES指令的执行结果是列出KIMTAY中存在的表

3.4.1 修正SQL指令中的错误

假设我们试图使用图3-18所示的CREATE TABLE指令创建SALES_REP表，这条指令中包含了一些错误。此时，MySQL并不会显示成功创建这个表的信息，而是显示一条错误信息，表示遇到了问题。在查看这条指令时，我们可以看到第5行的CHAR拼写错误，CITY列被忽略，并且第8行也应该被删除。如果我们运行了一条指令并且MySQL Workbench显示了一条错误信息，则可以使用鼠标指针或键盘上的方向键把光标定位到正确的位置，并按照与Word软件相同的操作方式修正这些错误。

例如，我们可以选中第5行的单词CHR并输入CHAR，然后将光标移到第5行末尾并按Enter键，插入缺少的信息以创建CITY列。我们还可以选中第8行的内容并按Delete键，将它们删除。在进行了这些修改之后，再次执行CREATE TABLE指令。如果指令中仍然包含错误，我们就会再次看到错误信息。如果指令是正确的，就可以看到表已经创建成功的消息。

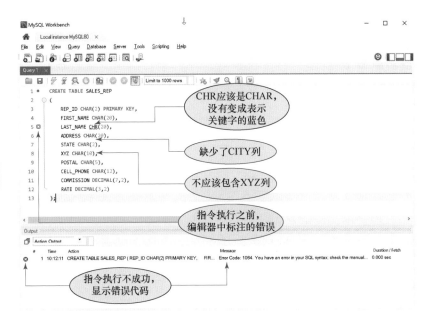

图3-18　存在错误的CREATE TABLE指令

　　读者可能已经注意到，MySQL Workbench中的SQL编辑器在执行指令之前就提示了第5行的指令存在语法错误，并在该行的左边显示了带×的红色图形。SQL编辑器是非常高级的，它能够在我们输入指令时理解正确的语法。另外，忽略CITY列和插入XYZ列并不会产生语法错误，它们被认为是逻辑上的错误。

3.4.2　删除表

　　创建表之后，我们可能注意到其中增加了不需要的某列，或者为某列分配了错误的数据类型或长度。对表中所存在的这类错误进行修正的一种简单的方法是删除这个表并重新创建。假设我们编写了一条CREATE TABLE指令，其中包含了LST列而不是LAST列，或者把一个列定义为CHAR(5)而不是CHAR(15)，而且我们并没有发现这些错误，执行了这条指令，创建了存在问题的表。在这种情况下，可以使用DROP TABLE指令删除整个表，然后使用正确的CREATE TABLE指令重新创建这个表。

　　要想删除一个表，可以使用DROP TABLE指令，后跟想要删除的表的名称和分号。例如，要想删除SALES_REP表，可以输入并执行如下指令：

```
DROP TABLE SALES_REP;
```

删除一个表的同时也会删除在这个表中输入的所有数据。在执行 CREATE TABLE 指令之前对它进行仔细检查，并在添加数据之前修正所有的错误是个很好的思路。在本书的后续章节中，我们将学习如何在不删除整个表的情况下修改表的结构。

有问有答

问题：如何修正在创建表时所犯的错误？

解答：我们将在本书后续内容中看到如何对表进行修改以实现必要的修正。就目前而言，一个简单的方法是使用 DROP TABLE 指令删除这个表，然后执行正确的 CREATE TABLE 指令。

3.4.3 使用数据类型

对于表中的每一列，必须指定它的数据类型，这表示该列所存储数据的类型。图 3-19 描述了数据库中使用的一些常见数据类型。

数据类型	描述
CHAR(n)	存储长度为 n 个字符的字符串。CHAR 数据类型的列可包含字母和特殊符号以及不用于任何计算目的的数字。例如，由于销售代表 ID 和顾客 ID 都不会用于计算，因此 REP_ID 和 CUST_ID 列的数据类型都可以设置为 CHAR
VARCHAR(n)	CHAR 的另一种形式，最多存储 n 个字符长度的字符串。与 CHAR 不同，它只存储实际的实符串。例如，如果一个 CHAR(30) 的列存储了一个长度为 30 的字符串，它将占据 30 个字符（20 个字符加 10 个空格）的空间。如果这个字符串存储在一个 VARCHAR(30) 的列中，那么它只占据 20 个字符的空间。一般而言，使用 VARCHAR 代替 CHAR 可以节省空间，但 DBMS 在查询和更新时处理它们的速度也会慢一些。这两种类型都是合法的选择。本书使用 CHAR 类型，但 VARCHAR 也同样适用
DATE	存储日期数据。它所存储的日期格式因不同的 SQL 实现工具而异。在 MySQL 和 SQL Server 中，日期出现在一对单引号中，其格式为 'YYYY-MM-DD'（例如，'2020-10-23' 表示 2020 年 10 月 23 日）。在 Oracle 中，日期也出现在一对单引号中，其格式为 'DD-MON-YYYY'（例如，'23-OCT-2020' 表示 2020 年 10 月 23 日）
DECIMAL(p,q)	存储长度为 p 的十进制数，其中小数点之后的位数是 q。例如，数据类型 DECIMAL (5,2) 所表示的数在小数点之前有 3 位，在小数点之后有 2 位（例如 123.45）。我们可以在计算中使用 DECIMAL 列的内容，还可以在 MySQL 中使用 NUMERIC(p,q) 来存储十进制数。Oracle 和 SQL Server 则使用 NUMBER(p,q) 来存储十进制数
INT	存储整数，也就是没有小数部分的数。它的合法范围是 $-2147483648 \sim 2147483647$。我们可以在计算中使用 INT 列的内容。如果在 INT 的后面加上 AUTO_INCREMENT，就创建了一个自动增列。当我们每次增加一行时，SQL 就会为这样的列自动生成一个新的序列数。例如，当我们希望 DBMS 为一个主键生成一个值时，这是一种合适的选择
SMALLINT	存储整数，但它使用的空间要小于 INT 数据类型。它的合法范围是 $-32\,768 \sim 32\,767$。当我们十分确定列中所存储的数位于指定的范围时，SMALLINT 就比 INT 更为合适。我们可以在计算中使用 SMALLINT 列的内容

图 3-19 常用的数据类型

3.5 使用空值

在有些情况下，当我们在表中输入一个新行或修改一个现有的行时，其中一列或几列的值是未知或不可用的。例如，我们可以把一位顾客的姓名和地址添加到表中，即使该顾客此时还没有对应的销售代表或者没有确定信用额度。而在另一些情况下，有些值是永远未知的，例如一位顾客始终没有对应的销售代表。在SQL中处理这种情况时，我们可以使用一种特殊的值来表示实际值不可知、不可获取或不可用的情况。这种特殊值就称为空数据值，或简单地称为空值（null）。在创建一个表时，可以指定某个列是否允许出现空值。

有问有答

问题：是否允许用户在主键中输入空值？

解答：不允许。主键是一个特定行的唯一标识符，因此是不能允许空值的。例如，如果我们存储了两条顾客记录，且没有为主键列提供值，那就没有办法将它们区分开来。

在SQL中，我们在CREATE TABLE指令中使用NOT NULL子句来表示该列不能包含空值。默认情况下空值是被允许的。没有指定NOT NULL的列是可以出现空值的。

例如，SALES_REP表中的FIRST_NAME和LAST_NAME列无法接收空值，但SALES_REP表的其他列都可以接收空值。图3-20所示的CREATE TABLE指令就可以实现这个目标。

```
CREATE TABLE SALES_REP
(
    REP_ID CHAR(2) PRIMARY KEY,
    FIRST_NAME CHAR(20) NOT NULL,
    LAST_NAME CHAR(20) NOT NULL,
    ADDRESS CHAR(20),
    CITY CHAR(15),
    STATE CHAR(2),
    POSTAL CHAR(5),
    CELL_PHONE CHAR(12),
    COMMISSION DECIMAL(7, ),2
    RATE DECIMAL(3, 2)
);
```

在FIRST_NAME和LAST_NAME字段中增加NOT NULL子句

图3-20 使用了NOT NULL子句的CREATE TABLE指令

如果用CREATE TABLE指令创建了SALES_REP表，DBMS就会拒绝任何尝试在 FIRST_NAME 或 LAST_NAME 列中存储空值的行为。数据库允许在ADDRESS列中存储空值，因为在创建这个表时并没有把这个列指定为NOT NULL。主键列无法接收空值，不必再单独将REP_ID列指定为NOT NULL。

3.6 在表中添加行

在数据库中创建了一个表之后，我们就可以使用INSERT指令把数据加载到这个表中。

3.6.1 INSERT指令

INSERT指令能够把行添加到表中。首先依次输入INSERT INTO、需要添加数据的表名、单词VALUES，然后在括号中输入特定值。在为字符列添加值时，要确保值出现在一对单引号中（例如'Susan'）。

我们必须输入正确的值（大小写形式也必须正确），因为字符数据完全是按我们输入的样子存储的。

实用提示

对于任何字符类型（CHAR）的列，我们必须把值放在一对单引号中，即使数据中包含了数值。例如，由于SALES_REP表的POSTAL列为CHAR数据类型，因此必须把邮政编码放在一对单引号中，尽管它们都是数字。
如果列中的值包含单引号，那么可以将值放在双引号中。例如，为了在LAST_NAME列中输入O'Toole，可以在INSERT指令中把"O'Toole"作为需要输入的值。

示例3-2：把销售代表05添加到SALES_REP表中。

这个示例的指令如图3-21所示。注意字符串（'05'、'Susan'、'Garcia'等）出现在一对单引号中。当我们执行这条指令时，这条记录就会被添加到SALES_REP表中。

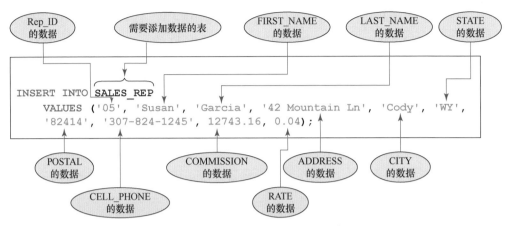

图3-21　把销售代表05添加到SALES_REP表中的INSERT指令

图3-22显示了这条输入的指令及其执行结果。

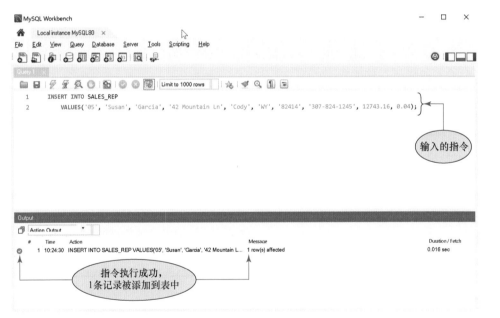

图3-22　执行在SALES_REP表中插入第1条记录的INSERT指令

实用提示

确保输入值的大小写状态与图中显示的相同，以避免以后在从数据库中提取数据时遇到问题。

示例3-3：把销售代表10和15添加到SALES_REP表中。

我们可以输入并执行新的INSERT指令，把新行添加到表中。但是，更快捷的方法是修改之前的INSERT指令并执行，以添加第2位销售代表。图3-23显示了把第2条记录（包含销售代表10的数据）添加到数据库中的新指令。可通过简单地使用鼠标和键盘修改指令并执行。如果读者觉得删除以前的指令并重新输入指令更加方便，这样做当然也没有问题。

```
INSERT INTO SALES_REP
    VALUES ('10', 'Richard', 'Miller', '87 Pikes Dr', 'Ralston', 'WY',
    '82440', '307-406-4321', 20872.11, 0.06);
```

图3-23 把销售代表10添加到SALES_REP表中的INSERT指令

图3-24显示了输入并执行这条指令的结果，第2条记录已成功插入SALES_REP表，其中包含了销售代表10的数据。

图3-24 执行在SALES_REP表中插入第2条记录的INSERT指令

接下来的一条指令添加了第3条记录（其中包含销售代表15的数据），如图3-25所示。即可以通过对前面的指令进行修改来输入指令，也可以删除前面的指令并重新输入指令。完成输入之后执行指令。

```
INSERT INTO SALES_REP
    VALUES ('15', 'Donna', 'Smith', '312 Oak Rd', 'Powell', 'WY',
    '82440', '307-982-8401', 14912.92, 0.04);
```

图3-25 把销售代表15添加到SALES_REP表中的INSERT指令

图3-26显示了输入并执行这条指令的结果，第3条记录已成功插入SALES_REP表，其中包含了销售代表15的数据。

图3-26 执行把第3条记录添加到SALES_REP表中的INSERT指令

最后添加第4条记录，其中包含了销售代表20的数据，如图3-27所示。既可以通过对前面的指令进行修改来输入指令，也可以删除前面的指令并重新输入指令。完成输入之后执行指令。

```
INSERT INTO SALES_REP
    VALUES ('20', 'Daniel', 'Jackson', '19 Lookout Dr', 'Elk Butte',
    'WY', '82433', '307-833-9481', 0.00, 0.04);
```

图3-27 把销售代表20添加到SALES_REP表中的INSERT指令

图3-28显示了输入并执行这条指令的结果，其中包含了销售代表20的数据。

图3-28　执行把第4条记录添加到SALES_REP表中的INSERT指令

3.6.2　插入包含空值的行

为了把一个空值插入表，可以使用一种特殊形式的INSERT指令：在指令中列出接收非空值的列的名称，并且在VALUES指令的后面列出非空值，如示例3-4所示。

示例3-4：把销售代表25添加到SALES_REP表中，其姓名是Donna Sanchez。除了REP_ID、FIRST_NAME、LAST_NAME列之外的所有列都是空值。

在这种情况下，我们不输入空值，只输入非空值。为此，我们必须像图3-29一样列出对应的列，并准确地指定输入值对应于哪一列。图3-29所示的指令表示我们只输入REP_ID、FIRST_NAME和LAST_NAME列的数据，而没有为其他列输入数据。这些未输入数据的其他列都包含了空值。

```
INSERT INTO SALES_REP (REP_ID, FIRST_NAME, LAST_NAME)
    VALUES ('25', 'Donna', 'Sanchez');
```

图3-29　把销售代表25添加到SALES_REP表中的INSERT指令（包含空值）

图3-30显示了输入并执行把第5条记录添加到SALES_REP表中的INSERT指令

的结果，表中包含了销售代表 25 的数据。但是，只有 REP_ID、FIRST_NAME、LAST_NAME 字段的数据被添加。剩余字段都包含了空值。数据的顺序与字段的顺序匹配。25 这个值被插入 REP_ID 字段，Donna 这个值被插入 FIRST_NAME 字段，而 Sanchez 这个值被插入 LAST_NAME 字段。

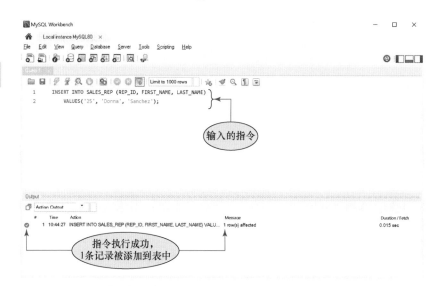

图 3-30　执行把第 5 条包含空值的记录插入 SALES_REP 表的 INSERT 指令

3.7　查看表中的数据

我们可以使用 SELECT 指令查看表中的数据，第 4 章和第 5 章将会详细讲解。

示例 3-5：显示 SALES_REP 表中的所有行和所有列。

我们可以使用一条简单版本的 SELECT 指令显示一个表中的所有行和所有列，方法是依次输入单词 SELECT、星号、关键字 FROM 以及想要查看其中数据的表的名称。和其他 SQL 指令一样，这条指令也是以分号结束的。在 MySQL 中，像图 3-31 一样输入指令。

```
SELECT *
    FROM SALES_REP;
```

图 3-31　列出 SALES_REP 表中所有记录的 SELECT 指令

图 3-32 显示了输入并执行这条指令的结果。我们可以看到，在第 5 条记录

中，REP_ID、FIRST_NAME、LAST_NAME字段的数据正如我们所期望的那样
被插入，而剩余字段都为空值。

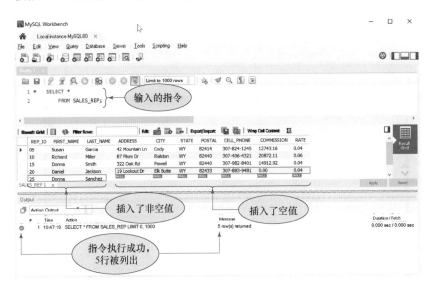

图3-32 使用SELECT指令查看表中的数据

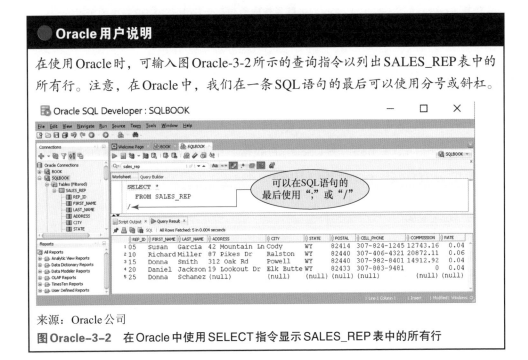

● Oracle用户说明

在使用Oracle时，可输入图Oracle-3-2所示的查询指令以列出SALES_REP表中的
所有行。注意，在Oracle中，我们在一条SQL语句的最后可以使用分号或斜杠。

来源：Oracle公司

图Oracle-3-2 在Oracle中使用SELECT指令显示SALES_REP表中的所有行

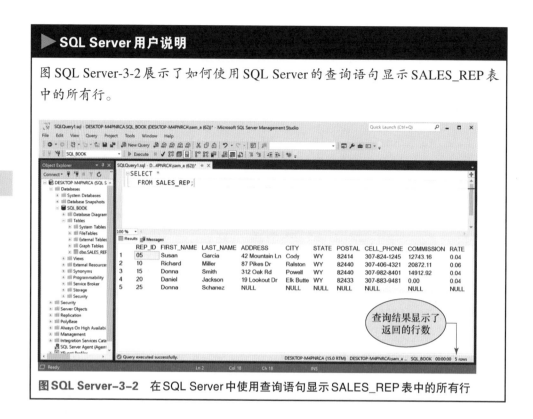

▶**SQL Server 用户说明**

图 SQL Server-3-2 展示了如何使用 SQL Server 的查询语句显示 SALES_REP 表中的所有行。

图 SQL Server-3-2　在 SQL Server 中使用查询语句显示 SALES_REP 表中的所有行

3.8　修正表中的错误

在执行 SELECT 指令查看一个表的数据之后，我们可能需要修改某个列的值，可以使用 UPDATE 指令修改表中的数据。图 3-33 所示的 UPDATE 指令把销售代表 ID 为 25 的那一行的姓氏修改成了 Salinas。

```
UPDATE SALES_REP
    SET LAST_NAME = 'Salinas'
    WHERE REP_ID = '25';
```

图 3-33　使用 UPDATE 指令修改销售代表 25 的 LAST_NAME

图 3-34 显示了输入并执行这条指令的结果。注意，输出信息进一步说明有 1 行受到了影响，这 1 行匹配这个标准并被修改。

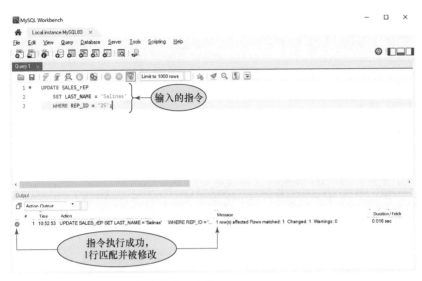

图3-34 使用UPDATE指令修改一个值

我们再次使用图3-31中的SELECT指令显示SALES_REP表中的所有记录。图3-35显示了输入并执行这条SELECT指令的结果，此时，销售代表25的姓氏已经是Salinas了。

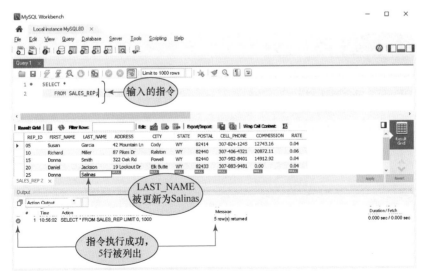

图3-35 使用SELECT指令查看表的内容

当我们需要从表中删除某行时，可以使用DELETE指令。例如，删除销售代表ID为25的所有行的DELETE指令如图3-36所示。

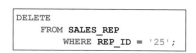

```
DELETE
    FROM SALES_REP
        WHERE REP_ID = '25';
```

图3-36　使用DELETE指令删除销售代表25的所有记录

图3-37显示了输入和执行这条指令的结果。注意，输出信息进一步说明有1行受到了影响，在这个例子中就是有1条记录被删除。

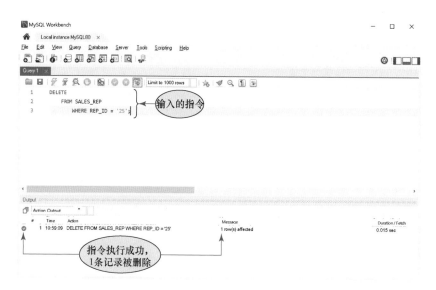

图3-37　使用DELETE指令删除1行

我们可以再次使用SELECT指令显示SALES_REP表中的所有记录。图3-38显示了输入并执行这条指令的结果。注意，销售代表ID为25的数据在这个表中不复存在。

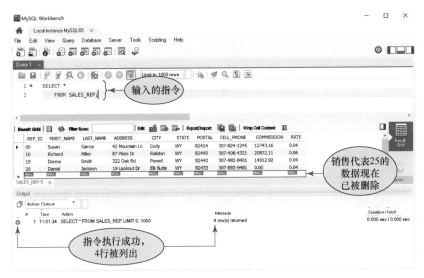

图3-38 使用SELECT指令再次查看表的内容

有问有答

问题：如何修正数据中的错误？

解答：用于修正错误的方法取决于需要修正的错误的类型。如果添加了表中不应该出现的一行，可以使用DELETE指令将它删除。如果忘了添加一行，可以使用INSERT指令进行添加。如果添加了包含错误的一行，可以使用UPDATE指令进行必要的修改。另外，也可以使用DELETE指令删除包含错误的行，然后使用INSERT指令插入正确的行。

3.9 保存SQL指令

MySQL允许我们保存SQL指令，这样不用重新输入就可以再次使用它们。在MySQL及其他许多DBMS中，我们可以把指令保存到一个脚本文件（或简称脚本）中，它实际上就是一个文本文件。在MySQL中，脚本文件具有.sql扩展名。有些DBMS（例如Oracle）提供了一个特定的位置（称为脚本库）来存储脚本。在MySQL中，我们可以在自己所选的本地文件系统中的位置（例如硬盘或U盘上）存储自己的脚本，从而创建自己的脚本库。下面的步骤描述了如何在MySQL Workbench中创建和使用脚本。如果读者使用的是不同版本的MySQL

或其他DBMS，那么可以通过Help菜单命令查看系统文档，或自行搜索如何完成这个任务。

> **有问有答**
>
> **问题**：创建脚本的优点是什么？
>
> **解答**：创建脚本具有一些独特的优点。我们可以使用文本编辑器或字处理软件创建或编辑脚本，并把脚本保存到自己的脚本库以便在MySQL中使用。脚本可以在MySQL Workbench环境之外创建。脚本允许我们创建一组经常执行的SQL指令，以备随时使用，而不需要重新输入它们。另外，我们还会在本书中看到一些只有通过脚本才能实现的高级特性。

在MySQL中创建一个脚本的操作步骤如下。

1．在查询窗格中输入组成脚本的一条或多条指令。

2．在MySQL Workbench的主菜单中，单击File（文件）菜单并选择Save Script As（脚本另存为）选项。

3．导航到文件系统中保存这个脚本的位置。

4．在File name:（文件名:）文本框中输入脚本的名称。注意脚本的文件类型是具有.sql扩展名的SQL文件。

5．在完成后，单击Save（保存）按钮。返回到查询窗格后，标签页的名称就是脚本的名称。

如果想要在MySQL中查看或编辑一个脚本，操作步骤如下。

1．在MySQL Workbench的主菜单中，单击File（文件）菜单并选择Open SQL Script（打开SQL脚本）选项。

2．导航到文件系统中保存这个脚本的位置。

3．选择这个脚本并单击Open（打开）按钮。

4．这个脚本将出现在查询窗格的一个新标签页中，这个标签页的名称与脚本的名称相同。

5．现在就可以对这个脚本进行编辑了。

如果想要在MySQL中运行一个现有的脚本，步骤操作如下。

1．在MySQL Workbench的主菜单中，单击File（文件）菜单并选择Open SQL Script（打开SQL脚本）选项。

2．导航到文件系统中保存这个脚本的位置。

3．选择脚本并单击Open（打开）按钮。

4．这个脚本将出现在查询窗格的一个新标签页中，这个标签页的名称与脚本的名称相同。

5．现在就可以在MySQL Workbench的主菜单中单击Query（查询）菜单并选择适当的执行选项［例如Execute（All或Selection）］来执行这个脚本了。

还有一种运行现有脚本的方法，操作步骤如下。

1．在MySQL Workbench的主菜单中，单击File（文件）菜单并选择Run SQL Script（运行SQL脚本）选项。

2．导航到文件系统中保存这个脚本的位置。

3．选择脚本并单击Open（打开）按钮。

4．在Run SQL Script（运行SQL脚本）对话框中，从下拉菜单中选择Default Schema Name（默认方案名称）并单击Run（运行）按钮。

5．在显示结果之后，单击Close（关闭）按钮，关闭Run SQL Script（运行SQL脚本）对话框。

当我们使用完一个脚本并不再需要保存它时，可以将它删除。如果想要在MySQL中删除一个脚本，操作步骤如下。

1．导航到文件系统中保存这个脚本的位置。

2．采用操作系统文件的常规方法删除包含脚本的文件。

● Oracle用户说明

Oracle SQL Developer允许把脚本保存到文件系统的任何位置。我们在Oracle SQL Developer中创建的所有脚本都是具有.sql扩展名的文本文件。为了在Oracle SQL Developer中创建脚本文件，操作步骤如下。

1．加载Oracle SQL Developer工具，在Oracle Connections（Oracle连接）窗格中单击所需的数据库。（注意，首次使用时，必须创建一个数据库连接，并输入图Oracle-3-3所示的账户认证信息。）

2．输入所需要存储和执行的查询语句，并验证语法是否正确，以及是否返回预期的结果。

3．单击"保存"按钮，输入这个脚本的名称。

为了查看、编辑或运行一个现有的脚本，操作步骤如下。

1. 加载Oracle SQL Developer工具并双击以前创建的数据库连接。

2. 单击工具栏中的"打开文件"按钮。

3. 导航到包含这个脚本文件的文件夹并在Open File(打开文件)对话框中单击"打开"按钮,此时脚本就会出现在Query Editor(查询编辑器)窗口中。我们可以查看这个脚本的内容,并通过编辑指令对脚本进行修改。如果想把自己所做的修改保存到脚本中,可以单击Save(保存)按钮。

4. 要想运行一个脚本,可以单击Execute(执行)按钮。

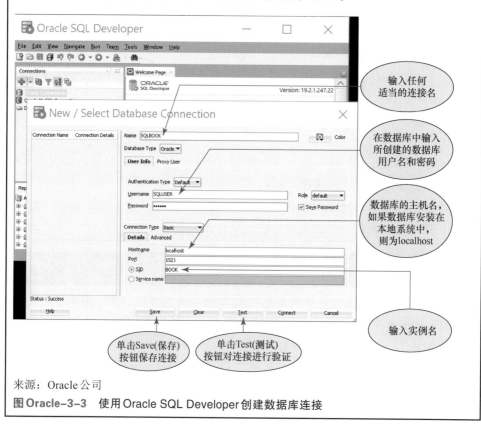

来源:Oracle公司

图Oracle-3-3　使用Oracle SQL Developer创建数据库连接

▶ SQL Server用户说明

SQL Server可以在本地系统的任何文件夹中存储脚本。我们在SQL Server中创建的所有脚本也都是具有.sql扩展名的文本文件。为了在SQL Server中创建脚本文件,操作步骤如下。

1. 加载SQL Server Management Studio并在Connect to Server（连接到服务器）对话框中单击Connect（连接）按钮。

2. 打开适当的数据库，然后单击New Query（新建查询）按钮。

3. 输入一条或多条指令并保存在脚本中。如果有需要的话，可以单击Execute（执行）按钮来执行脚本中保存的指令。

4. 在完成后，单击Save（保存）按钮并对脚本命名。

为了查看、编辑或运行一个现有的脚本，操作步骤如下。

1. 加载SQL Server Management Studio并在Connect to Server（连接到服务器）对话框中单击Connect（连接）按钮。

2. 打开适当的数据库，然后单击New Query（新建查询）按钮。

3. 在工具栏中单击Open File（打开文件）按钮。

4. 导航到包含这个脚本文件的文件夹并在Open File（打开文件）对话框中单击Open（打开）按钮，此时脚本就会出现在Query Editor（查询编辑器）窗口中。我们可以查看这个脚本的内容，并通过编辑指令对脚本进行修改。如果想把自己所做的修改保存到脚本中，可以单击Save（保存）按钮。

5. 要想运行一个脚本，可以单击Execute（执行）按钮。

3.10 创建剩余的数据库表

为了创建KimTay数据库中剩余的表，需要执行CREATE TABLE和INSERT指令。我们应该把这些指令保存为脚本，这样就可以在必要时通过运行脚本来重新创建这个数据库。

实用提示

本书教师支持资源中包含创建KimTay数据库和StayWell数据库并向它们插入数据的脚本文件。

图3-39显示了CUSTOMER表的CREATE TABLE指令。注意，FIRST_NAME和LAST_NAME列被指定为NOT NULL。另外，CUST_ID是这个表的主键，这表示CUST_ID是表中数据行的唯一标识符。在把CUST_ID指定为主键之后，DBMS就会拒绝向表中再次存储已经存在的顾客ID。

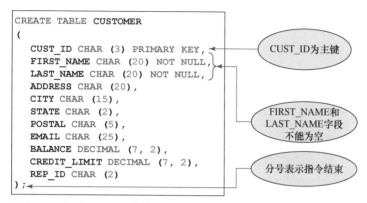

图3-39　CUSTOMER表的CREATE TABLE指令

　　创建了 CUSTOMER 表之后，我们可以创建另一个包含 INSERT 指令的文件，以便向这个表中添加关于顾客的行。当一个脚本包含多条指令时，指令必须都以分号结束。图3-40显示了向CUSTOMER表添加行的INSERT指令。

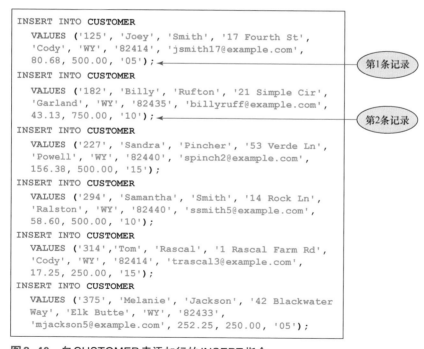

图3-40　向CUSTOMER表添加行的INSERT指令

```
INSERT INTO CUSTOMER
  VALUES ('435', 'James', 'Gonzalez', '16 Rockway Rd',
  'Wapiti', 'WY', '82450', 'jgonzo@example.com',
  230.40, 1000.00, '15');
INSERT INTO CUSTOMER
  VALUES ('492', 'Elmer', 'Jackson', '22 Jackson Farm
  Rd', 'Garland', 'WY', '82435',
  'ejackson4@example.com', 45.20, 500.00, '10');
INSERT INTO CUSTOMER
  VALUES ('543', 'Angie', 'Hendricks', '27 Locklear
  Ln', 'Powell', 'WY', '82440',
  'ahendricks7@example.com', 315.00, 750.00,'05');
INSERT INTO CUSTOMER
  VALUES ('616', 'Sally', 'Cruz', '199 18th Ave',
  'Ralston', 'WY', '82440', 'scruz5@example.com',
  8.33, 500.00, '15');
INSERT INTO CUSTOMER
  VALUES ('721', 'Leslie', 'Smith', '123 Sheepland
  Rd', 'Elk Butte', 'WY', '82433',
  'lsmith12@example.com', 166.65, 1000.00,'10');
INSERT INTO CUSTOMER
  VALUES ('795', 'Randy', 'Blacksmith', '75 Stream
  Rd', 'Cody', 'WY', '82414',
  'rblacksmith6@example.com', 61.50, 500.00, '05');
```

指令以分号结束

图3-40 向CUSTOMER表添加行的INSERT指令（续）

图 3-41～ 图 3-46 显示了在 KimTay 数据库中创建 INVOICES、ITEM、INVOICE_LINE 表，以及向这些表中插入数据的 CREATE TABLE 和 INSERT 指令。图 3-41 包含了 INVOICES 表的 CREATE TABLE 指令。

```
CREATE TABLE INVOICES
(
  INVOICE_NUM CHAR(5) PRIMARY KEY,
  INVOICE_DATE DATE,
  CUST_ID CHAR(3)
);
```

INVOICE_NUM 为主键

图3-41 INVOICES表的CREATE TABLE指令

图3-42包含了把数据加载到INVOICES表的INSERT指令。注意日期的输入方式。

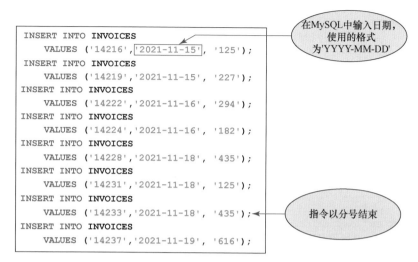

图 3-42　INVOICES 表的 INSERT 指令

图3-43包含了 ITEM 表的 CREATE TABLE 指令。

```
CREATE TABLE ITEM
(
   ITEM_ID CHAR (4) PRIMARY KEY,          ITEM_ID为主键
   DESCRIPTION CHAR (30),
   ON_HAND DECIMAL (4, 0),
   CATEGORY CHAR (3),
   LOCATION CHAR (1),
   PRICE DECIMAL (6, 2)
);
```

图 3-43　ITEM 表的 CREATE TABLE 指令

图3-44包含了把数据加载到ITEM表的INSERT指令。

```
INSERT INTO ITEM
    VALUES ('AD72', 'Dog Feeding Station',
    12, 'DOG', 'B', 79.99);
INSERT INTO ITEM
    VALUES ('BC33', 'Feathers Bird Cage (12x24x18)',
    10, 'BRD', 'B', 79.99);
INSERT INTO ITEM
    VALUES ('CA75', 'Enclosed Cat Litter Station',
    15, 'CAT', 'C', 39.99);
INSERT INTO ITEM
    VALUES ('DT12', 'Dog Toy Gift Set', 27,
    'DOG', 'B', 39.99);
INSERT INTO ITEM
    VALUES ('FM23', 'Fly Mask with Ears', 41,
    'HOR', 'C', 24.95);
INSERT INTO ITEM
    VALUES ('FS39', 'Folding Saddle Stand', 12,
    'HOR', 'C', 39.99);                              指令以分号结束
INSERT INTO ITEM
    VALUES ('FS42', 'Aquarium (55 Gallon)',
    5, 'FSH', 'A', 124.99);
INSERT INTO ITEM
    VALUES ('KH81', 'Wild Bird Food (25 lb)',
    24, 'BRD', 'C',19.99);
INSERT INTO ITEM
    VALUES ('LD14', 'Locking Small Dog Door', 14,
    'DOG', 'A', 49.99);
INSERT INTO ITEM
    VALUES ('LP73', 'Large Pet Carrier', 23,
    'DOG', 'B', 59.99);
INSERT INTO ITEM
    VALUES ('PF19', 'Pump & Filter Kit', 5,
    'FSH', 'A', 74.99);
INSERT INTO ITEM
    VALUES ('QB92', 'Quilted Stable Blanket',
    32, 'HOR', 'C', 119.99);
INSERT INTO ITEM
    VALUES ('SP91', 'Small Pet Carrier',
    18, 'CAT', 'B', 39.99);
INSERT INTO ITEM
    VALUES ('UF39', 'Underground Fence System',
    7, 'DOG', 'A', 199.99);
INSERT INTO ITEM
    VALUES ('WB49', 'Insulated Water Bucket',
    34, 'HOR', 'C', 79.99);
```

图3-44 把数据加载到ITEM表的INSERT指令

　　图3-45包含了INVOICE_LINE表的CREATE TABLE指令。注意当主键由不止一个字段组成时的定义方式。

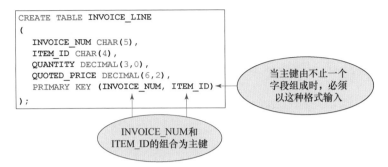

图 3-45 INVOICE_LINE 表的 CREATE TABLE 指令

图 3-46 包含了把数据加载到 INVOICE_LINE 表的 INSERT 指令。

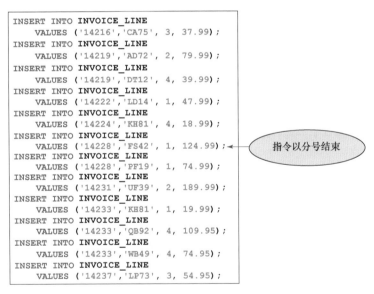

图 3-46 把数据加载到 INVOICE_LINE 表的 INSERT 指令

3.11 对表进行描述

CREATE TABLE 指令通过列出一个表的列、数据类型和列的长度，定义了这个表的结构。CREATE TABLE 指令还指定了哪些列不能接收空值。当我们对一个表进行操作时，可能无法看到创建这个表的 CREATE TABLE 指令。例如，这个表可能由另一位程序员创建，或者由我们在几个月前创建，但没有保存相关的指令。我们可能需要检查这个表的结构，观察表中各列的细节。各种 DBMS 都提供了对表的结构进行检查的方法。

示例 3-6：描述 SALES_REP 表。

在 MySQL 中，我们可以使用 DESCRIBE 指令列出一个表的所有列以及它们的属性。图 3-47 显示了 SALES_REP 表的 DESCRIBE 指令，注意，DESC 作为 DESCRIBE 指令的缩写形式，在 MySQL 和 Oracle 中是允许的。其结果指定了表中每一列的名称、数据类型和长度。Null 列表示这个字段是否接收空值。Key 列表示哪些字段是主键的组成部分。

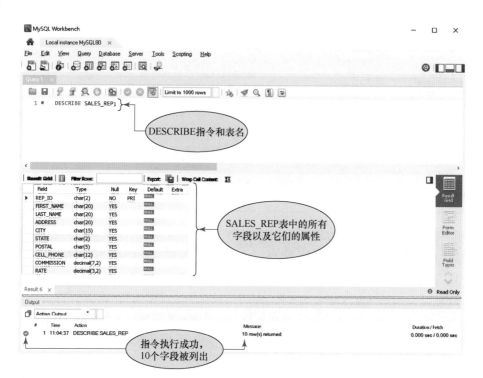

图 3-47 SALES_REP 表的 DESCRIBE 指令

● Oracle 用户说明

在 Oracle 中，我们可以使用 DESCRIBE 指令的缩写形式 DESC 来显示任何表中包含的列，如图 Oracle-3-4 所示。

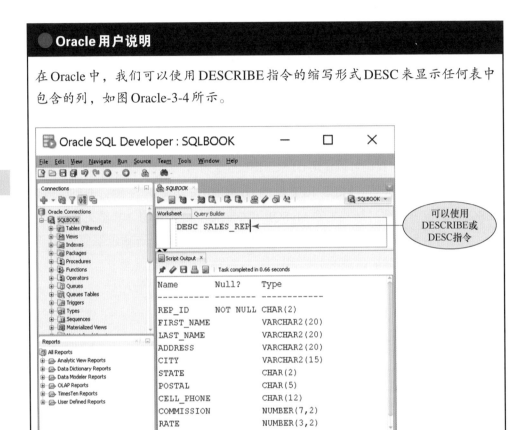

来源：Oracle 公司

图 Oracle-3-4 在 Oracle 中显示表中的列

▶ SQL Server 用户说明

在 SQL Server 中，我们可以通过执行系统存储过程 SP_COLUMNS 列出一个表中的所有列，如图 SQL Server-3-3 所示。

结果指定了 SALES_REP 表中每一列的名称、数据类型和长度。如果 NULLABLE 列的值为 1，则表示字段可以接收空值（结果中出现的其余列超出了这里的讨论范围）。

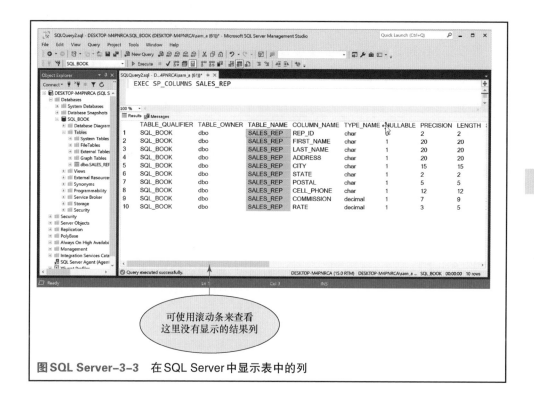

图SQL Server-3-3 在SQL Server中显示表中的列

3.12 本章总结

- 可以使用CREATE TABLE指令，通过输入表名并在一对括号中列出这个表中的列，从而创建一个表。

- 可以使用DROP TABLE指令从数据库中删除一个表及其所有数据。

- 一些常用的数据类型包括INT、SMALLINT、DECIMAL、CHAR、VARCHAR、DATE等。

- 空数据值（或空值）是一种特殊的值，用于表示一个列的实际值不可知、不可获取或不可用的情况。

- 可以在CREATE TABLE指令中使用NOT NULL子句来表示此列不接收空值。

- 可以使用INSERT指令把行插入表。

- 可以使用SELECT指令查看表中的数据。

- 可以使用UPDATE指令修改列中的值。

- 可以使用DELETE指令从表中删除一行。

- 可以在MySQL、Oracle和SQL Server中把SQL指令保存到一个脚本文件中。
- 可以在MySQL和Oracle中使用DESCRIBE指令显示表的结构及布局。在SQL Server中，通过执行存储过程SP_COLUMNS可以显示表的结构及布局。

关键术语

CREATE DATABASE	空值 null
CREATE TABLE	空数据值 null data value
数据类型 data type	脚本 script
默认数据库 default database	脚本文件 script file
DELETE	脚本库 script repository
DESCRIBE	SELECT
DROP TABLE	SHOW DATABASES
INSERT	UPDATE
NOT NULL	USE

3.13 复习题

章节测验

1. 如何使用SQL创建一个表？
2. 如何使用SQL删除一个表？
3. 在使用SQL定义列时，常用的数据类型有哪些？
4. 确认在Oracle、SQL Server和MySQL中存储下列数据时最合适的数据类型：
   a. 员工的入职日期，依次包括月、日、年；
   b. 员工的社会保障号码；
   c. 员工的工作部门；
   d. 员工的平均时薪。
5. 确认下面的列名在MySQL中是否合法：
   a. COMMISSIONRATE；
   b. POSTAL_CODE_5CHAR；
   c. SHIP TO ADDRESS；
   d. INVOICE-NUMBER。

6. 什么是空值？如何使用 SQL 标识不能接收空值的列？

7. 什么 SQL 指令可以把一行数据添加到表中？

8. 什么 SQL 指令可以查看一个表中的数据？

9. 什么 SQL 指令可以修改一个表中某一列的值？

10. 什么 SQL 指令可以从一个表中删除数据行？

11. 如何在 MySQL 中显示一个表中的所有列以及它们的属性？

关键思考题

1. 请解释 CHAR 数据类型和 VARCHAR 数据类型的区别。自行搜索一些示例，说明什么情况下适合使用 VARCHAR、什么情况下适合使用 CHAR。若教师要求以文档的形式提交作业，请确保在文档的最后注明自己所引用信息的 URL。

2. 自行搜索 BOOLEAN 数据类型。什么是 BOOLEAN 数据类型？它在 Oracle、SQL Server 和 MySQL 中被称为什么？若教师要求以文档的形式提交作业，请确保在文档的最后注明自己所引用信息的 URL。

3.14　案例练习

要想输出 MySQL 中的指令，可以启动 Word 或其他文字处理软件并创建一个新文档。在 MySQL Workbench 中选择 SQL 指令，将其复制到剪贴板并粘贴到文档中。要想把一个命令的执行结果导出到 MySQL 中，可以在结果窗格中选择 Export/Import（导出/导入）选项，从而将数据集导出到外部文件中。在这个过程中，可以选择所导出数据的文件类型。

要想输出 SQL Server 中的指令，可以启动 Word 或其他文字处理软件并创建一个新文档。在 MySQL 或 SQL Server 中选择 SQL 指令，将其复制到剪贴板并粘贴到文档中。要想在 SQL Server 中复制并粘贴一个指令的执行结果，可以右击数据单选择器（数据单左上角的方框），选择整个数据单，把它复制到剪贴板并粘贴到文档中。

要想输出 Oracle 中的指令，可以使用浏览器 File（文件）菜单中的 Print（打印）命令或单击浏览器工具栏上的 Print（打印）按钮。

关于作业提交的细节，也可以咨询教师。

KimTay Pet Supplies

使用SQL完成下列练习。

1. 创建一个名为REP的表。这个表与图3-15所示的SALES_REP表具有相同的结构，仅有的区别是LAST_NAME列应该使用VARCHAR数据类型，而COMMISSION和RATE列应该使用NUMERIC数据类型。执行指令以描述REP表的布局和特性。

2. 将如下销售代表的记录添加到REP表中。

   销售代表ID：35；名字：Fred；姓氏：Kiser；地址：427 Billings Dr.；城市：Cody；州：WY；邮政编码：82414；手机号码：307-555-6309；佣金：0.00；佣金率：0.05。显示REP表中的内容。

3. 删除REP表。

4. 运行KimTay数据库的脚本文件（参见本书教师支持资源），创建5个表并向表中添加记录。确保选择了与自己所使用DBMS（MySQL、Oracle或SQL Server）对应的脚本文件。

5. 描述每个表并对结果与图3-15、图3-39、图3-41、图3-43和图3-45进行比较，以证实我们正确地创建了这些表。

6. 通过查看每个表中的数据并对结果与图2-1进行比较，证实我们正确地添加了所有的数据。

关键思考题

回顾ITEM表中的数据（参见图2-1），并回顾图3-34中用于创建ITEM表的数据类型，为DESCRIPTION、ON_HAND、STOREHOUSE提议替代的数据类型并解释自己的选择。

StayWell Student Accommodation

使用SQL完成下列练习。

1. 创建一个名为SUMMER_SCHOOL_RENTALS的表。这个表具有与图3-48的PROPERTY表相同的结构，区别仅在于PROPERTY_ID和OFFICE_NUMBER列应该使用NUMBER数据类型，而MONTHLY_RENT列应该更名为WEEKLY_RENT。执行指令以描述SUMMER_SCHOOL_RENTALS表的布局和特性。

2. 将如下房屋的记录添加到SUMMER_SCHOOL_RENTALS表中。

   房屋ID：13；办公室ID：1；地址：5867 Goodwin Ave；面积：1650；卧室

数：2；楼层数：1；周租金：400；业主编号：CO103。

3. 删除 SUMMER_SCHOOL_RENTALS 表。

4. 运行 StayWell 数据库的脚本文件，创建 6 个表并向这些表中添加记录。确保选择了与自己所使用 DBMS（MySQL、Oracle 或 SQL Server）对应的脚本文件。

5. 描述每个表并对结果与图 3-48 进行比较，证实我们正确地创建了这些表。

6. 查看每个表中的数据，并对结果与图 1-4～图 1-9 进行比较，证实我们正确地添加了所有的数据。

OFFICE

列	类型	长度	小数点后的位数	是否允许空值	描述
OFFICE_NUM	DECIMAL	2	0	否	办公室编号（主键）
OFFICE_NAME	CHAR	25			办公室名称
ADDRESS	CHAR	25			办公室地址
AREA	CHAR	25			办公室所在区域
CITY	CHAR	25			办公室所在城市
STATE	CHAR	2			办公室所在州
ZIP_CODE	CHAR	5			邮政编码

OWNER

列	类型	长度	小数点后的位数	是否允许空值	描述
OWNER_NUM	CHAR	2		否	业主编号（主键）
LAST_NAME	CHAR	25			业主姓氏
FIRST_NAME	CHAR	25			业主名字
ADDRESS	CHAR	25			业主的街道地址
CITY	CHAR	25			业主所在城市
STATE	CHAR	2			业主所在州
ZIP_CODE	CHAR	5			业主的邮政编码

PROPERTY

列	类型	长度	小数点后的位数	是否允许空值	描述
PROPERTY_ID	DECIMAL	2	0	否	房屋ID（主键）
OFFICE_NUM	DECIMAL	5	0		管理房屋的办公室的编号
ADDRESS	CHAR	25			房屋的地址
SQR_FT	DECIMAL	5	0		以平方英尺为单位的面积
BDRMS	DECIMAL	2			卧室数
FLOORS	DECIMAL	2	0		楼层数
MONTHLY_RENT	DECIMAL	6	2		月租金
OWNER_NUM	CHAR	5			房屋业主的编号

图 3-48　StayWell 数据库的表布局

SERVICE_CATEGORY

列	类型	长度	小数点后的位数	是否允许空值	描述
CATEGORY_NUM	DECIMAL	2	0	否	分类编号（主键）
CATEGORY_DESCRIPTION	CHAR	35			分类描述

SERVICE_REQUEST

列	类型	长度	小数点后的位数	是否允许空值	描述
SERVICE_ID	DECIMAL	2	0	否	服务ID（主键）
PROPERTY_ID	DECIMAL	35			请求服务的房屋的ID
CATEGORY_NUMBER	DECIMAL	2			所请求服务的分类编号
OFFICE_ID	DECIMAL	2			管理房屋的办公室的编号
DESCRIPTION	CHAR	255			所请求的特定服务的描述
STATUS	CHAR	255			所请求服务的状态描述
EST_HOURS	DECIMAL	4			完成服务预计需要的小时数
SPENT_HOUSE	DECIMAL	4			服务已经用掉的小数时
NEXT_SERVICE_DATE	CHAR				服务的下一个预约日期（如果接下来不需要服务，则为空）

RESIDENTS

列	类型	长度	小数点后的位数	是否允许空值	描述
RESIDENT_ID	DECIMAL	2	0	否	
FIRST_NAME	CHAR	25			
SURNAME	CHAR	25			
PROPERTY_ID	DECIMAL	2			

图3-48　StayWell数据库的表布局（续）

关键思考题

SERVICE_REQUEST表使用了CHAR作为DESCRIPTION和STATUS字段的数据类型。是否还有其他数据类型可用于存储这两个字段的值？无论是选择另一种数据类型还是保留CHAR数据类型，都请说明理由。

第**4**章

单表查询

学习目标

- 使用SQL指令从数据库中提取数据。
- 在查询中使用简单条件和复合条件。
- 在查询中使用BETWEEN、LIKE和IN操作符。
- 在查询中使用计算列。
- 使用ORDER BY子句对数据进行排序。
- 使用多个排序键并以升序和降序对数据进行排序。
- 在查询中使用聚合函数。
- 使用子查询。
- 使用GROUP BY子句对数据进行分组。
- 使用HAVING子句选择满足条件的数据组。
- 提取包含空值的列。

4.1 简介

在本章中，我们将学习用于在数据库中提取数据的SQL SELECT指令和用于数据排序的方法，并使用SQL函数对行计数并计算总量。我们还将学习SQL的一个特殊功能，它允许通过把一条SELECT指令放在另一条SELECT指令的内部来创建嵌套的SELECT指令。最后，我们将学习如何根据某一列的匹配值对行进行分组。

4.2 创建简单查询

DBMS的重要特性之一就是能够回答与数据库中的数据有关的范围极广的问题。当我们需要查找能够回答某个特定问题的数据时，就可以使用查询。查询指令就是以DBMS可以理解的形式表示的问题。

　　在SQL中，我们可以使用SELECT指令查询数据库。SELECT指令的基本形式是"SELECT-FROM-WHERE"。在输入单词SELECT之后，列出需要在查询结果中包含的列（这部分指令被称为SELECT子句），接着输入单词FROM和需要查询的数据所在的表名（这部分指令被称为FROM子句）。最后，输入单词WHERE和作用于需要提取的数据的所有条件或限制（这部分可选的指令被称为WHERE子句）。例如，如果我们只需要提取信用额度为750美元的那些顾客，则可以在WHERE子句中包含一个条件，以表示CREDIT_LIMIT列的值必须是750美元：CREDIT_LIMIT = 750。

　　SQL中并没有特殊的格式规则。在本书中，FROM子句和WHERE子句（当需要使用时）出现在单独的一行中，这样可以使指令更容易阅读和理解。

4.2.1　提取特定列和所有行

　　我们可以编写一条指令，从一个表中提取指定的列和所有的行，如示例4-1所示。

示例4-1：列出所有顾客的ID、名字、姓氏、余额。

　　由于需要列出所有顾客，因此WHERE子句不是必需的。我们并不需要对提取的数据施加任何限制。可在SELECT子句中列出需要包含的列（CUST_ID、FIRST_NAME、LAST_NAME、BALANCE），并在FROM子句中列出表名（CUSTOMER）。查询指令和查询结果如图4-1所示。

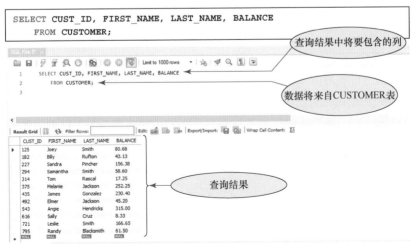

图4-1　从CUSTOMER表中选择某些列的SELECT指令

实用提示

在图 4-1 中，返回的数据集虽然包含了我们所期望的行，但也包含了一行空值。由于 MySQL Workbench 是一个功能非常强大的工具，这行空值的作用是供我们输入另一行数据；这样就可以创建一个新的数据集并在数据库中使用。如果我们使用的是 MySQL Command Client 并使用命令行进行操作，就不会出现这个结果。本书选择使用 MySQL Workbench，是因为它的图形界面能够更好地显示 SQL 指令的执行结果。

实用提示

在 MySQL Workbench 中执行查询时，默认情况下查询会被自动限制为生成 1000 行数据。如果有需要，可以在 SQL 编辑器偏好中修改这项设置。本书所示的查询结果并不会超出这个限制，因此不需要修改这项设置。

实用提示

我们可以更改输出窗格和结果窗格的大小以完整容纳查询结果。为了改变区域的大小，不妨借助分隔两个区域的垂直调整大小指针。例如，如果我们把鼠标指针移到查询窗格和输出窗格之间，就会出现垂直调整大小指针，以允许我们垂直移动两个区域的边界。每次都调整窗格的大小使之看上去与书中显示的结果相似显然过于麻烦，可以考虑在结果窗格中使用垂直滚动条。

4.2.2 提取所有列和所有行

我们可以使用与示例 4-1 中类型相同的指令，从一个表中提取所有列和所有行。但是，我们也可以用一种简便记法来完成这个任务。

示例 4-2：列出完整的 ITEM 表。

我们不需要在 SELECT 子句中列出每一列。星号可以表示需要选择所有的列，在提取指令中使用星号，结果就会列出所有的列，列的顺序与我们在创建这个表时向 DBMS 描述的顺序一致。如果想要以不同的顺序列出，那么可以在查询结果中以希望出现的顺序输入列名。在这个例子中，假设默认顺序是合适的，因此可以使用图 4-2 所示的指令查询完整的 ITEM 表。

```
SELECT *
    FROM ITEM;
```

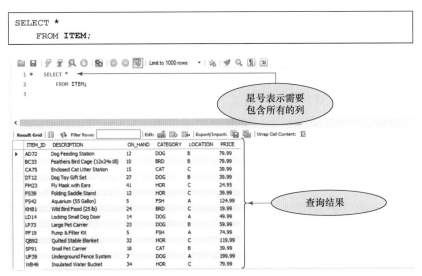

图 4-2   从ITEM表中选择所有列的SELECT指令

这种方式与图3-31和图3-32显示SALES_REP表中内容的方式类似。

4.2.3   使用WHERE子句

当我们需要提取满足某个条件的行时，可以在SELECT指令中包含一条WHERE子句。

示例4-3：ID为125的顾客的姓氏是什么？

我们可以使用WHERE子句把查询结果限制在顾客ID为125的行，如图4-3所示。由于CUST_ID是字符列，因此125这个值出现在一对单引号中。另外，由于CUST_ID列是CUSTOMER表的主键，因此只有1位顾客的ID与WHERE子句中的ID匹配。

此处使用的WHERE子句中的条件被称为简单条件。简单条件的格式依次为"列名、比较操作符、另一个列名或一个值"。图4-4列出了在SQL中可以使用的所有比较操作符。

```
SELECT LAST_NAME
    FROM CUSTOMER
        WHERE CUST_ID = '125';
```

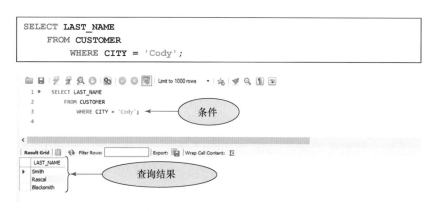

值包含在一对单引号中，因为CUST_ID是字符列

查询结果

图4-3 使用SELECT指令在CUSTOMER表中查找CUST_ID为125的LAST_NAME

比较操作符	描述
=	等于
<	小于
>	大于
<=	小于或等于
>=	大于或等于
<>	不等于

图4-4 SQL指令中可以使用的所有比较操作符

示例4-4：查询城市为Cody的每一位顾客的姓氏。

这个例子和示例4-3的唯一区别是后者只有一行满足查询条件，因为查询条件涉及表的主键。在示例4-4中，查询条件涉及的列并不是表的主键。由于有多位顾客的城市为Cody，因此这个查询的结果也确实包含了不止一行，如图4-5所示。

```
SELECT LAST_NAME
    FROM CUSTOMER
        WHERE CITY = 'Cody';
```

条件

查询结果

图4-5 使用SELECT指令查询城市为Cody的每一位顾客的姓氏

示例4-5：查找余额大于信用额度的所有顾客的名字、姓氏、余额和信用额度。

简单条件也可以比较存储在两个列中的值。在图4-6中，WHERE子句包含了一个条件操作符，目的是只选择余额大于信用额度的行。

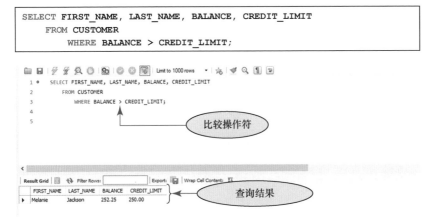

```
SELECT FIRST_NAME, LAST_NAME, BALANCE, CREDIT_LIMIT
    FROM CUSTOMER
        WHERE BALANCE > CREDIT_LIMIT;
```

图4-6　使用SELECT指令查找BALANCE大于CREDIT_LIMIT的顾客的特定信息

4.2.4　使用复合条件

到目前为止，我们所看到的条件都是简单条件。示例4-6、示例4-7和示例4-8需要复合条件。所谓复合条件，就是使用AND、OR和NOT操作符连接两个或更多个简单条件的结果。在使用AND操作符对简单条件进行连接时，所有的简单条件都必须为真，这个复合条件才能为真。在使用OR操作符对简单条件进行连接时，只要有任意一个简单条件为真，这个复合条件就为真。在一个条件的前面加上NOT操作符就会改变原条件的真假：如果原条件为真，新条件就为假；如果原条件为假，新条件就为真。

示例4-6：列出存储在库存位置B并且数量大于15的所有物品的描述。

在示例4-6中，我们需要提取同时满足两个条件的物品：库存位置等于B以及数量大于15。

为了找到答案，我们可以使用AND操作符创建一个复合条件，如图4-7所示。这个查询指令会对ITEM表中的数据进行检查，并列出存储在库存位置B且数量大于15的所有物品。当一个WHERE子句使用AND操作符对简单条件进行连接时，这个条件又称为AND条件。

```
SELECT DESCRIPTION
    FROM ITEM
        WHERE LOCATION = 'B' AND
            ON_HAND > 15;
```

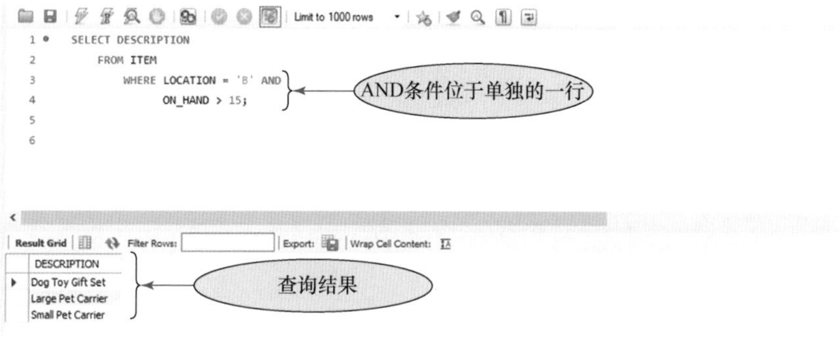

图4-7　AND条件位于单独一行的SELECT指令

实用提示

读者可能注意到DESCRIPTION这个单词在图4-7的指令中不会显示为关键字。但是，它在查询结果的屏幕截图中会显示为关键字。DESCRIPTION是在MySQL的8.0.4版本中才被添加到关键字列表中的。但是，它是个非保留的关键字，可以作为其他名称来使用。

为了便于阅读，在图4-7所示的查询中，每个简单条件都显示在单独一行中。有些人喜欢把几个条件放在同一行，并在每个简单条件的两边加上括号，如图4-8所示。这两种方法都能顺利完成任务。在本书中，复合条件中的每个简单条件与它两边的括号大多出现在同一行。

实用提示

注意图4-8中的简单条件都出现在括号中。尽管这样做对于条件本身而言并无必要，但它能使条件更容易阅读，更容易识别组成复合条件的每个简单条件。如第3章所述，适当地缩进能够使指令更容易阅读。有些程序员喜欢在整条复合条件的两边加上一对括号，而对其中的简单条件也加上括号。就像数学方程式一样，内层的括号是率先求值的，因此添加括号有助于正确地解释条件。如果复合条件非常复杂，加上括号也是很有帮助的。

```
SELECT DESCRIPTION
    FROM ITEM
        WHERE (LOCATION = 'B') AND (ON_HAND > 15);
```

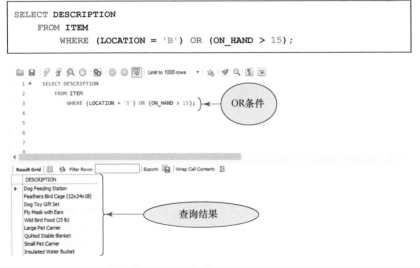

图4-8　AND条件位于同一行的SELECT指令

示例4-7：列出存储在库存位置B或者数量大于15的所有物品的描述。

在示例4-7中，我们需要提取位于库存位置B或者数量大于15的所有物品的描述。为此，我们使用OR操作符创建了一个复合条件，如图4-9所示。当一个WHERE子句使用OR操作符连接简单条件时，这个条件又称为OR条件。

```
SELECT DESCRIPTION
    FROM ITEM
        WHERE (LOCATION = 'B') OR (ON_HAND > 15);
```

图4-9　使用了OR条件的SELECT指令

示例4-8：列出未存储在库存位置B的所有物品的描述。

对于示例4-8，我们可以使用一个简单条件和不等于操作符（WHERE LOCATION <> 'B'）。另外，我们也可以在条件中使用等于操作符（=），并在整个条件的前面加上NOT操作符，如图4-10所示。当一个WHERE子句使用NOT操作符来连接简单条件时，这个条件又称为NOT条件。我们并不需要把 LOCATION = 'B'这个条件放在括号中，但这样做可以使指令更容易阅读。

```
SELECT DESCRIPTION
    FROM ITEM
        WHERE NOT (LOCATION = 'B');
```

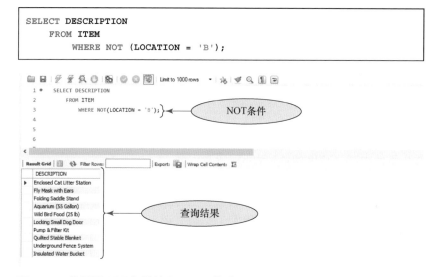

图4-10 使用了NOT条件的SELECT指令

4.2.5 使用BETWEEN操作符

示例4-9需要一个复合条件来确定答案。

示例4-9：列出余额大于或等于125美元并且小于或等于250美元的所有顾客的ID、名字、姓氏和余额。

如图4-11所示，我们可以使用一个WHERE子句和AND操作符来提取数据。

> **实用提示**
>
> 在SQL中，出现在查询中的数值在录入时不能使用额外的符号，如美元符号和逗号。

```
SELECT CUST_ID, FIRST_NAME, LAST_NAME, BALANCE
     FROM CUSTOMER
          WHERE (BALANCE >= 125) AND (BALANCE <= 250);
```

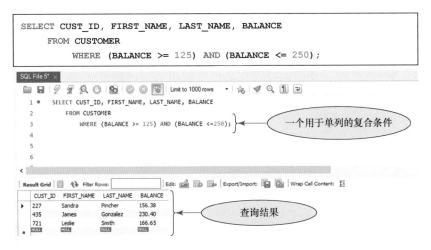

图4-11 将AND条件作用于单列的SELECT指令

另一种方法是使用BETWEEN操作符，如图4-12所示。BETWEEN操作符允许我们指定一个条件中某个范围的值。

```
SELECT CUST_ID, FIRST_NAME, LAST_NAME, BALANCE
     FROM CUSTOMER
          WHERE (BALANCE BETWEEN 125 AND 250);
```

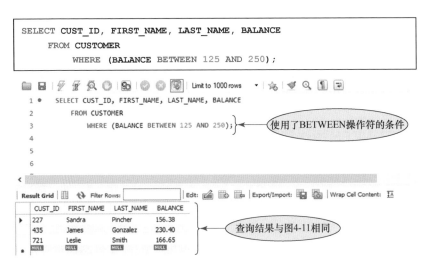

图4-12 使用了BETWEEN操作符的SELECT指令

BETWEEN操作符是包含性的，意思是查询所选择的值包含等于条件的值或条件范围内的值。例如，在BETWEEN 125 AND 250这个条件中，125、250以及介于它们之间的值都可以使条件为真。我们可以在MySQL、Oracle和SQL Server中使用BETWEEN操作符。

BETWEEN操作符并不是SQL的内在特性，我们刚刚看到，不使用它也可以得到相同的结果。但是，使用BETWEEN操作符可以使某些SELECT指令构建起来更加方便。

4.2.6　使用计算列

我们可以使用SQL查询语句来执行计算过程。存储计算结果的列（即计算列）在数据库中并不存在，但可以通过现有列的数据计算而得，在计算时需要使用图4-13所示的算术操作符（或称运算符）。

算术操作符	描述
+	加法
−	减法
*	乘法
/	除法

图4-13　算术操作符

示例4-10：查找每位顾客的ID、名字、姓氏和可用额度（信用额度减去余额）。

KimTay数据库并没有存储顾客可用额度的列，但我们可以使用CREDIT_LIMIT和BALANCE列来计算可用额度。为了计算可用额度，可以使用表达式CREDIT_LIMIT － BALANCE，如图4-14所示。

我们可以为计算列指定一个名称或别名，方法是在计算的后面加上单词AS和需要指定的名称。例如，图4-15所示的指令使用AS关键字把名称AVAILABLE_CREDIT指定给了计算列。为计算列提供一个诸如AVAILABLE_CREDIT的描述性名称要比直接使用CREDIT_LIMIT － BALANCE更容易阅读和理解。由于这个计算非常简单，因此使用计算过程作为列的标题也是可以理解的。但是，对于十分复杂的计算过程，如果没有对计算列进行适当的命名，就会导致人们很难理解它的含义。

```
SELECT CUST_ID, FIRST_NAME, LAST_NAME, CREDIT_LIMIT - BALANCE
    FROM CUSTOMER;
```

图4-14   使用SELECT指令计算列

```
SELECT CUST_ID, FIRST_NAME, LAST_NAME, CREDIT_LIMIT - BALANCE AS
        AVAILABLE_CREDIT
    FROM CUSTOMER;
```

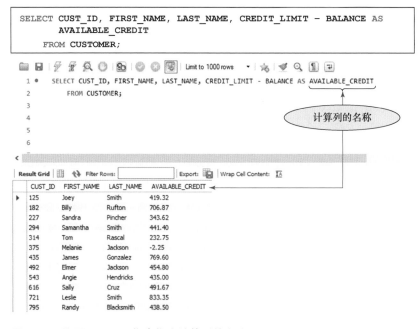

图4-15   使用SELECT指令指定计算列的名称

实用提示

我们可以在 AS 关键字的后面使用包含空格的名称。在许多 SQL 实现中，包括 MySQL 和 Oracle，可以把名称放在一对双引号中（例如 AS "AVAILABLE CREDIT"）。其他 SQL 实现可能要求我们把名称放在其他特殊符号中。例如，在 SQL Server 中，我们可以使用引号，也可以使用方括号（例如 AS [AVAILABLE CREDIT]）。

示例 4-11：查找可用额度不低于 400 美元的每位顾客的 ID、名字、姓氏和可用额度。

我们还可以在比较中使用计算列，如图 4-16 所示。注意，(CREDIT_LIMIT – BALANCE) 两边的括号并不是必需的，但它们可以使语句看上去更清晰。

```
SELECT CUST_ID, FIRST_NAME, LAST_NAME, CREDIT_LIMIT - BALANCE AS
        AVAILABLE_CREDIT
    FROM CUSTOMER
        WHERE (CREDIT_LIMIT - BALANCE) >= 400;
```

图 4-16　在条件中使用计算列的 SELECT 指令

4.2.7　使用 LIKE 操作符

在大多数情况下，WHERE 子句中的条件是精确匹配的，例如，提取城市为 Cody 的每位顾客。但是，精确匹配并不适用于某些情况。例如，我们可能知道目标值的部分字符。在这种情况下，可以使用 LIKE 操作符和通配符的组合，如示例 4-12 所示。LIKE 操作符不要求结果与条件完全相同，而是尝试使用一个或多个通配符进行模式匹配。

示例 4-12：列出地址中包含字符组合 Rock 的每位顾客的 ID、名字、姓氏和完整地址。

我们现在只知道 ADDRESS 列的某个位置包含了一组字符（即 Rock），但我们并不知道具体在什么位置。在 SQL 中，对于 MySQL、Oracle 和 SQL Server 而言，百分号作为通配符，表示任意字符集合。如图 4-17 所示，条件 LIKE '%Rock%'旨在提取地址中依次包含某个字符集合、Rock、另一个字符集合的每位顾客的信息。注意这个查询将提取地址为 783 Rockabilly 的顾客的信息，因为 Rockabilly 一词中包含了字符组合 Rock。注意，在查询结果所列的两行中，Rock 出现在顾客地址的不同位置。

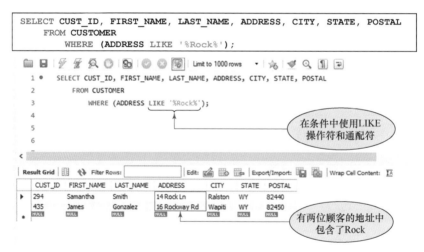

图4-17　使用了LIKE操作符和通配符的SELECT指令

SQL 中常用的另一个通配符是下画线，它表示单个字符。例如，T_m 表示字母 T 的后面依次是单个任意的字符和字母 m，它将提取包含像 Tim、Tom 或 T3m 这样的内容的行。

实用提示

在大型数据库中，我们应该只在绝对必要的情况下才使用通配符。涉及通配符的搜索有可能运行速度非常慢。

4.2.8 使用IN操作符

在IN子句中，首先是IN操作符，然后是一些值的集合。IN操作符提供了一种简洁的方式来把一些条件聚集在一起，如示例4-13所示。在本章的后面，我们还会看到IN子句的一个更为复杂的示例。

示例4-13：列出信用额度为500美元、750美元或1000美元的每位顾客的ID、名字、姓氏和信用额度。

在这个查询中，我们既可以使用IN子句来确定顾客的信用额度是否为500美元、750美元或1000美元，也可以使用WHERE (CREDIT_LIMIT = 500) OR (CREDIT_LIMIT = 750) OR (CREDIT_LIMIT = 1000)这个条件来获取相同的结果。图4-18所示的方法更为简单，因为IN子句包含了一些值的集合：500、750、1000。对于CREDIT_LIMIT列的值位于这个集合的那些行，这个条件为真。

```
SELECT CUST_ID, FIRST_NAME, LAST_NAME, CREDIT_LIMIT
    FROM CUSTOMER
        WHERE (CREDIT_LIMIT IN (500, 750, 1000));
```

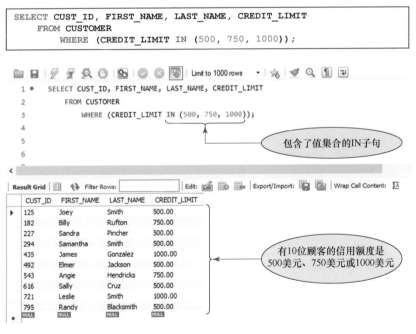

图4-18 使用了IN子句的SELECT指令

4.3 排序

前面提到过，表中行的顺序对于 DBMS 来说是无关紧要的。站在实用的角度，这意味着当我们查询一个关系数据库时，显示的结果并没有确定的顺序。行可能会按照数据最初输入的顺序显示，但也不一定总是这样。如果数据的显示顺序是非常重要的，我们可以请求以一种特定的顺序显示查询结果。在 SQL 中，我们使用 ORDER BY 子句来指定查询结果的顺序。

4.3.1 使用 ORDER BY 子句

我们可以使用 ORDER BY 子句按照某个特定的顺序列出数据，如示例4-14所示。

示例4-14：列出每位顾客的 ID、名字、姓氏和余额，要求输出以余额的升序排列。

用于对数据进行排序的列被称为排序键，在一些情况下也可以简称为键。在示例4-14中，我们需要根据余额对输出进行排序，因此排序键就是 BALANCE 列。为了对输出进行排序，可使用 ORDER BY 子句指明排序键。如果没有进一步指定，默认按照升序排列。图4-19显示了这个查询指令及执行结果。

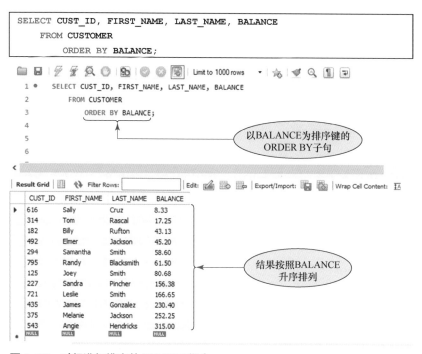

图4-19 对行进行排序的 SELECT 指令

4.3.2 其他排序选项

有时候，我们可能需要使用多个键对数据进行排序，如示例4-15所示。

示例4-15：列出每位顾客的ID、名字、姓氏和信用额度，要求按照信用额度降序中的姓氏对顾客进行排序（换言之，先按照信用额度降序排列，如果信用额度相同，再按照姓氏升序排列）。

示例4-15涉及两个新思路：根据多个键（CREDIT_LIMIT和LAST_NAME）进行排序以及降序排列。当我们需要根据两个列对数据进行排序时，更重要的那一列（在此例中为CREDIT_LIMIT）被称为主排序键，次重要的那一列（在此例中为LAST_NAME）被称为次排序键。为了根据多个键进行排序，我们在ORDER BY子句中按照重要性列出了排序键。如果想要按降序排列，可以在排序键的后面加上DESC操作符，如图4-20所示。

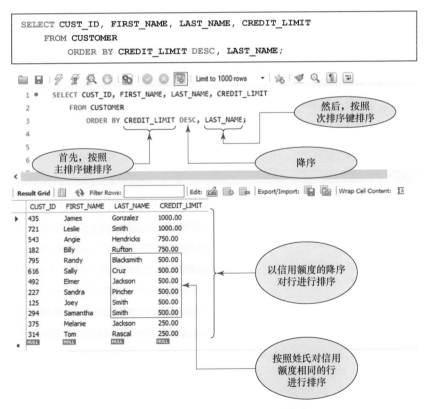

图4-20 使用多个排序键对数据进行排序的SELECT指令

4.4 使用函数

SQL使用一种称为聚合函数的特殊函数计算和、平均值、行数、最大值和最小值。这些函数适用于行的分组。它们既可以作用于表中的所有行（例如，计算所有顾客的平均余额），也可以作用于满足某个特定条件的行（例如，由销售代表10服务的所有顾客的平均余额）。图4-21描述了这些聚合函数。

函数	描述
AVG	计算列的平均值
COUNT	统计表中的行数
MAX	确定列的最大值
MIN	确定列的最小值
SUM	计算列值的总和

图4-21　SQL的聚合函数

4.4.1　使用COUNT函数

如示例4-16所示，使用COUNT函数可以统计表中的行数。

示例4-16：DOG分类中共有多少种物品？

对于这个查询，我们需要确定ITEM表中CATEGORY列值为DOG的总行数。COUNT函数可以帮助我们完成这个任务。我们既可以在查询结果中统计物品ID，也可以统计描述的数量或任何列的条目数量。选择对哪一列进行计数是无关紧要的，因为对所有列进行计数的结果都是相同的。一般地，我们并不会随意指定一列，大多数SQL实现允许用星号表示任意列，如图4-22所示。

```
SELECT COUNT(*)
    FROM ITEM
        WHERE (CATEGORY = 'DOG');
```

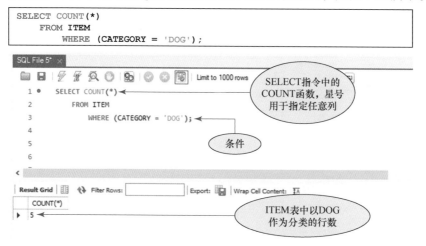

图4-22　对行进行计数的SELECT指令

我们还可以在查询中选择一个特定的列（如 ITEM_ID）而不是使用星号，如图 4-23 所示，产生的结果与图 4-22 相同。

```
SELECT COUNT(ITEM_ID)
    FROM ITEM
        WHERE (CATEGORY = 'DOG');
```

图 4–23　使用 SELECT 指令按照一个特定的列对行进行计数

4.4.2　使用 SUM 函数

如果需要计算所有顾客的余额之和，可以使用 SUM 函数，如示例 4-17 所示。

示例 4-17：查找 KimTay 的顾客总数以及他们的总余额。

当我们使用 SUM 函数时，必须指定需要求和的一个列，并且这个列的数据类型必须是数值型（不能对姓名或地址进行求和）。图 4-24 显示了具体的查询和结果。

```
SELECT COUNT(*), SUM(BALANCE)
    FROM CUSTOMER;
```

图 4–24　使用 SELECT 指令对行进行计数并计算总额

4.4.3　使用 AVG、MAX 和 MIN 函数

AVG、MAX 和 MIN 函数的用法与 SUM 函数相似，区别在于它们所计算的统计数据不同。AVG 函数计算数据的平均值，MAX 函数计算数据的最大值，而 MIN 函数计算数据的最小值。

示例 4-18：查找 KimTay 的所有顾客余额的总和、平均值、最大值和最小值。

图 4-25 显示了具体的查询和结果。

```
SELECT SUM(BALANCE), AVG(BALANCE), MAX(BALANCE), MIN(BALANCE)
    FROM CUSTOMER;
```

图4-25 使用了多个函数的SELECT指令

实用提示

当我们使用SUM、AVG、MAX或MIN函数时，SQL会忽略列中所有的空值，从计算中将它们去除。

在计算统计数据时，数值列中的空值可能会产生奇怪的结果。例如，假设BALANCE列可以接收空值，并且CUSTOMER表中当前有4位顾客，他们各自的余额分别是100美元、200美元、300美元和空值（未知）。当我们计算平均余额时，SQL会忽略空值，并得到结果(100 + 200 + 300)/ 3 = 200。类似地，当我们计算总余额时，SQL也会忽略空值，计算所得的总余额是600美元。但是，当我们统计表中的顾客数量时，SQL会统计包含空值的列，结果是4。因此，总余额（600美元）除以顾客总数（4）的结果是平均余额（150美元）。要注意函数在处理数据时的细节，以防出现意外的结果。

实用提示

我们可以对函数使用AS子句。例如，下面的指令计算了BALANCE列的和，并在查询结果中以TOTAL_BALANCE作为列标题：

```
SELECT SUM(BALANCE) AS TOTAL_BALANCE
    FROM CUSTOMER;
```

4.4.4 使用DISTINCT操作符

在有些场合，联合使用DISTINCT操作符与COUNT函数是极为实用的，因为它消除了查询结果中的重复值。示例4-19和示例4-20描述了DISTINCT操作符的常见用法。

示例4-19：查找当前开具了发票（即当前在INVOICES表中存在发票）的每位顾客的ID。

这条指令看上去非常简单。当一位顾客开具了1张发票时，INVOICES表中将至少存在1行包含该顾客的ID。我们可以使用图4-26所示的查询查找开具了发票的顾客ID。

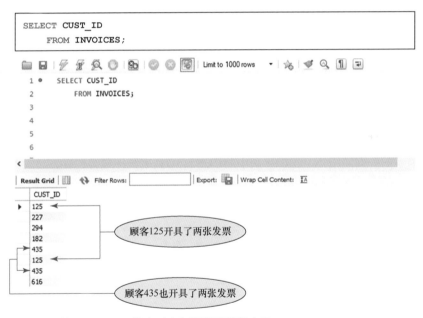

图4-26 使用SELECT指令列出每张发票的顾客ID

注意，ID为125和435的顾客各自在结果中出现了不止1行，这意味着这两位顾客当前在INVOICES表中都不止有1张发票。假设对于每个顾客ID，我们只想列出1次，如示例4-20所述。

示例4-20：查找当前开具了发票的每位顾客的ID，且每位顾客只列出1次。

为了保证唯一性，我们可以使用DISTINCT操作符，如图4-27所示。注意，顾客125和顾客435在结果中只出现1次。

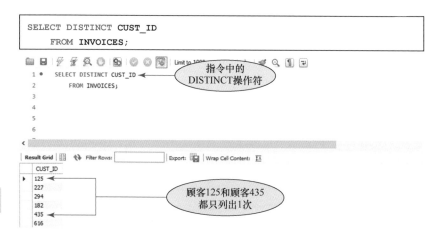

图4-27   列出所有开具了发票的顾客 ID 并消除了重复行的 SELECT 指令

读者可能会疑惑 COUNT 和 DISTINCT 之间的关系，因为两者都涉及对行进行计数。示例4-21说明了它们的区别。

示例4-21：统计当前开具了发票的顾客的数量。

图4-28所示的查询使用 INVOICES 表中的 CUST_ID 列来统计顾客数量。

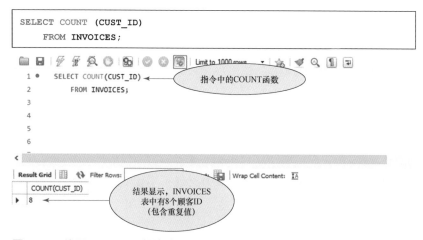

图4-28   使用 COUNT 函数统计顾客数量的 SELECT 指令

> **有问有答**
>
> **问题**：图4-28所示的查询结果有什么错误？
>
> **解答**：8是对开具了多张发票的顾客进行多次计数的结果，每张发票都有单独的一行。这个结果对每个顾客ID进行了一次计数，但没有消除重复的顾客ID，因此无法提供准确的顾客数量。

有些SQL实现（包括MySQL、Oracle和SQL Server）允许我们使用DISTINCT操作符进行正确的计数，如图4-29所示。注意，结果显示有6位顾客开具了发票，消除了重复值。

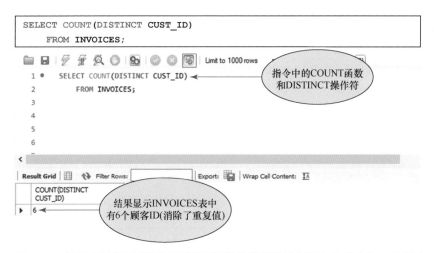

图4-29 使用COUNT函数和DISTINCT操作符消除重复顾客ID的SELECT指令

4.5 嵌套的查询

有时候，为了获取结果，我们需要两个甚至更多个步骤，如示例4-22和示例4-23所示。

示例4-22：列出HOR分类中每件物品的ID。

图4-30给出了获取这个结果的指令。注意，查询结果显示了4个分类为HOR的物品的ID（FM23、FS39、QB92和WB49）。

```
SELECT ITEM_ID
    FROM ITEM
        WHERE (CATEGORY = 'HOR');
```

图4-30   列出HOR分类中所有物品ID的SELECT指令

示例4-23：列出包含HOR分类物品的发票号码。

示例4-23要求我们在INVOICE_LINE表中找到与示例4-22所使用的查询结果中物品ID值对应的发票号码。观察这些结果（FM23、FS39、QB92和WB49）之后，我们可以使用图4-31所示的指令。

```
SELECT INVOICE_NUM
    FROM INVOICE_LINE
        WHERE ITEM_ID IN('FM23', 'FS39', 'QB92', 'WB49');
```

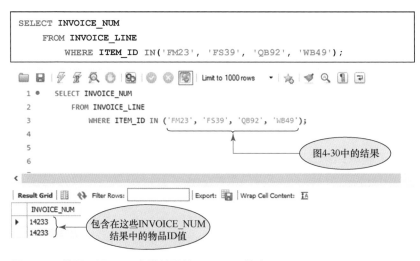

图4-31   使用了图4-30中的结果的SELECT指令

子查询

可以将一个查询放在另一个查询的内部。内层的查询被称为子查询。子查询会优先执行。子查询执行后，外层查询就可以借助子查询的结果来查询自己的结果，如示例4-24所示。

示例4-24：不借助示例4-22的查询结果，在一个步骤之内完成示例4-23的任务。

我们可以使用子查询，在一个步骤之内完成示例4-23的任务。在图4-32中，出现在括号中的指令就是子查询。程序会优先执行这个子查询，并生成一个临时表。这个临时表只用于执行查询，不能被用户使用，也无法显示，并且在全部查询任务执行完之后就会被删除。在这个示例中，这个临时表只有1列4行（FM23、FS39、QB92和WB49）。临时表生成后，执行外层查询。在这个例子中，外层查询在INVOICE_LINE表中提取子查询结果中每一行物品ID对应的发票号码。由于这个临时表只包含了HOR分类的物品ID，因此外层查询的结果就显示了我们所需要的发票号码列表。对于本例而言，查询结果的两件物品恰好在同一张发票中。

图4-32显示了结果中重复的发票号码。为了消除重复值，如图4-33所示，可以使用DISTINCT操作符。

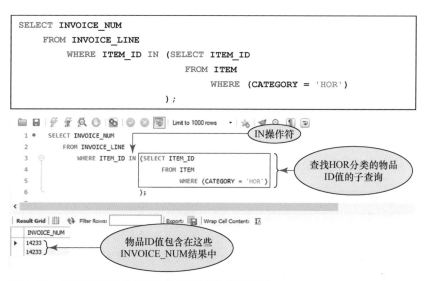

图4-32 使用了IN操作符和子查询的SELECT指令

```
SELECT DISTINCT (INVOICE_NUM)
    FROM INVOICE_LINE
        WHERE ITEM_ID IN(SELECTITEM_ID
                             FROM ITEM
                                 WHERE (CATEGORY = 'HOR')
                         );
```

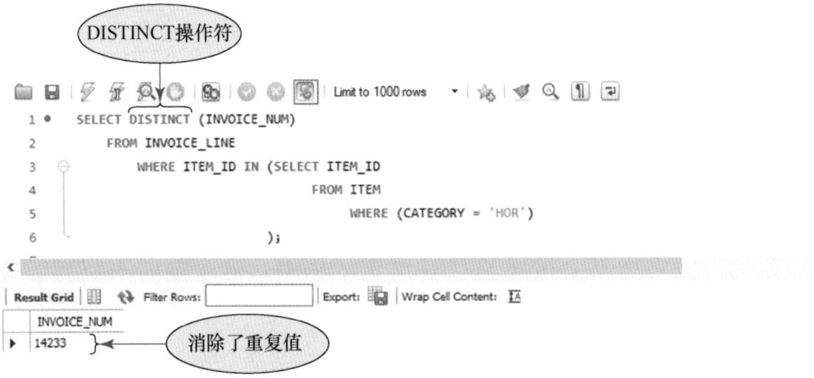

图4-33　使用DISTINCT操作符消除重复值

> **实用提示**
>
> 注意指令中为了提高可读性所使用的缩进。如前所述，有多种代码缩进方法可以提高可读性。在本书中，大多数子查询的起始和结束括号是垂直对齐的。

示例4-25：列出余额超过所有顾客的平均余额的每位顾客的ID、名字、姓氏和余额。

在这种情况下，我们使用一个子查询获取平均余额。子查询产生单个数值（所有顾客的平均余额），对每位顾客的余额与这个数值进行比较，当一位顾客的余额大于平均余额时，其所在的行就会被选择。图4-34显示了这个查询过程。注意，结果显示共有5位顾客的余额超过所有顾客的平均余额。

> **实用提示**
>
> 我们无法在WHERE子句中使用BALANCE > AVG(BALANCE)这个条件，而是必须通过一个子查询来获取平均余额，然后在一个条件中使用这个子查询的结果。

图4-34 使用了操作符和子查询的 SELECT 指令

4.6 分组

分组就是根据不同行之间的共同特征对行进行划分。例如，我们可以根据信用额度对顾客进行分组，第1组包含了信用额度为250美元的顾客，第2组包含了信用额度为500美元的顾客，以此类推。另外，我们也可以根据销售代表的ID对顾客进行分组，第1组包含了销售代表05所服务的顾客，第2组包含了销售代表10所服务的顾客，第3组包含了销售代表15所服务的顾客，等等。

当我们对行进行分组时，我们在 SELECT 指令中指定的所有计算就会针对整个组加以执行。例如，如果我们根据销售代表的ID对顾客进行分组，并且在查询中计算平均余额，结果就会分别显示销售代表05、10和15所服务顾客的平均余额。

4.6.1 使用 GROUP BY 子句

GROUP BY 子句允许我们根据一个特定的列（例如REP_ID）对数据进行分组，然后根据需要计算统计数据，如示例4-26所示。

示例4-26：对于每位销售代表，列出其销售代表ID及其所服务顾客的平均余额。

由于我们需要根据销售代表ID对顾客进行分组，然后计算每一组中所有顾客的平均余额，因此必须使用GROUP BY子句。在这个例子中，GROUP BY REP_ID旨在把销售代表ID相同的所有顾客放在同一组中。我们在SELECT指令中指定的所有计算都是针对每一组进行的。重要的是，GROUP BY子句并没有按照某种特定的顺序对数据进行排序，因此必须使用ORDER BY子句对数据进行排序。如果结果是根据销售代表的ID进行排序的，则可以使用图4-35所示的指令。

```
SELECT REP_ID, AVG(BALANCE)
    FROM CUSTOMER
        GROUP BY REP_ID
        ORDER BY REP_ID;
```

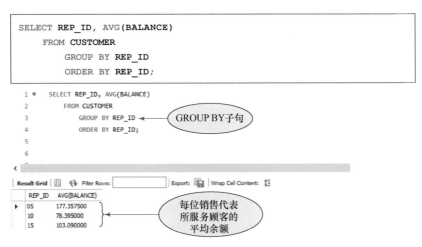

图4-35　使用SELECT指令在一列中对记录进行分组

在对记录进行分组时，输出中会为每一组生成一行。唯一可以显示的是为该组计算的统计数据以及组中所有行值都相同的列。

有问有答

问题：在示例4-26的查询中显示销售代表ID是否合适？

解答：合适。因为一个组中某一行的销售代表ID必须与该组中其他所有行的销售代表ID相同。

有问有答

问题：在示例4-26的查询中显示顾客ID是否合适？

解答：不合适。因为一个组中每一行的顾客ID并不相同（同一位销售代表与许多顾客相关联）。DBMS无法判断应该为该组显示哪个顾客ID。因此，如果我们试图显示一个顾客ID，DBMS就会显示一条错误信息。

4.6.2 使用HAVING子句

HAVING子句用于限制查询结果所包含的组，如示例4-27所示。

示例4-27：重复示例4-26，但只列出其所服务顾客的平均余额大于100美元的销售代表。

示例4-26和示例4-27的唯一区别是后者只显示顾客平均余额大于100美元的销售代表。这个限制并不适用于单独的行，而是适用于组。由于WHERE子句只作用于行，因此我们无法用它来完成这种类型的选择。幸运的是，HAVING子句对组所起的作用就像WHERE子句对行所起的作用一样。HAVING子句限制了查询结果所包含的组。在图4-36中，只有当该组中所有行的平均余额大于100美元时才会显示这个组中的行。

```
SELECT REP_ID, AVG(BALANCE)
    FROM CUSTOMER
        GROUP BY REP_ID
        HAVING AVG (BALANCE) > 100
        ORDER BY REP_ID;
```

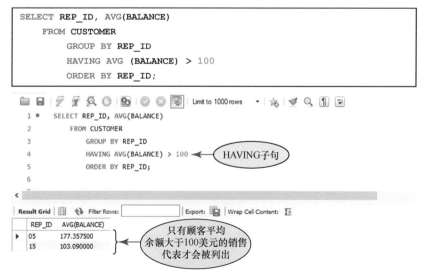

图4-36 限制查询结果所包含的组的SELECT指令

4.6.3 比较 HAVING 子句和 WHERE 子句

就像可以使用 WHERE 子句限制查询结果所包含的行一样，我们也可以使用 HAVING 子句限制查询结果所包含的组。示例 4-28、示例 4-29 和示例 4-30 详细说明了这两种子句之间的区别。

示例 4-28：列出所有信用额度以及每个信用额度对应的顾客的数量。

为了对具有某个特定信用额度的顾客的数量进行统计，就必须根据信用额度对数据进行分组，如图 4-37 所示。

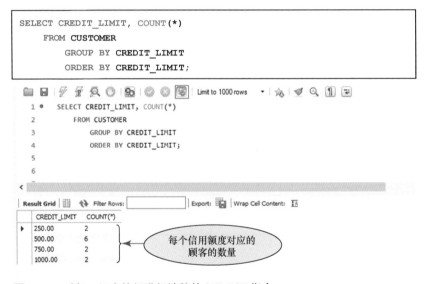

图 4-37　对每一组中的行进行计数的 SELECT 指令

示例 4-29：重复示例 4-28，但只列出顾客数量超过 2 的信用额度。

由于这个条件涉及组中数据之和，因此这个查询包含了一条 HAVING 子句，如图 4-38 所示。

```
SELECT CREDIT_LIMIT, COUNT(*)
    FROM CUSTOMER
        GROUP BY CREDIT_LIMIT
        HAVING COUNT(*) > 2
        ORDER BY CREDIT_LIMIT;
```

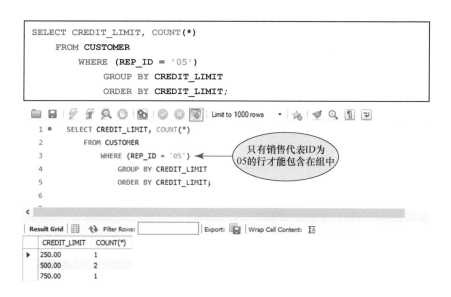

图4-38　使用SELECT指令显示超过两位顾客的组

示例4-30：列出销售代表05对应的所有信用额度以及每个信用额度对应的顾客的数量。

这个条件只涉及行，因此适合使用WHERE子句，如图4-39所示。

```
SELECT CREDIT_LIMIT, COUNT(*)
    FROM CUSTOMER
        WHERE (REP_ID = '05')
            GROUP BY CREDIT_LIMIT
            ORDER BY CREDIT_LIMIT;
```

图4-39　使用SELECT指令对被分组的行进行限制

示例4-31：重复示例4-30，但只列出顾客数量小于2的信用额度。

　　由于条件涉及行和组，因此必须同时使用WHERE子句和HAVING子句，如图4-40所示。

　　在示例4-31中，对于原表中的行，只有销售代表ID为05时才被选择。根据信用额度对这些行进行分组，并统计数量。查询结果只显示统计结果小于2的那些组。

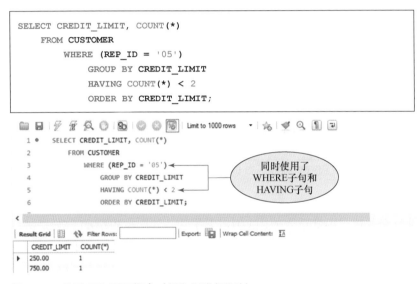

图4-40　使用SELECT指令对行和组进行限制

4.7　空值

　　有时候，一个条件涉及可以接收空值的列，如示例4-32所示。

示例4-32：列出具有空（未知）地址值的每位顾客的ID和姓名。

　　我们可能期望这个条件的格式类似于ADDRESS = NULL。正确的格式实际上需要使用IS NULL操作符（即使用ADDRESS IS NULL），如图4-41所示。为了选择地址不是空值的顾客，可以使用IS NOT NULL操作符（即使用ADDRESS IS NOT NULL）。在当前的KimTay数据库中，所有顾客的地址均不是空值，因此查询结果未显示任何行。

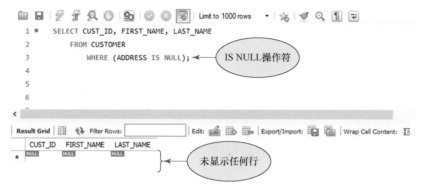

图4-41 选择ADDRESS列中包含空值的行

4.8 总结SQL查询的子句和操作符

在本章中，我们学习了如何通过构建适当的SELECT指令，创建从一个表中提取数据的查询。在第5章中，我们将学习如何创建从多个表中提取数据的查询。图4-42总结了我们在本章中创建查询时使用的子句和操作符。

子句或操作符	描述
AND操作符	指定了复合条件中的所有简单条件必须都为真，复合条件才能为真
BETWEEN操作符	指定了条件中的一个数值范围
DESC操作符	根据列名，按照降序对查询结果进行排序
DISTINCT操作符	通过消除重复值，保证了条件所选择的行的唯一性
FROM子句	指定了从哪个表中提取指定的列
GROUP BY子句	根据指定的列对行进行分组
HAVING子句	对查询结果所包含的组进行限制
IN操作符	查找包含了条件中所指定的一组值的行
IS NOT NULL操作符	查找指定列中不包含空值的行
IS NULL操作符	查找指定列中包含了空值的行
LIKE操作符	指定了在一个条件中所查找字符的模式
NOT操作符	反转原条件的结果
OR操作符	指定了当任意一个简单条件为真时，整个复合条件就为真
ORDER BY子句	根据列名，按照指定的顺序列出查询结果
SELECT子句	指定了在查询中需要提取的列
WHERE子句	指定了查询的任何条件

图4-42 SQL查询的子句和操作符

4.9　本章总结

- SQL的SELECT指令的基本形式是SELECT-FROM-WHERE。具体来说，就是在单词SELECT的后面指定需要提取的列的名称〔或者使用星号（*）表示选择所有的列〕，然后在单词FROM的后面指定包含这些列的表的名称。另外，也可以在单词WHERE的后面包含一个或多个条件。

- 简单条件的形式如下：列名-比较操作符-列名或值。简单条件可以涉及下列比较操作符中的任何一个：=、>=、<、<=或<>。

- 可以使用AND、OR和NOT操作符对简单条件进行组合，从而构建复合条件。

- 可以使用BETWEEN操作符指定条件中的一个数值范围。

- 可以在SQL指令中使用算术操作符，用计算过程代替列名，从而实现列的计算。我们可以在计算列的后面使用单词AS后跟需要的名称来对计算列进行命名。

- 为了检查字符列中的一个值是否与一个特定的字符串相似，可以使用LIKE操作符。在MySQL、Oracle和SQL Server中，百分号（%）通配符表示任意的字符集，而下画线（_）通配符表示任意的单个字符。

- 为了确定一个列是否包含一组值中的某个值，可以使用IN操作符。

- 可以使用ORDER BY子句对数据进行排序，从而根据重要性列出排序键。为了按照降序对数据进行排序，可以在排序键的后面加上DESC操作符。

- SQL允许使用聚合函数COUNT、SUM、AVG、MAX和MIN执行计算。这些计算可作用于行的分组。

- 为了在使用聚合函数的查询中避免重复，可以在列名前加上DISTINCT操作符。

- 当一个SQL查询出现在另一个SQL查询的内部时，它就被称为子查询。内层查询（子查询）首先执行。

- 可以使用GROUP BY子句对数据进行分组。

- 可以使用HAVING子句把输出结果限制为某些特定组。

- 在WHERE子句中使用IS NULL操作符可以查找一个特定列中包含空值的行。在WHERE子句中使用IS NOT NULL操作符可以查找不包含空值的行。

关键术语

聚合函数 aggregate function	键 key
AND	LIKE
AND 条件 AND condition	主排序键 major/primary sort key
AS	MAX
AVG	MIN
BETWEEN	次排序键 minor/secondary sort key
复合条件 compound condition	NOT
计算列 computed column	NOT 条件 NOT condition
COUNT	OR
DESC	OR 条件 OR condition
DISTINCT	ORDER BY 子句 ORDER BY clause
FROM 子句 FROM clause	查询 query
GROUP BY 子句 GROUP BY clause	SELECT 子句 SELECT clause
分组 grouping	简单条件 simple condition
HAVING 子句 HAVING clause	排序键 sort key
IN 子句 IN clause	子查询 subquery
IS NOT NULL	SUM
IS NULL	WHERE 子句 WHERE clause

4.10 复习题

章节测验

1. 描述 SQL 的 SELECT 指令的基本形式。
2. 如何创建一个简单条件?
3. 如何创建一个复合条件?
4. 在 SQL 中,哪个操作符可以在不使用 AND 条件的情况下确定一个值位于另两个值之间?
5. 如何在 SQL 中使用计算列? 如何对计算列进行命名?
6. 在什么子句中可以对条件使用通配符?

7.　在 MySQL 中可以使用什么通配符？它们代表什么含义？

8.　如何在不使用 AND 条件的情况下判断一个列是否包含一组特定值的其中一个值？

9.　如何对数据进行排序？

10.　如何使用多个排序键对数据进行排序？最重要的键称为什么？次重要的键称为什么？

11.　如何按降序对数据进行排序？

12.　什么是 SQL 的聚合函数？

13.　如何避免在一个查询的结果中包含重复值？

14.　什么是子查询？

15.　如何在 SQL 查询中对数据进行分组？

16.　在查询中对数据进行分组时，如何把输出限制在必须满足某个条件的那些分组中？

17.　如何在一个包含空值的特定列中查找行？

关键思考题

自行调查 Oracle 和 SQL Server 可以使用的 SQL [charlist] 通配符。使用自己找到的信息，完成下面的 SQL 指令，查找以字母 C 或 G 开头的所有城市：

```
SELECT CUSTOMER_NAME, CITY
    FROM CUSTOMER
        WHERE CITY LIKE
```

请注明引用的在线资源。

4.11　案例练习

KimTay Pet Supplies

使用 SQL 和 KimTay 数据库（参见图 1-2）完成下列练习。如果这是教师布置的作业，那么可以使用第 3 章的练习中提供的信息来输出或把它它们保存到文档中。

1.　列出所有物品的 ID、描述和价格。

2.　列出完整的 INVOICES 表中的所有行和所有列。

3.　列出信用额度大于或等于 1000 美元的顾客的姓氏和名字。

4. 列出 ID 为 125 的顾客于 2021 年 11 月 15 日开具的所有发票的号码（提示：如果需要帮助，可以参考图 3-19 中对 DATE 数据类型的介绍）。

5. 列出销售代表 10 或 15 所服务的每位顾客的 ID 和姓名。

6. 列出不属于 HOR 分类的每件物品的 ID 和描述。

7. 使用两种方法列出库存数量为 10~30 的每件物品的 ID、描述和库存数量。

8. 列出 CAT 分类中每件物品的 ID、描述和现有价值（库存数量×单价；从理论上说，现有价值=库存数量×成本，但 ITEM 表中不存在成本列）。把计算列命名为 ON_HAND_VALUE。

9. 列出现有价值至少为 1500 美元的每件物品的 ID、描述和现有价值。把计算列命名为 ON_HAND_VALUE。

10. 使用 IN 操作符列出 FSH 或 BRD 分类的每件物品的 ID 和描述。

11. 查找名字以字母 S 开头的每位顾客的 ID、名字和姓氏。

12. 列出所有物品的所有细节。根据描述对输出进行排序。

13. 列出所有物品的所有细节。首先根据库存位置，然后根据物品 ID 对输出进行排序。

14. 有多少位顾客的余额大于他们的信用额度？

15. 查找由销售代表 10 服务并且余额小于信用额度的所有顾客的余额之和。

16. 列出库存数量大于所有物品的平均库存数量的每件物品的 ID、描述和现有价值。

17. 数据库中最便宜物品的价格是多少？

18. 分别列出数据库中最便宜物品的 ID、描述和价格。（提示：使用子查询。）

19. 列出每位销售代表所服务的所有顾客的余额之和。根据销售代表 ID 对结果进行排序和分组。

20. 列出每位销售代表所服务的所有顾客的余额之和，但把输出限制在那些余额之和大于 150 美元的销售代表中。根据销售代表 ID 对结进行果排序。

21. 列出具有未知描述的所有物品的 ID。

关键思考题

1. 列出 DOG 或 CAT 分类的描述中包含单词 Small（注意大小写）的所有物品的 ID 和描述。

2. KimTay 考虑对所有物品打九折。列出所有物品的 ID、描述和打折后的价格。使用 DISCOUNTED_PRICE 作为计算列的名称。

StayWell Student Accommodation

使用SQL和StayWell数据库（参见图1-4~图1-9）完成下列练习。如果这是教师布置的作业，那么可以使用第3章的练习中提供的信息来输出或把它们保存到文档中。

1. 列出每位业主的编号、名字和姓氏。

2. 列出完整的PROPERTY表中的所有行和所有列。

3. 列出城市为Seattle的每位业主的名字和姓氏。

4. 列出城市不为Seattle的每位业主的名字和姓名。

5. 列出面积小于或等于1400平方英尺（约130平方米）的每所房屋的ID和办公室编号。

6. 列出具有3间卧室的每所房屋的办公室编号和地址。

7. 列出具有两间卧室并且由StayWell-Georgetown管理的每所房屋的ID。

8. 列出月租金在1350美元和1750美元之间的每所房屋的ID。

9. 列出由StayWell-Columbia City管理并且月租金低于1500美元的每所房屋的ID。

10. 工时支付标准是每小时35美元。列出每个服务请求的房屋ID、分类编号、预计工时和预计工时成本。为了获取预计工时成本，把预计工时与35相乘即可。使用ESTIMATED_COST作为预计工时成本的列名。

11. 列出州为NV、OR或ID的所有业主的编号和姓氏。

12. 列出所有房屋的办公室编号、房屋ID、面积和月租金。首先根据面积，然后根据月租金对结果进行排序。

13. 每个办公室分别管理了多少所带有3间卧室的房屋？

14. 计算所有房屋的月租金总额。

关键思考题

1. 有两种方式可以完成练习11的查询任务。编写自己更愿意使用的SQL指令，然后编写能够获得正确结果的另一种指令。

2. 为了查找在描述字段中的任意位置出现单词heating的所有服务请求，需要使用什么样的WHERE子句？

第 5 章
多表查询

学习目标
- 使用连接从多个表中提取数据。
- 使用 IN 和 EXISTS 操作符对多个表进行查询。
- 在子查询中使用子查询。
- 使用别名。
- 将一个表与自身相连接。
- 执行集合操作（并集、交集、差集）。
- 在查询中使用 ALL 和 ANY 操作符。
- 执行特殊操作（内部连接、外部连接和乘积）。

5.1 简介

在本章中，我们将学习如何在 SQL 中使用一条 SQL 指令从两个或更多个表中提取数据。我们把表连接在一起，观察如何使用 SQL 的 IN 和 EXISTS 操作符获取相似的结果。然后使用别名来简化查询，并把一个表与自身相连接。我们还用 SQL 指令实现并集、交集、差集等集合操作。接下来，我们讨论两个相关的 SQL 操作符：ALL 和 ANY。最后，我们执行内部连接、外部连接和乘积。

5.2 对多个表进行查询

在第 4 章中，我们学习了如何从单个表中提取数据。许多查询要求我们从两个或更多个表中提取数据。为了从多个表中提取数据，就必须首先把表连接在一起，然后使用与单表查询相同的指令来创建查询。

> **实用提示**
>
> 在接下来的查询中，读者看到的查询结果可能包含了与书中所显示的相同的行，但它们的顺序可能不同。如果顺序非常重要，可以在查询中使用ORDER BY子句以保证查询结果是按照目标顺序列出的。

连接两个表

为了从两个表中提取数据，就必须查找这两个表在匹配列中具有相同值的行。我们可以在WHERE子句中通过一个条件来连接表，如示例5-1所示。

示例5-1：列出每位顾客的ID、名字、姓氏以及为该顾客提供服务的销售代表的ID、名字、姓氏。

由于顾客的ID值和姓名在CUSTOMER表中，而销售代表的ID值和姓名在SALES_REP表中，因此我们必须在SQL指令中同时包含这两个表以便从中提取数据。为了连接表（或使它们相关），可以创建如下SQL指令。

1．在SELECT子句中，列出所有需要显示的列。

2．在FROM子句中，列出查询所涉及的所有表。

3．在WHERE子句中，列出条件，把需要提取的数据限制为两个表中具有匹配值的那些行。

如第2章所述，我们经常需要对列名进行限定以表示实际引用的特定列。在连接表的时候，对列名进行限定是极为重要的，因为我们经常需要对具有相同名称的列进行匹配。为了限定一个列名，可以在列名的前面加上表名和圆点。在这个示例中，匹配列的名称都是REP_ID。SALES_REP表中有REP_ID列，CUSTOMER表中也有REP_ID列。可以将SALES_REP表中的REP_ID列写成SALES_REP.REP_ID，而将CUSTOMER表中的REP_ID列写成CUSTOMER.REP_ID。图5-1显示了这个查询及查询结果。

当列名存在潜在的歧义时，必须对查询中的列名进行限定。对其他不可能发生冲突的列名进行限定也是可行的。有些人倾向于对所有的列名都进行限定。但是在本书中，我们只对必要的列名进行限定。在图5-1中，除了CUST_ID之外的其他所有列都被进行了限定。FIRST_NAME和LAST_NAME列在CUSTOMER和SALES_REP表中也都存在，因此有必要对它们进行限定。

```
SELECT CUST_ID, CUSTOMER.FIRST_NAME, CUSTOMER.LAST_NAME, SALES_REP.REP_ID,
    SALES_REP.FIRST_NAME, SALES_REP.LAST_NAME
  FROM CUSTOMER, SALES_REP
      WHERE (CUSTOMER.REP_ID = SALES_REP.REP_ID);
```

图 5-1 使用一条 SQL 指令连接两个表

有问有答

问题: 在图 5-1 所示的第 1 行输出中,顾客 125 的名字是 Joey,姓氏是 Smith,这些值表示 CUSTOMER 表的第 1 行。我们怎么才能知道 ID 为 05 的销售代表的姓名是 Susan Garcia 呢?

解答: 在 CUSTOMER 表中,为顾客 125 服务的销售代表的 ID 是 05(表示顾客 125 与销售代表 05 相关联)。在 SALES_REP 表中,销售代表 05 的名字是 Susan,姓氏是 Garcia。

示例 5-2:列出信用额度为 500 美元的每位顾客的 ID、名字和姓氏,并列出为该顾客服务的销售代表的 ID、名字和姓氏。

在示例 5-1 中,我们在 WHERE 子句中使用了一个条件,通过把顾客与销售代表相关联来连接两个表。尽管把顾客与销售代表相关联对于这个示例来说也是极为重要的,但我们还需要把输出限制为信用额度为 500 美元的顾客。我们可以像图 5-2 一样使用一个复合条件对查询结果中的行进行限制。

```
SELECT CUST_ID, CUSTOMER.FIRST_NAME, CUSTOMER.LAST_NAME, SALES_REP.REP_ID,
    SALES_REP.FIRST_NAME, SALES_REP.LAST_NAME
  FROM CUSTOMER, SALES_REP
    WHERE (CUSTOMER.REP_ID = SALES_REP.REP_ID)AND (CREDIT_LIMIT = 500);
```

图5-2　限制连接中的行

示例5-3：对于一张发票中的每件物品，列出发票号码、物品ID、描述、订购数量、报价和单价。

　　当INVOICE_LINE表中存在某件物品的一行明细时，这件物品就可以被认为出现在这张发票上。我们可以在INVOICE_LINE表中查找发票号码、订购数量和报价。但是，为了获取描述和单价，就必须在ITEM表中进行查找。因此，我们需要查找INVOICE_LINE表和ITEM表中匹配的行（包含相同物品ID的行）。图5-3显示了这个查询及查询结果。

```
SELECT INVOICE_NUM, INVOICE_LINE.ITEM_ID, DESCRIPTION, QUANTITY,
    QUOTED_PRICE, PRICE
  FROM INVOICE_LINE, ITEM
    WHERE (INVOICE_LINE.ITEM_ID = ITEM.ITEM_ID);
```

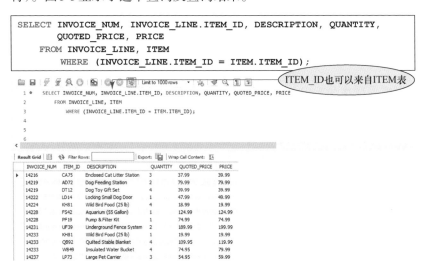

图5-3　连接INVOICE_LINE表和ITEM表

有问有答

问题：是否可以在 SELECT 子句中使用 ITEM.ITEM_ID 代替 INVOICE_LINE.ITEM_ID？

解答：可以。这两列的值是匹配的，因为它们必须满足 INVOICE_LINE.ITEM_ID = ITEM.ITEM_ID 这个条件。

实用提示

记住，DESCRIPTION 是在 MySQL 的 8.0.4 版本中才被添加到关键字列表中的，但它是个非保留的关键字，可以作为其他名称使用。这也是 DESCRIPTION 这个单词在图 5-3 中并没有显示为蓝色的原因，但它在查询结果的屏幕截图中显示为蓝色。

5.3 连接、IN 和 EXISTS 的比较

为了连接表，我们在 SQL 的 WHERE 子句中包含了一个条件，以保证匹配列包含相同的值（例如，INVOICE_LINE.ITEM_ID = ITEM.ITEM_ID）。我们也可以使用 IN 操作符（详见第 4 章）或者在一个子查询中使用 EXISTS 操作符获得相似的结果。这完全是个人偏好，因为每种方法都能得到相同的结果。下些这些示例详细说明了每个操作符的用法。

示例 5-4：查找发票号码 14233 所包含的每件物品的描述。

由于这个查询也涉及从 INVOICE_LINE 和 ITEM 表中提取数据（如示例 5-3 所示），因此我们可以用类似的方式实现目的。但是，示例 5-3 和示例 5-4 存在两个根本的区别。首先，示例 5-4 中的查询并不需要列出很多的列。其次，它只涉及发票号码 14233。需要提取的列数少意味着 SELECT 子句中列出的列数也少。我们可以在 WHERE 子句中添加 INVOICE_NUM = '14233' 这个条件，从而把查询限制在单张发票。图 5-4 显示了这个查询及查询结果。

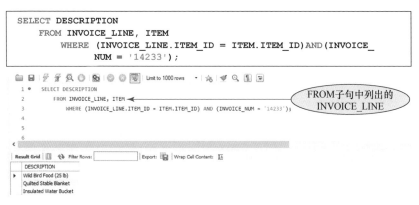

图5-4   在连接INVOICE_LINE和ITEM表时对行进行限制

注意，FROM子句列出了INVOICE_LINE表，尽管我们并不需要显示INVOICE_LINE表中的任何列。因为WHERE子句包含了INVOICE_LINE表中的列，所以有必要在FROM子句中包含这个表。

5.3.1   使用IN操作符

在一个查询中，从多个表中提取数据的另一种方法是在子查询中使用IN操作符。在示例5-4中，我们首先通过一个子查询查找INVOICE_LINE表中发票号码为14233的全部数据行的所有物品ID，然后查找物品ID位于这个列表中的所有物品的描述。图5-5显示了这个查询及查询结果。

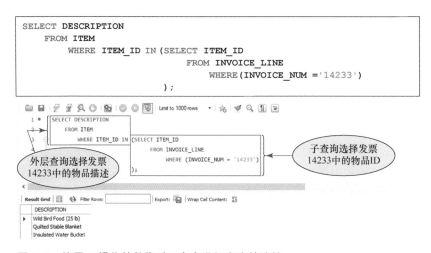

图5-5   使用IN操作符替代对两个表进行查询的连接

在图5-5中，子查询的执行结果是个临时表，由发票号码14233中的物品ID组成。执行这个查询的剩余部分会产生位于这个临时表中每件物品ID的描述。在这个例子中，查询结果是 Wild Bird Food (25 lb)、Quilted Stable Blanket、Insulated Water Bucket。

5.3.2 使用EXISTS操作符

我们也可以使用EXISTS操作符从多个表中提取数据，如示例5-5所示。EXISTS操作符用于检查是否存在满足某个标准的行。

示例5-5：查找包含物品ID KH81的所有发票的发票号码和开票日期。

这个查询与示例5-4中的查询相似，但前者涉及的是INVOICES表而不是ITEM表，我们可以使用前面描述的任意一种方式来编写查询。例如，我们可以在一个子查询中使用IN操作符，如图5-6所示。

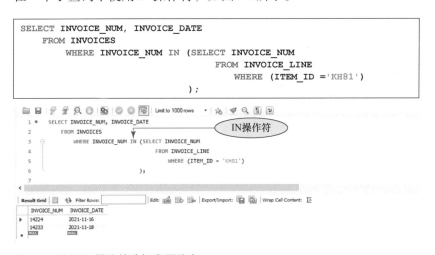

图5-6 使用IN操作符选择发票信息

使用EXISTS操作符是完成示例5-5的另一种方法，如图5-7所示。

图5-7是我们看到的在外层查询中列出的表的第一个子查询。这种类型的子查询被称为关联子查询。在这个例子中，子查询也使用了出现在外层查询的FROM子句中的INVOICES表。出于这个原因，我们需要对子查询中的INVOICE_NUM列进行限定（即使用INVOICES.INVOICE_NUM）。而在以前涉及IN操作符的查询中，我们并不需要对列进行限定。

```
SELECT INVOICE_NUM, INVOICE_DATE
    FROM INVOICES
        WHERE EXISTS (SELECT *
                        FROM INVOICE_LINE
                            WHERE (INVOICES.INVOICE_NUM = INVOICE_
                                LINE.INVOICE_NUM) AND (ITEM_ID ='KH81')
                        );
```

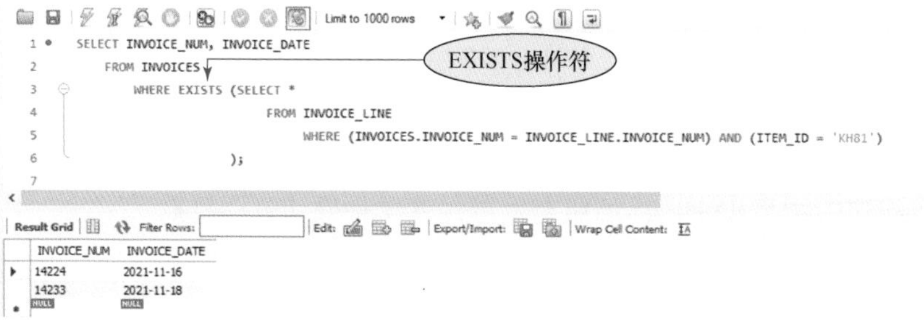

图5-7 使用EXISTS操作符选择发票信息

在图5-7中，对于INVOICES表中的每一行，子查询在执行时使用了该行中的 INVOICES.INVOICE_NUM列值。内层查询产生了INVOICE_LINE表的行的列表，其中所有行的INVOICE_LINE.INVOICE_NUM都与这个值匹配，并且ITEM_ID等于KH 81。我们可以在子查询的前面加上EXISTS操作符，创建一个在子查询能够返回一行或多行结果时为真的条件。如果子查询执行后不返回任何行，这个条件就为假。

为了说明这个过程，注意INVOICES表中的发票号码14244和发票号码14288。发票号码14244会被包含，因为INVOICE_LINE表中有一行明细对应此发票号码并且物品ID为KH 81。在执行这个子查询时，结果中至少包含1行，因此这个EXISTS条件为真。但是，发票号码14288并没有被包含，因为INVOICE_LINE表中并不存在发票号码为14288并且物品ID为KH 81的发票明细。子查询的结果中不包含任何行，因此这个EXISTS条件为假。

5.3.3 在子查询中使用子查询

我们可以使用SQL创建一个嵌套的子查询（一个子查询出现在另一个子查询中），如示例5-6所示。

示例5-6：查找发票中物品存储于库存位置C的所有发票的发票号码和开票日期。

完成这个请求的一种方法是，首先确定ITEM表中库存位置为C的每件物品的 ID 列表。然后根据这个列表中的物品 ID 获取一个发票号码列表。最后，从 INVOICES 表中提取这个列表中的发票号码和开票日期。图 5-8 显示了这个查询及查询结果。

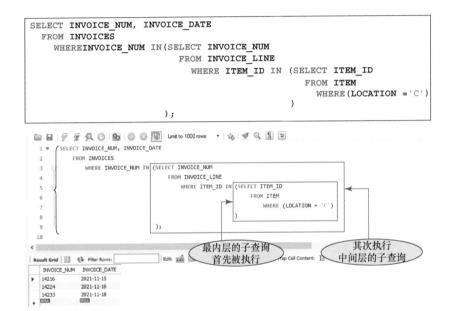

图 5-8 嵌套的子查询

正如我们所预料的那样，SQL 由内到外依次执行查询。这个例子是分 3 个步骤执行查询的。

1. 执行最内层的子查询，生成一个临时表，其中包含了存储于库存位置 C 的所有物品的 ID 值。

2. 执行次内层（中间层）的子查询，生成第 2 个临时表，其中包含了一个发票号码列表。这个列表中的每个发票号码都在 INVOICE_LINE 表中存在一行明细，并且明细行的物品 ID 出现在步骤 1 生成的临时表中。

3. 执行外层查询，生成需要的发票号码和开票日期的列表。只有那些发票号码出现在步骤 2 所生成的临时表中的发票才会出现在这个结果中。

完成示例 5-6 的另一种方法是连接 INVOICES、INVOICE_LINE 和 ITEM 表。图 5-9 显示了这个查询及查询结果。

```
SELECT DISTINCT INVOICES.INVOICE_NUM, INVOICE_DATE
  FROM INVOICE_LINE, INVOICES, ITEM
    WHERE (INVOICE_LINE.INVOICE_NUM = INVOICES.INVOICE_NUM) AND
          (INVOICE_LINE.ITEM_ID = ITEM.ITEM_ID) AND (LOCATION ='C');
```

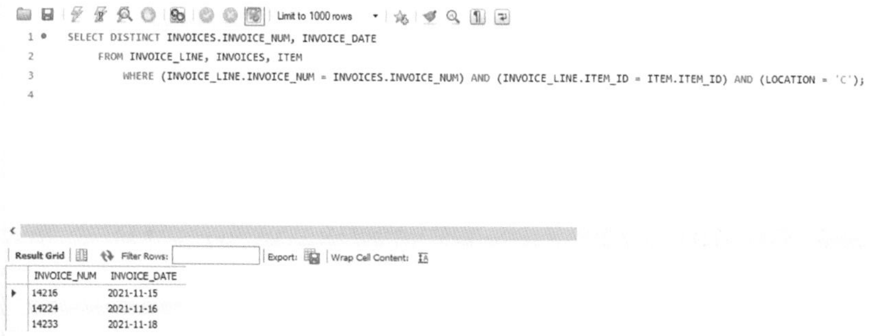

图5-9 连接3个表

在这个查询中，下面的条件用来连接这3个表：

INVOICE_LINE.INVOICE_NUM = INVOICES.INVOICE_NUM
INVOICE_LINE.ITEM_ID = ITEM.ITEM_ID

条件LOCATION = 'C'把输出限制为存储于库存位置C的那些物品。

不管使用哪个指令，查询结果都是正确的。我们可以选择自己喜欢的方法。

读者可能会疑惑，会不会某种方法比另一种方法效率更高？SQL会通过执行许多内置的优化来对查询进行分析，并努力确保查询过程使用的是最佳的方法。只要有良好的优化器，不管采用哪种查询方式，耗时的差别都很小。在本书所使用的计算机环境中，这两种查询方式都可以在小于0.001秒的时间内产生结果。但是，这两种查询在读者所使用的计算机环境中可能存在性能差异。一般认为，使用嵌套的子查询（见图5-8）方式产生的结果所需要的时间要略多于连接表的方式（见图5-9）。如果读者使用的DBMS没有优化器，那么不同的查询指令可能会在DBMS执行查询时存在速度上的差异。当我们对一个非常庞大的数据库进行操作，并且效率是最重要的目标时，可以参考该DBMS的官方手册或者自己计时优化。可以用不同的方式执行同一个查询，观察执行速度是否存在差异。在小型数据库中，这两种方式不会存在明显的时间差异。

5.3.4　综合案例

示例5-7所使用的查询涉及前面已经讨论过的几个特性。这个查询描述了我们在SELECT指令中可以使用的所有主要子句，还说明了这些子句的出现顺序。

示例5-7：列出发票金额超过250美元的所有发票的顾客ID、发票号码、开票日期及发票金额。把表示发票金额的列命名为INVOICE_TOTAL。根据发票号码对结果进行排序。

图5-10显示了这个查询及查询结果。

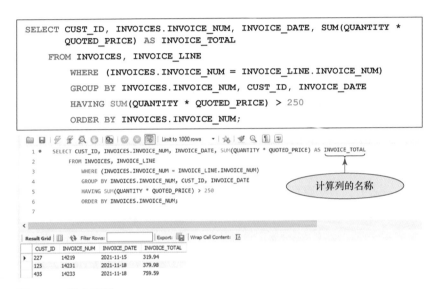

```
SELECT CUST_ID, INVOICES.INVOICE_NUM, INVOICE_DATE, SUM(QUANTITY *
    QUOTED_PRICE) AS INVOICE_TOTAL
    FROM INVOICES, INVOICE_LINE
        WHERE (INVOICES.INVOICE_NUM = INVOICE_LINE.INVOICE_NUM)
        GROUP BY INVOICES.INVOICE_NUM, CUST_ID, INVOICE_DATE
        HAVING SUM(QUANTITY * QUOTED_PRICE) > 250
        ORDER BY INVOICES.INVOICE_NUM;
```

图5-10 综合案例

在这个查询中，我们在FROM子句中列出了INVOICES表和INVOICE_LINE表，并在WHERE子句中将它们相关联，从而实现了它们之间的连接。我们所选择的数据是通过ORDER BY子句按照发票号码排序的。GROUP BY子句指定了数据是按照发票号码、顾客ID、开票日期分组的。对于每个组，SELECT子句显示了顾客ID、发票号码、开票日期、发票金额（即SUM(QUANTITY * QUOTED_PRICE)）。另外，发票金额被重命名为INVOICE_TOTAL。但是，并不是所有的组都会显示出来。HAVING子句指定了只显示SUM(QUANTITY * QUOTED_PRICE)大于250美元的那些组。

发票号码、顾客ID和开票日期对于每张发票都是唯一的。因此，看上去仅根据发票号码进行分组就足够了。SQL要求在GROUP BY子句中同时列出顾客ID和开票日期。记住，SELECT子句中包含的统计数据只适用于分组或者组中每一行的值都相同的列。在指定数据根据发票号码、顾客ID和开票日期分组时，相当于告诉SQL：这些列的值在一个组中的每一行都必须是相同的。

5.3.5 使用别名

在FROM子句中列出表时，可以为每个表提供一个别名，并在语句的其余部分使用。在创建别名时，依次输入表的名称、空格、表的别名，两个名称之间并不需要使用逗号或圆点进行分隔。

使用别名的一个目的是简化代码。在示例5-8中，我们为SALES_REP表指定了别名R，为CUSTOMER表指定了别名C。此后，我们就可以在查询指令中用R代替SALES_REP、用C代替CUSTOMER。这个例子中的查询非常简单，并不能体现这个特性的优越之处。当查询非常复杂并且需要对名称进行限定时，使用别名可以极大地简化这个过程。

示例5-8：列出每位销售代表的ID、名字、姓氏，以及该销售代表所服务的每位顾客的ID、名字、姓氏。

在图5-11中，这个查询及查询结果都使用了别名。

实用提示

从理论上说，没必要对CUST_ID列进行限定，因为它只存在于CUSTOMER表中。在图5-11中对它进行限定只是为了更清楚地说明它属于这个表。

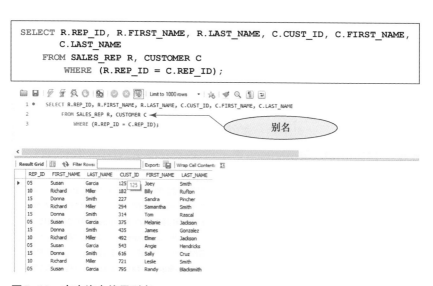

图5-11 在查询中使用别名

5.3.6 把表与自身相连接

使用别名的另一个场景是把一个表连接到其自身，这个过程被称为自身连接，如示例5-9所示。

示例5-9：对于生活在同一座城市的每对顾客，列出顾客ID、名字、姓氏、城市。

如果有两个独立的顾客表，并且查询要求第1个表中的顾客与第2个表中的顾客位于同一座城市，就可以使用常规的连接操作来寻找答案。但是，在这个例子中，只有1个表（即 CUSTOMER 表）存储了所有的顾客信息。我们可以通过别名，把CUSTOMER表看成查询中的两个表。在这种情况下，就可以使用如下FROM子句：

```
FROM CUSTOMER F, CUSTOMER S
```

SQL把这个子句看成对两个表的查询：一个具有别名F（第1个表），另一个具有别名S（第2个表）。这两个表本身都是同一个CUSTOMER表，但这并不会带来问题。图5-12显示了这个查询及查询结果。

```
SELECT F.CUST_ID, F.FIRST_NAME, F.LAST_NAME, S.CUST_ID, S.FIRST_NAME,
    S.LAST_NAME, F.CITY
  FROM CUSTOMER F, CUSTOMER S
    WHERE (F.CITY = S.CITY) AND (F.CUST_ID < S.CUST_ID)
    ORDER BY F.CUST_ID, S.CUST_ID;
```

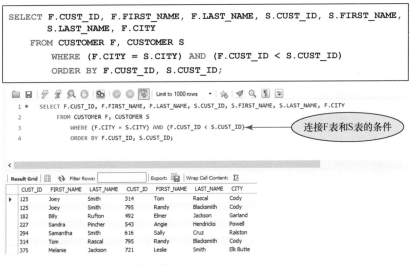

图5-12 使用别名实现自身连接

我们所请求的数据依次如下：F表中的顾客ID、名字、姓氏，S表中的顾客ID、名字、姓氏，以及城市（由于第1个表中的城市必须与第2个表中的城市匹配，因此可以从任意一个表中选择城市）。WHERE子句包含了两个条件：城市必须匹配，以及第1个表中的顾客ID必须小于第2个表中的顾客ID。另外，ORDER BY子句保证了数据是按照第1个表中的顾客ID排序的。对于第1个表中顾客ID相同的行，数据是按照第2个表中的顾客ID排序的。

有问有答

问题： 为什么F.CUST_ID < S.CUST_ID这个条件在这个查询中是非常重要的？

解答： 如果没有包含这个条件，就会得到图5-13所示的查询结果。结果中包含第1行这样的无效信息，因为在程序看来，F表中ID为125的顾客（Joey Smith）确实与S表中ID为125的顾客（Joey Smith）在同一座城市。第2行表示ID为125的顾客（Joey Smith）与ID为314的顾客（Tom Rascal）在同一座城市；但是，第10行重复了相同的信息，因为在程序看来，ID为314的顾客（Tom Rascal）和ID为125的顾客（Joey Smith）在同一座城市。在这3行中，唯一应该包含在查询结果中的是第2行。第2行也是这3行中唯一的第1个顾客ID（125）小于第2个顾客ID（314）的行。这就是查询需要F.CUST_ID < S.CUST_ID这个条件的原因。

```
SELECT F.CUST_ID, F.FIRST_NAME, F.LAST_NAME, S.CUST_ID, S.FIRST_NAME,
       S.LAST_NAME, F.CITY
    FROM CUSTOMER F, CUSTOMER S
        WHERE (F.CITY = S.CITY)
        ORDER BY F.CUST_ID, S.CUST_ID;
```

CUST_ID	FIRST_NAME	LAST_NAME	CUST_ID	FIRST_NAME	LAST_NAME	CITY
125	Joey	Smith	125	Joey	Smith	Cody
125	Joey	Smith	314	Tom	Rascal	Cody
125	Joey	Smith	795	Randy	Blacksmith	Cody
182	Billy	Rufton	182	Billy	Rufton	Garland
182	Billy	Rufton	492	Elmer	Jackson	Garland
227	Sandra	Pincher	227	Sandra	Pincher	Powell
227	Sandra	Pincher	543	Angie	Hendricks	Powell
294	Samantha	Smith	294	Samantha	Smith	Ralston
294	Samantha	Smith	616	Sally	Cruz	Ralston
314	Tom	Rascal	125	Joey	Smith	Cody
314	Tom	Rascal	314	Tom	Rascal	Cody
314	Tom	Rascal	795	Randy	Blacksmith	Cody
375	Melanie	Jackson	375	Melanie	Jackson	Elk Butte
375	Melanie	Jackson	721	Leslie	Smith	Elk Butte
435	James	Gonzalez	435	James	Gonzalez	Wapiti
492	Elmer	Jackson	182	Billy	Rufton	Garland
492	Elmer	Jackson	492	Elmer	Jackson	Garland
543	Angie	Hendricks	227	Sandra	Pincher	Powell
543	Angie	Hendricks	543	Angie	Hendricks	Powell
616	Sally	Cruz	294	Samantha	Smith	Ralston
616	Sally	Cruz	616	Sally	Cruz	Ralston
721	Leslie	Smith	375	Melanie	Jackson	Elk Butte
721	Leslie	Smith	721	Leslie	Smith	Elk Butte
795	Randy	Blacksmith	125	Joey	Smith	Cody
795	Randy	Blacksmith	314	Tom	Rascal	Cody
795	Randy	Blacksmith	795	Randy	Blacksmith	Cody

图5-13　将一个表与其自身相连接

5.3.7 根据主键列使用自身连接

图 5-14 显示了主键为 EMP_ID 的 EMPLOYEE 表的一些字段，其中的一个字段是 MGR_EMP_ID，表示管理员工的管理者的 ID，而管理员工的人本身也是员工。观察员工 217 这一行（Lynn Thomas），可以看到员工 182（Edgar Davis）是员工 217 的管理者。观察员工 182（Edgar Davis）这一行，可以看到员工 182 的管理者是员工 105（Samantha Baker）。在员工 105（Samantha Baker）这一行，管理者的 ID 是空的，这表示员工 105 没有管理者。

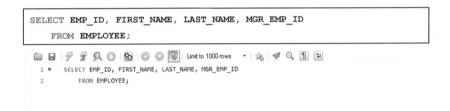

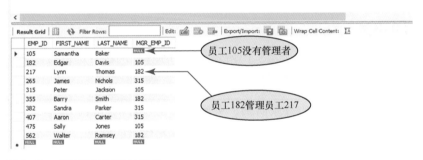

图 5-14　员工和管理者的数据

假设除了每位员工的管理者的 ID、名字、姓氏之外，我们还需要列出员工本人的 ID、名字、姓氏。就像前面的自身连接一样，我们可以使用别名，让 EMPLOYEE 表在 FROM 子句中出现两次。

图 5-15 所示的指令使用字母 E 作为员工的别名，使用字母 M 作为管理者的别名。因此，E.EMP_ID 是员工的 ID，而 M.EMP_ID 是员工管理者的 ID。在 SQL 指令中，M.EMP_ID 被重命名为 MGR_ID，M.FIRST_NAME 被重命名为 MGR_FIRST，M.LAST_NAME 被重命名为 MGR_LAST。WHERE 子句中的条件保证了 E.MGR_EMP_ID（员工管理者的 ID）与 M.EMP_ID（管理者所在行的员工 ID）匹配。查询结果中没有包含员工 105（Samantha Baker），因为员工 105 没有管理者（见图 5-14）。

```
SELECT E.EMP_ID, E.FIRST_NAME, E.LAST_NAME, M.EMP_ID AS MGR_ID,
       M.FIRST_NAME AS MGR_FIRST, M.LAST_NAME AS MGR_LAST
    FROM EMPLOYEE E, EMPLOYEE M
        WHERE (E.MGR_EMP_ID = M.EMP_ID)
        ORDER BY E.EMP_ID;
```

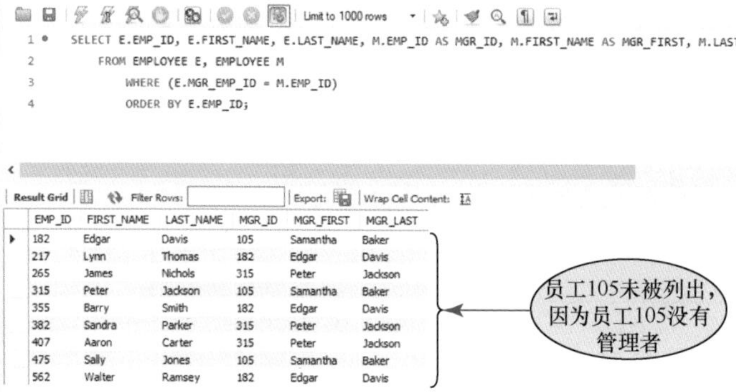

图 5-15　员工及其管理者的列表

5.3.8　连接几个表

连接几个表也是可行的，如示例 5-10 所示。我们所连接的每一对表都必须包含一个指定它们的列如何相关联的条件。

示例 5-10：对于一张发票中的每条明细，列出物品 ID、订购数量、发票号码、开票日期、顾客 ID 及姓名，以及为每位顾客服务的销售代表的姓氏。

如前所述，只有当一件物品在 INVOICE_LINE 表中存在明细行时，它才会出现在一张发票中。物品 ID、订购数量和发票号码则出现在 INVOICE_LINE 表中。如果只需要查询这几项信息，我们可以像下面这样编写这个查询：

```
SELECT ITEM_ID, QUANTITY, INVOICE_NUM
    FROM INVOICE_LINE;
```

但是，这个查询是不够充分的，我们还需要 INVOICES 表中的开票日期、CUSTOMER 表中的顾客 ID 及姓名，以及 SALES_REP 表中的销售代表的姓氏。因此，我们需要连接如下 4 个表：INVOICE_LINE、INVOICES、CUSTOMER、SALES_REP。连接多于两个表的过程在本质上与连接两个表是相同的，区别在于 WHERE 子句中的条件为复合条件。在这个例子中，WHERE 子句如下：

```
WHERE (INVOICES.INVOICE_NUM = INVOICE_LINE.INVOICE_NUM)  AND
      (CUSTOMER.CUST_ID = INVOICES.CUST_ID)  AND
      (SALES_REP.REP_ID = CUSTOMER.REP_ID)
```

> **实用提示**
>
> 注意，整个WHERE子句可以出现在一行中。但是，由于书中的一行无法写下整个WHERE子句，因此我们对它进行了逻辑分解。由于这个条件非常长，因此这种做法可以提高可读性。记住，我们可以按照任何方式输入语句，并且语句只有在遇到分号时才结束。SELECT子句中的列也是如此，因为它们也可能无法被书中的一行所容纳。采取一致的缩进方式可以使语句更容易阅读。

第1个条件根据匹配的发票号码把一张发票与一条发票明细相关联。第2个条件根据匹配的顾客ID把顾客与发票相关联。最后一个条件根据匹配的销售代表ID把销售代表与顾客相关联。

在完整的查询中，我们在SELECT子句中列出了所有需要的列。对于在多个表中都存在的列，则进行了表名限定。我们在FROM子句中列出了这个查询所涉及的表。图5-16显示了这个查询及查询结果。

```
SELECT ITEM_ID, QUANTITY, INVOICE_LINE.INVOICE_NUM, INVOICE_DATE,
       CUSTOMER.CUST_ID,CUSTOMER.FIRST_NAME, CUSTOMER.LAST_NAME,
       SALES_REP.LAST_NAME AS SALES_REP_LAST
   FROM INVOICE_LINE, INVOICES, CUSTOMER, SALES_REP
      WHERE (INVOICES.INVOICE_NUM = INVOICE_LINE.INVOICE_NUM) AND
            (CUSTOMER.CUST_ID = INVOICES.CUST_ID) AND
            (SALES_REP.REP_ID = CUSTOMER.REP_ID)
      ORDER BY ITEM_ID, INVOICE_LINE.INVOICE_NUM;
```

ITEM_ID	QUANTITY	INVOICE_NUM	INVOICE_DATE	CUST_ID	FIRST_NAME	LAST_NAME	SALES_REP_LAST
AD72	2	14219	2021-11-15	227	Sandra	Pincher	Smith
CA75	3	14216	2021-11-15	125	Joey	Smith	Garcia
DT12	4	14219	2021-11-15	227	Sandra	Pincher	Smith
FS42	1	14228	2021-11-18	435	James	Gonzalez	Smith
KH81	4	14224	2021-11-16	182	Billy	Rufton	Miller
KH81	1	14233	2021-11-18	435	James	Gonzalez	Smith
LD14	1	14222	2021-11-16	294	Samantha	Smith	Miller
LP73	3	14237	2021-11-19	616	Sally	Cruz	Smith
PF19	1	14228	2021-11-18	435	James	Gonzalez	Smith
QB92	4	14233	2021-11-18	435	James	Gonzalez	Smith
UF39	2	14231	2021-11-18	125	Joey	Smith	Garcia
WB49	4	14233	2021-11-18	435	James	Gonzalez	Smith

图5-16 在查询中连接4个表

有问有答

问题：为什么在ITEM和INVOICE_LINE表中都出现的ITEM_ID在SELECT子句中不需要进行表名限定？

解答：在这个查询所列出的表中，只有1个表包含了ITEM_ID列，因此没必要对它进行表名限定。如果ITEM表也出现在FROM子句中，就需要对ITEM_ID进行表名限定，以避免混淆ITEM和INVOICE_LINE表中的ITEM_ID列。

图5-16所示的查询相比我们此前看到的很多查询要复杂。读者可能觉得SQL并不是一种容易使用的语言。但是，如果一次查看一个步骤，示例5-10中的查询实际上并不困难。为了以一种系统的方式创建详细的查询指令，可以采取下列步骤。

1. 在SELECT子句中列出需要显示的所有列。如果一个列的名称出现在多个表中，就在列名的前面加上表名（也就是对列进行表名限定）。

2. 在FROM子句中列出这个查询涉及的所有表。通常，这些表中的部分列会出现在SELECT子句中。但是，偶尔也存在一个表的任何一列都没有出现在SELECT子句中的情况，此时，将有部分列出现在WHERE子句中。在这种情况下，我们仍必须在FROM子句中包含这个表。例如，对于不需要列出顾客的ID或姓名，但需要列出销售代表姓名的情况，就不需要在SELECT子句中包含CUSTOMER表的任何列。但是，我们仍然需要CUSTOMER表，因为我们必须在WHERE子句中包含其中的一列。

3. 一次取一对相关联的表，并在WHERE子句中指定关联这两个表的条件。可以使用AND操作符连接这些条件。如果还有其他任何条件，就在WHERE子句中包含它们，并用AND操作符把它们与其他条件连接起来。例如，如果我们只想查看信用额度为500美元的顾客所开具发票中的物品，则可以在WHERE子句中再增加一个条件，如图5-17所示。

```
SELECT ITEM_ID, QUANTITY, INVOICE_LINE.INVOICE_NUM, INVOICE_DATE,
       CUSTOMER.CUST_ID, CUSTOMER.FIRST_NAME, CUSTOMER.LAST_NAME,
       SALES_REP.LAST_NAME AS SALES_REP_LAST
    FROM INVOICE_LINE, INVOICES, CUSTOMER, SALES_REP
        WHERE (INVOICES.INVOICE_NUM = INVOICE_LINE.INVOICE_NUM) AND
               (CUSTOMER.CUST_ID = INVOICES.CUST_ID) AND
               (SALES_REP.REP_ID = CUSTOMER.REP_ID) AND
               (CREDIT_LIMIT = 500)
          ORDER BY ITEM_ID, INVOICE_LINE.INVOICE_NUM;
```

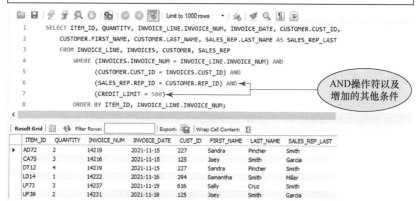

图 5-17　在连接 4 个表时对行进行限制

5.4　集合操作

在 SQL 中，我们可以使用集合操作取两个表的并集、交集和差集（即两个集合之差）。要想取两个表的并集，可使用 UNION 操作符创建一个临时表，其包含在两个表之一中出现或在两个表中均出现的所有行。要想取两个表的交集，可使用 INTERSECT 操作符创建一个临时表，其仅包含在两个表中均出现的行。要想取两个表的差集，可使用 MINUS 操作符创建一个临时表，其包含出现在第 1 个表中但没有出现在第 2 个表中的所有行。

假设 TEMP1 表包含由销售代表 05 服务的每位顾客的 ID 和姓名，TEMP2 表包含当前开具了发票的顾客的 ID 和姓名（如图 5-18 所示），我们可以对这两个表执行相关的集合操作。

TEMP1

CUST_ID	FIRST_NAME	LAST_NAME
125	Joey	Smith
375	Melanie	Jackson
543	Angie	Hendricks
795	Randy	Blacksmith

TEMP2

CUST_ID	FIRST_NAME	LAST_NAME
125	Joey	Smith
182	Billy	Rufton
227	Sandra	Pincher
294	Samantha	Smith
435	James	Gonzalez
616	Sally	Cruz

图 5-18   销售代表 05 所服务的顾客和当前开具了发票的顾客

TEMP1 和 TEMP2 的并集（TEMP1 UNION TEMP2）同时包含了由销售代表 05 服务的顾客和当前开具了发票的顾客。这两个表的交集（TEMP1 INTERSECT TEMP2）仅包含由销售代表 05 服务并且开具了发票的顾客。这两个表的差集（TEMP1 MINUS TEMP2）则包含了由销售代表 05 服务但没有开具发票的顾客。图 5-19 显示了这些集合操作的结果。

TEMP1 UNION TEMP2

CUST_ID	FIRST_NAME	LAST_NAME
125	Joey	Smith
182	Billy	Rufton
227	Sandra	Pincher
294	Samantha	Smith
375	Melanie	Jackson
435	James	Gonzalez
543	Angie	Hendricks
616	Sally	Cruz
795	Randy	Blacksmith

TEMP1 INTERSECT TEMP2

CUST_ID	FIRST_NAME	LAST_NAME
125	Joey	Smith

TEMP1 MINUS TEMP2

CUST_ID	FIRST_NAME	LAST_NAME
375	Melanie	Jackson
543	Angie	Hendricks
795	Randy	Blacksmith

图 5-19   TEMP1 和 TEMP2 的并集、交集和差集

集合操作存在一个限制。例如，取 CUSTOMER 表和 INVOICES 表的并集没有意义，因为这两个表包含了不同的列。两个表必须具有相同的结构，它们的并集才是合理的。这种情况的正式术语是并集相容（union compatible）。当两个表具有相同数量的列，并且对应的列具有相同的数据类型和长度时，它们才是并集相容的。

注意，并集相容的定义没有规定两个表中的列必须是相同的，而仅规定对应的列必须具有相同的类型。因此，如果一个列的类型是 CHAR(20)，则对应的列也必须是 CHAR(20) 类型。

示例 5-11：列出由销售代表 10 服务或者当前开具了发票的每位顾客的 ID 和姓名。

我们可以在 CUSTOMER 表中选择销售代表 ID 为 10 的顾客 ID 和姓名，创建一个临时表，然后连接 CUSTOMER 和 INVOICES 表，创建另一个包含当前开具了发票的每位顾客的 ID 和姓名的临时表。通过这个过程所创建的两个临时表具有相同的结构，它们都包含了 CUST_ID、FIRST_NAME 和 LAST_NAME 列。由于这两个表是并集相容的，因此可以取这两个表的并集。图 5-20 显示了这个查询及查询结果。

```
SELECT CUST_ID, FIRST_NAME, LAST_NAME
    FROM CUSTOMER
        WHERE (REP_ID = '10')
UNION
SELECT CUSTOMER.CUST_ID, CUSTOMER.FIRST_NAME, CUSTOMER.LAST_NAME
    FROM CUSTOMER, INVOICES
        WHERE (CUSTOMER.CUST_ID = INVOICES.CUST_ID);
```

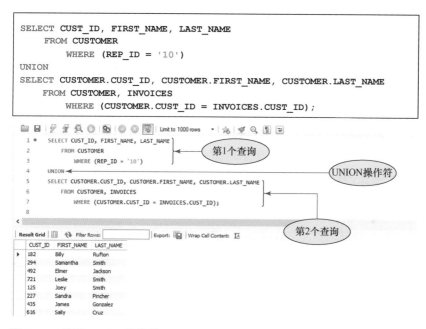

图 5-20 使用 UNION 操作符

注意，这个查询的结果并不像图 5-18 和图 5-19 那样按照 CUST_ID 排序。如果想要让结果以一种特定的顺序显示，可以使用 ORDER BY 子句。我们可以删除第 2 个 WHERE 子句后面的分号，并在整个语句的后面添加如下子句：

```
ORDER BY CUST_ID;
```

如果读者使用的 SQL 实现支持并集操作，它将会自动处理所有重复的行。例如，由销售代表 10 服务并且当前开具了发票的所有顾客（例如这个例子中的顾客 182 和顾客 294）在查询结果中只会出现一次。Oracle、Access 和 SQL Server 都支持并集操作，它们会正确地删除重复的行。

示例5-12：列出由销售代表10服务并且当前开具了发票的每位顾客的ID和姓名。

这个示例和示例5-11的唯一区别在于使用的集合操作符变成了INTERSECT。假设读者使用的SQL实现支持INTERSECT操作符，这个示例的语句如图5-21所示。注意，MySQL并不支持INTERSECT操作符。

```
SELECT CUST_ID, FIRST_NAME, LAST_NAME
    FROM CUSTOMER
        WHERE (REP_ID = '10')              INTERSECT操作符
INTERSECT  ◄
SELECT CUSTOMER.CUST_ID, CUSTOMER.FIRST_NAME, CUSTOMER.LAST_NAME
    FROM CUSTOMER, INVOICES
        WHERE (CUSTOMER.CUST_ID = INVOICES.CUST_ID);
```

图5-21   使用INTERSECT操作符

有些SQL实现（如MySQL）并不支持INTERSECT操作符，因此需要采取一种不同的方法来实现目的。图5-22所示的指令使用IN操作符和子查询，实现了与INTERSECT操作符相同的结果。这条指令旨在选择由销售代表10服务，并且ID属于INVOICES表的顾客ID列中的每位顾客的ID和姓名。

```
SELECT CUST_ID, FIRST_NAME, LAST_NAME
    FROM CUSTOMER
        WHERE (REP_ID = '10') AND (CUST_ID IN (SELECT CUST_ID
                                                    FROM INVOICES));
```

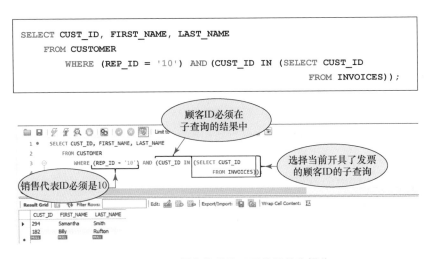

图5-22   在不使用INTERSECT操作符的情况下执行并集操作

> **实用提示**
>
> Oracle和SQL Server支持INTERSECT操作符。

> **实用提示**
>
> 注意，子查询所使用的括号格式与本章前面所使用的括号格式（参见图5-6）有所不同。记住，我们所选择的格式只是一种便于阅读的个人偏好。这个示例所使用的括号格式只是为了突出区别。

示例5-13：列出由销售代表10服务但当前没有开具发票的每位顾客的ID和姓名。

假设读者使用的SQL实现支持MINUS操作符，这个示例的语句如图5-23所示。注意，MySQL并不支持MINUS操作符。

```
SELECT CUST_ID, FIRST_NAME, LAST_NAME
    FROM CUSTOMER
        WHERE (REP_ID = '10')          MINUS操作符
MINUS
SELECT CUSTOMER.CUST_ID, CUSTOMER.FIRST_NAME, CUSTOMER.LAST_NAME
    FROM CUSTOMER, INVOICES
        WHERE (CUSTOMER.CUST_ID = INVOICES.CUST_ID);
```

图5-23　使用MINUS操作符

和INTERSECT操作符一样，有些SQL实现并不支持MINUS操作符。在这种情况下，我们需要采取一种不同的方法来实现目的，如图5-24所示的指令实现了与MINUS操作符相同的结果。这条指令旨在选择由销售代表10服务并且ID没有出现在INVOICES表的顾客ID列中的每位顾客的ID和姓名。

```
SELECT CUST_ID, FIRST_NAME, LAST_NAME
    FROM CUSTOMER
        WHERE (REP_ID = '10') AND (CUST_ID NOT IN (SELECT CUST_ID
                                                    FROM INVOICES));
```

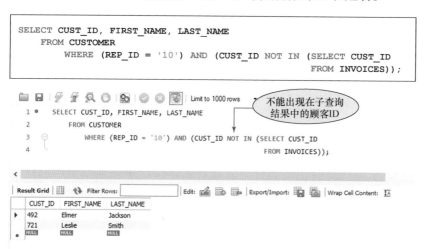

图5-24　在不使用MINUS操作符的情况下执行差集操作

● **Oracle 用户说明**

Oracle 支持 MINUS 操作符。

▶ **SQL Server 用户说明**

与 Oracle 不同，SQL Server 不支持 MINUS 操作符。SQL Server 使用 EXCEPT 操作符来代替 MINUS 操作符，如图 SQL Server-5-1 所示。

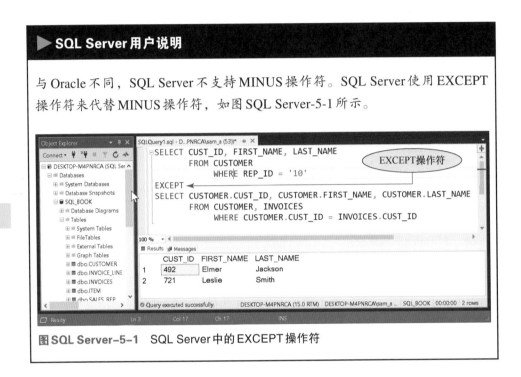

图 **SQL Server-5-1**   SQL Server 中的 EXCEPT 操作符

5.5   ALL 和 ANY 操作符

我们可以在子查询中使用 ALL 和 ANY 操作符对条件中的子查询结果进行限制。当我们在子查询的前面加上 ALL 操作符时，该条件需要对查询值与子查询结果中的所有值进行比较，并在所有比较结果均为真时得到满足。当我们在子查询的前面加上 ANY 操作符时，该条件只需要查询值满足子查询结果中的任意（一个或多个）值即可得到满足。示例 5-14 和示例 5-15 说明了这两个操作符的用法。

示例5-14：查找余额大于销售代表10所服务的所有顾客的余额最大值的顾客，列出他们的顾客ID、姓名和销售代表ID。

我们可以通过一个子查询找到销售代表10所服务顾客的最大余额，然后找到余额大于这个数值的所有顾客。但是，还存在一种更为简便的方法——使用ALL操作符，如图5-25所示。

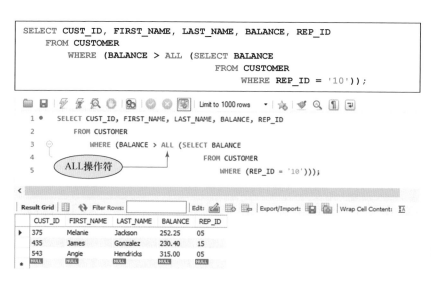

```
SELECT CUST_ID, FIRST_NAME, LAST_NAME, BALANCE, REP_ID
    FROM CUSTOMER
        WHERE (BALANCE > ALL (SELECT BALANCE
                              FROM CUSTOMER
                              WHERE REP_ID = '10'));
```

图5-25 使用ALL操作符的SELECT指令

对于有些用户而言，与图5-25中的查询相比，在子查询中查找最大余额看上去更为自然。对于其他用户，情况可能正好相反。读者可以选择自己喜欢的方法。

有问有答

问题：在不使用ALL操作符的情况下，如何获取相同的结果？

解答：我们可以选择余额大于销售代表10所服务的所有顾客的余额最大值的顾客，如图5-26所示。

```
SELECT CUST_ID, FIRST_NAME, LAST_NAME, BALANCE, REP_ID
    FROM CUSTOMER
        WHERE (BALANCE > (SELECT MAX(BALANCE)
                            FROM CUSTOMER
                                WHERE REP_ID = '10'));
```

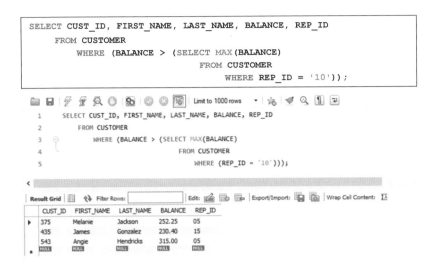

图5-26 ALL操作符的替代方法

示例5-15：查找余额大于销售代表10所服务的顾客中至少一位的余额的顾客，列出他们的顾客ID、姓名、当前余额和销售代表ID。

我们可以通过一个子查询找到销售代表10所服务顾客的最小余额，然后找到余额大于这个数值的所有顾客。为了简化这个过程，也可以使用ANY操作符，如图5-27所示。

```
SELECT CUST_ID, FIRST_NAME, LAST_NAME, BALANCE, REP_ID
    FROM CUSTOMER
        WHERE (BALANCE > ANY(SELECT BALANCE
                                FROM CUSTOMER
                                    WHERE REP_ID = '10'));
```

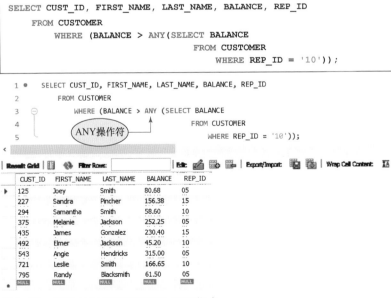

图5-27 使用ANY操作符的SELECT指令

有问有答

问题：在不使用 ANY 操作符的情况下，如何获取相同的结果？

解答：我们可以选择余额大于销售代表 10 所服务的所有顾客的余额最小值的顾客，如图 5-28 所示。

```
SELECT CUST_ID, FIRST_NAME, LAST_NAME, BALANCE, REP_ID
    FROM CUSTOMER
        WHERE (BALANCE > (SELECT MIN(BALANCE)
                          FROM CUSTOMER
                              WHERE REP_ID = '10')));
```

```
1    SELECT CUST_ID, FIRST_NAME, LAST_NAME, BALANCE, REP_ID
2        FROM CUSTOMER
3            WHERE (BALANCE > (SELECT MIN(BALANCE)
4                              FROM CUSTOMER
5                                  WHERE (REP_ID = '10')));
```

CUST_ID	FIRST_NAME	LAST_NAME	BALANCE	REP_ID
125	Joey	Smith	80.68	05
227	Sandra	Pincher	156.38	15
294	Samantha	Smith	58.60	10
375	Melanie	Jackson	252.25	05
435	James	Gonzalez	230.40	15
492	Elmer	Jackson	45.20	10
543	Angie	Hendricks	315.00	05
721	Leslie	Smith	166.65	10
795	Randy	Blacksmith	61.50	05
NULL	NULL	NULL	NULL	NULL

图 5-28　ANY 操作符的替代方法

5.6　特殊操作

我们可以在 SQL 中执行特殊操作，例如我们已经学习过的自身连接。另外 3 种特殊操作分别是内部连接、外部连接、乘积。

5.6.1　内部连接

在 FROM 子句中对表进行比较，并且只列出满足 WHERE 子句中条件的行的连接被称为内部连接（inner join）。本书到目前为止所执行的连接都是内部连接。示例 5-16 详细说明了内部连接。

示例5-16：显示开具发票的每位顾客的ID、名字、姓氏，以及他们开具的每张
发票的发票号码、开票日期。根据顾客ID对数据进行排序。

这个示例需要用到我们此前一直使用的连接类型。指令如下所示：

```
SELECT CUSTOMER.CUST_ID, FIRST_NAME, LAST_NAME, INVOICE_NUM, INVOICE_DATE
    FROM CUSTOMER, INVOICES
        WHERE (CUSTOMER.CUST_ID = INVOICES.CUST_ID)
        ORDER BY CUSTOMER.CUST_ID;
```

上面这种方法在所有SQL实现中都是可行的。1992年通过的一项SQL标准
被命名为SQL-92，它提供了执行内部连接的另一种方法，如图5-29所示。

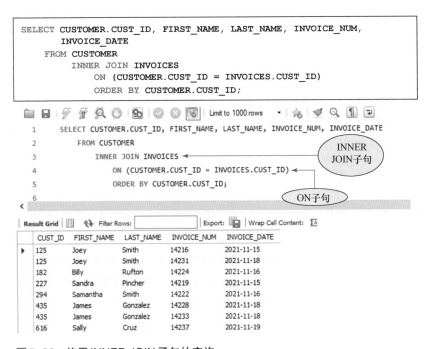

图5-29   使用INNER JOIN子句的查询

图5-29中的FROM子句列出了第1个表名，后跟INNER JOIN子句和第2个
表的名称。接下来，ON子句代替了WHERE子句，其中包含了与WHERE子句
相同的条件。

5.6.2　外部连接

有时我们需要从连接的一个表中列出所有行，而不管它们是否与另一个表中的任何行匹配。例如，我们可以在示例5-16的查询中对CUSTOMER和INVOICES表进行连接，但显示结果为所有的顾客，包括那些没有发票的顾客。这种类型的连接被称为外部连接（outer join）。

外部连接实际上可以分为3种类型：在左外部连接（left outer join）中，左表（查询中列出的第1个表）中的所有行都会被包含，而不管它们与右表（查询中列出的第2个表）中的行是否匹配，右表中的行则只有在匹配时才会被包含；在右外部连接（right outer join）中，右表中的所有行都会被列出，而不管它们与左表中的行是否匹配，左表中的行则只有在匹配时才会被包含；在全外部连接（full outer join）中，两个表中的所有行都会被包含，而不管它们与另一个表中的行是否匹配（全外部连接极少使用）。

示例5-17详细说明了左外部连接的用法。

示例5-17：显示每位顾客的ID、名字、姓氏，以及顾客开具的所有发票的发票号码、开票日期。在查询结果中包含所有的顾客。对于没有发票的顾客，省略发票号码和开票日期。

为了包含所有的顾客，我们必须执行外部连接。假设CUSTOMER表是首先被列出的，需要使用的连接类型是左外部连接。在SQL中，我们使用LEFT JOIN子句执行左外部连接，如图5-30所示（使用RIGHT JOIN子句则可以执行右外部连接）。

查询结果中包含了所有的顾客。对于没有发票的顾客，发票号码和日期是空白的。说得专业些，这些空白都是空值。

实用提示

在Oracle（MySQL不支持）中，可以用另一种方法执行左连接或右连接。我们可以按照原先的方式编写连接，但有一点不同。在WHERE子句中，如果要对某个表筛选出仅包含匹配项的结果，可以直接在那个表的列的后面加上一个带括号的加号。在示例5-17中，加号需要出现在INVOICES表的CUST_ID列的后面，因为只有存在匹配顾客的发票才会被包含。由于没有发票的顾客也要包含在查询结果中，因此CUSTOMER表的CUST_ID列的后面没有加号。正确的查询如下所示：

```
SELECT CUSTOMER.CUST_ID, FIRST_NAME, LAST_NAME, INVOICE_NUM, INVOICE_DATE
   FROM CUSTOMER, INVOICES
         WHERE (CUSTOMER.CUST_ID = INVOICES.CUST_ID (+))
         ORDER BY CUSTOMER.CUST_ID;
```

在Oracle中执行这个查询所产生的结果与图5-30中的结果相同。

```
SELECT CUSTOMER.CUST_ID, FIRST_NAME, LAST_NAME, INVOICE_NUM,
       INVOICE_DATE
   FROM CUSTOMER
      LEFT JOIN INVOICES
         ON (CUSTOMER.CUST_ID = INVOICES.CUST_ID)
         ORDER BY CUSTOMER.CUST_ID;
```

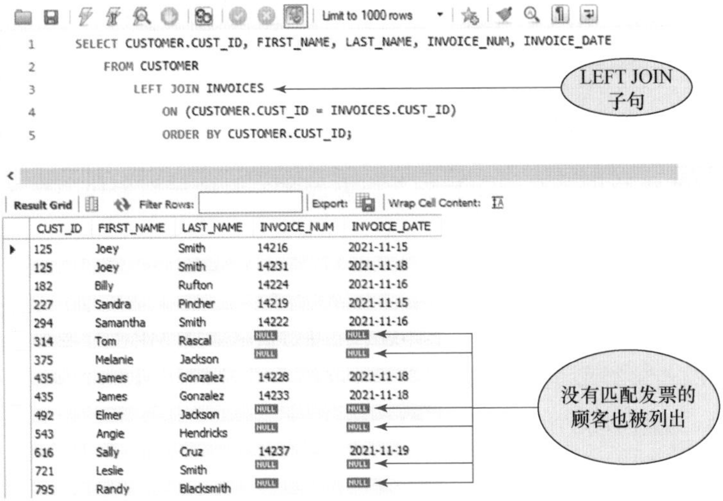

CUST_ID	FIRST_NAME	LAST_NAME	INVOICE_NUM	INVOICE_DATE
125	Joey	Smith	14216	2021-11-15
125	Joey	Smith	14231	2021-11-18
182	Billy	Rufton	14224	2021-11-16
227	Sandra	Pincher	14219	2021-11-15
294	Samantha	Smith	14222	2021-11-16
314	Tom	Rascal	NULL	NULL
375	Melanie	Jackson	NULL	NULL
435	James	Gonzalez	14228	2021-11-18
435	James	Gonzalez	14233	2021-11-18
492	Elmer	Jackson	NULL	NULL
543	Angie	Hendricks	NULL	NULL
616	Sally	Cruz	14237	2021-11-19
721	Leslie	Smith	NULL	NULL
795	Randy	Blacksmith	NULL	NULL

图5-30　使用LEFT JOIN子句的查询

5.6.3　乘积

两个表的乘积（正式名称是笛卡儿积）是第1个表的所有行和第2个表的所有行的组合。

> **实用提示**
>
> 乘积操作并不常见。但是我们需要知道它的存在，因为在连接表时如果忽略了WHERE子句，就很容易意外地创建表的乘积。

示例5-18：创建 CUSTOMER 和 INVOICES 表的乘积，显示 CUSTOMER 表的顾客 ID、名字、姓氏和 INVOICES 表的发票号码、开票日期。

创建乘积其实非常简单，只要省略 WHERE 子句即可，如图5-31所示。

```
SELECT CUSTOMER.CUST_ID, FIRST_NAME, LAST_NAME, INVOICE_NUM,
       INVOICE_DATE
   FROM CUSTOMER, INVOICES;
```

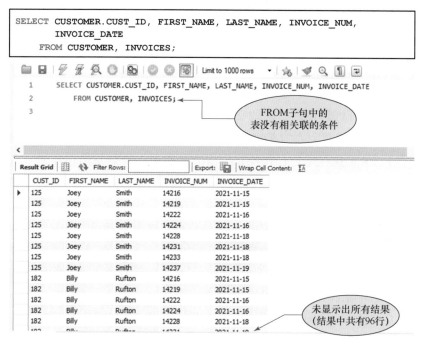

图5-31　生成两个表的查询

有问有答

问题：图5-31并没有显示出结果中的所有行。结果中实际包含了多少行？

解答：CUSTOMER 表具有12行，INVOICES 表具有8行。由于12位顾客中的每一位都与8个发票行匹配，因此结果中共有96（即12×8）行。

5.7　本章总结

● 为了连接表，我们需要在 SELECT 子句中指定所有需要显示的列，在 FROM 子句中列出需要连接的所有表，然后在 WHERE 子句中列出匹配列的值必须相同的所有条件。

- 在表示不同表的匹配列时，必须对列名进行表名限定以避免混淆。列名的表名限定格式为"表名.列名"。
- 在适当的子查询中使用 IN 或 EXISTS 操作符可以作为连接的替代方式。
- 子查询可以包含另一个子查询。最内层的子查询首先执行。
- 在 FROM 子句中的表名的后面可以指定别名，它是表的替代名称。我们可以在 SQL 指令中用别名来代替表名。在一条 SQL 指令中为同一个表指定两个不同的别名，就可以把一个表与其自身相连接。
- UNION 操作符可创建两个表的并集（在其中任意一个表中出现的行的集合）。INTERSECT 操作符可创建两个表的交集（在两个表中都出现的行的集合）。MINUS 操作符可创建两个表的差集（在第 1 表中出现但在第 2 表中不出现的行的集合）。为了执行上述任何操作，所涉及的表必须是并集相容的。当两个表具有相同数量的列，并且对应的列具有相同的数据类型和长度时，它们就是并集相容的。
- 当 ALL 操作符出现在一个子查询的前面时，只有当这个子查询产生的所有值都满足这个条件时，整体条件才为真。
- 当 ANY 操作符出现在一个子查询的前面时，只要这个子查询所产生的值中的任何一个满足这个条件，整体条件就为真。
- 在内部连接中，两个表只有匹配列被包含。我们可以使用 INNER JOIN 子句执行内部连接。
- 在左外部连接中，左表（查询中所列出的第 1 个表）中的所有行都被包含，而无论它们是否与右表（查询中所列出的第 2 个表）中的行匹配。右表中的行只有在匹配时才会被包含。我们可以使用 LEFT JOIN 子句执行左外部连接。在右外部连接中，右表中的所有行都被包含，而无论它们是否与左表中的行匹配。左表中的行只有在匹配时才会被包含。我们可以使用 RIGHT JOIN 子句执行右外部连接。
- 两个表的乘积（笛卡儿积）是第 1 个表中的所有行和第 2 个表中的所有行的组合。为了创建两个表的乘积，可以在 FROM 子句中包含这两个表，并省略 WHERE 子句。

关键术语

别名 alias	连接 join
ALL	左外部连接 left outer join
ANY	MINUS
笛卡儿积 Cartesian product	嵌套子查询 nested subquery
关联子查询 correlated subquery	外部连接 outer join
差集 difference	乘积 product
EXISTS	右外部连接 right outer join
全外部连接 full outer join	自身连接 self-join
内部连接 inner join	并集 union
INTERSECT	UNION
交集 intersection	并集相容 union compatible

5.8 复习题

章节测验

1. 如何在SQL中连接表？

2. 什么时候必须在SQL指令中进行表名限定？如何对列进行表名限定？

3. 说出在子查询中可以代替连接的两个操作符。

4. 什么是嵌套子查询？SQL对于嵌套子查询是按什么顺序执行的？

5. 什么是别名？如何在SQL中指定别名？为什么需要使用别名？

6. 在SQL中如何把一个表与其自身相连接？

7. 什么指令用于显示两个表的所有行？如何使用这种指令？什么指令用于显示两个表的公共行？如何使用这种指令？

8. 两个表并集相容是什么意思？

9. 如何对子查询使用ALL操作符？

10. 如何对子查询使用ANY操作符？

11. 在内部连接中会包含哪些行？为了在SQL中执行内部连接，应该使用什么子句？

12. 在左外部连接中会包含哪些行？为了在SQL中执行左外部连接，应该使用什么子句？

13. 在右外部连接中会包含哪些行？为了在SQL中执行右外部连接，应该使用什么子句？

14. 两个表的乘积的正式名称是什么？如何在SQL中创建两个表的乘积？

关键思考题

1. 自行查找等值连接（equi-join）、自然连接（natural join）、交叉连接（cross join）等术语的定义。写一份简单的报告，说明这些术语与连接、内部连接、笛卡儿积之间的关系。请注明引用的在线资源。

2. 自行查找基于成本的查询优化器的相关信息。写一份简单的报告，解释基于成本的查询优化器的工作方式，并说明基于成本的查询优化器对于哪些类型的查询受益最多。请注明引用的在线资源。

5.9 案例练习

KimTay Pet Supplies

使用SQL和KimTay数据库（参见图1-2）完成下列练习。如果这是教师布置的作业，那么可以使用第3章的练习中提供的信息来输出或把它们保存到文档中。

1. 对于每张发票，列出发票号码和开票日期，并列出开具该发票的顾客的ID、名字、姓氏。

2. 对于2021年11月15日开具的每张发票，列出发票号码以及开具该发票的每位顾客的ID、名字、姓氏。

3. 对于每张发票，列出组成该发票的每条发票明细的发票号码、开票日期、物品ID、订购数量、报价。

4. 使用IN操作符查找在2021年11月15日开具了发票的每位顾客的ID、名字、姓氏。

5. 重复练习4，但这次使用EXISTS操作符来完成相关任务。

6. 查找在2021年11月15日没有开具发票的每位顾客的ID、名字、姓氏。

7. 对于每张发票，列出发票号码、开票日期，以及组成该发票的每件物品的ID、描述、分类。

8. 重复练习7，但这次先根据分类，再根据发票号码对行进行排序。

9. 使用一个子查询查找至少服务了一位信用额度为500美元的顾客的每位销售

代表的ID、名字、姓氏。每位销售代表在查询结果中只出现1次。

10. 重复练习9，但这次并不使用子查询。

11. 查找当前在所开具发票的明细中包含Wild Bird Food (25 lb)的每位顾客的ID、名字、姓氏。

12. 列出同一分类中的每对物品的ID、描述、分类（例如，FS42和PF19就是一对这样的物品，因为它们的分类都是FSH）。

13. 列出顾客James Gonzalez所开具的每张发票的发票号码和开票日期。

14. 列出明细中包含Wild Bird Food (25 lb)的每张发票的发票号码和开票日期。

15. 列出由James Gonzalez开具或明细中包含Wild Bird Food (25l b)的每张发票的发票号码和开票日期。

16. 列出由James Gonzalez开具并且明细中包含Wild Bird Food (25 lb)的每张发票的发票号码和开票日期。

17. 列出由James Gonzalez开具并且明细中不包含Wild Bird Food (25 lb)的每张发票的发票号码和开票日期。

18. 列出单价大于CAT分类中所有物品单价的物品的ID、描述、单价、分类。在查询中使用ALL或ANY操作符（提示：请确保选择了正确的操作符）。

19. 对于每件物品，列出物品的ID、描述、库存数量、发票号码、订购数量。所有物品都应该包含在查询结果中。对于那些当前没有开具发票的物品，发票号码和订购数量用空值表示。根据物品ID对结果进行排序。

关键思考题

1. 如果在练习18中使用了ALL操作符，使用ANY操作符再次完成这个练习。如果使用了ANY操作符，使用ALL操作符再次完成这个练习。新的解决方案有什么优势？

2. 对于每位销售代表，列出其所服务的每位顾客的ID、名字、姓氏以及销售代表的名字、姓氏。所有的销售代表都应该包含在查询结果中。根据销售代表ID对结果进行排序。对于这个查询，有两种SQL指令可以产生相同的结果，请创建并运行它们。

StayWell Student Accommodation

使用SQL和StayWell数据库（参见图1-4～图1-9）完成下列练习。如果这是教师布置的作业，那么可以使用第3章的练习中提供的信息来输出或把它们保存到文档中。

1. 对于每所房屋，列出办公室编号、地址、月租金、业主编号、业主名字、业主姓氏。

2. 对于每个状态为已完成（completed）或开放（open）的服务申请，列出房屋ID、描述、状态。

3. 对于每个要求更换家具的服务请求，列出房屋ID、办公室编号、地址、预计工时、实际服务时间、业主编号、业主姓氏。

4. 列出拥有两间卧室房屋的所有业主的名字、姓氏。在查询中使用IN操作符。

5. 重复练习4，但这次在查询中使用EXISTS操作符。

6. 列出具有相同卧室数的所有房屋对的房屋ID。例如，ID分别为2和6的房屋就是一对这样的房屋，因为它们都具有4间卧室。在结果中列出的第1所房屋的ID是主排序键，第2所房屋的ID是次排序键。

7. 列出由StayWell-Columbia City管理的每所房屋的面积、业主编号、业主姓氏、业主名字。

8. 重复练习7，但这次只包含卧室数量为3的那些房屋。

9. 列出州为WA或者拥有两间卧室房屋的业主所拥有房屋的办公室编号、地址、月租金。

10. 列出州为WA并且拥有两间卧室房屋的业主所拥有房屋的办公室编号、地址、月租金。

11. 列出州为WA并且没有两间卧室房屋的业主所拥有房屋的办公室编号、地址、月租金。

12. 查找满足如下条件的每个服务请求的服务ID和房屋ID：该服务的预计工时大于至少一个分类编号为5的服务的预计工时。

13. 查找满足如下条件的每个服务请求的服务ID和房屋ID：该服务的预计工时大于所有分类编号为5的服务的预计工时。

14. 列出分类编号为4的每个服务请求的地址、面积、业主编号、服务ID、预计工时、实际服务时间。

15. 重复练习14，但这次确保在查询结果中包含每所房屋，而不管该房屋当前是否具有分类4的服务请求。

16. 重复练习15，使用一种不同的SQL指令来获取相同的结果。这两种指令之间的区别是什么？

第 **6** 章
更新数据

学习目标
- 使用一个现有的表创建一个新表。
- 使用UPDATE指令修改数据。
- 使用INSERT指令添加新数据。
- 使用DELETE指令删除数据。
- 在UPDATE指令中使用空值。
- 修改现有表的结构。
- 使用COMMIT和ROLLBACK指令使数据更新永久化或撤销更新。
- 理解事务的概念，并理解COMMIT和ROLLBACK指令在支持事务时的角色。
- 删除表。

6.1 简介

在本章中，我们将学习如何使用一个现有的表创建一个新表，修改表的数据，使用UPDATE指令修改表中的一行或多行数据，使用INSERT指令添加新行，以及使用DELETE指令删除行。我们还将学习如何通过各种不同的方式修改一个表的结构，并在更新操作中使用空值。我们会使用COMMIT指令使修改永久化，使用ROLLBACK指令撤销修改，并理解如何在事务中应用这两条指令。最后，我们将学习如何删除一个表及其数据。

6.2 使用一个现有的表创建一个新表

我们可以使用一个现有表的数据来创建一个新表，如示例6-1所示。

示例 6-1：创建一个新表 LEVEL1_CUSTOMER，它包含了 CUSTOMER 表的 CUST_ID、 FIRST_NAME、 LAST_NAME、 BALANCE、 CREDIT_LIMIT 及 REP_ID 列。新表 LEVEL1_CUSTOMER 中的列应该与 CUSTOMER 表中对应的列具有相同的特性。

我们使用 CREATE TABLE 指令来描述这个名为 LEVEL1_CUSTOMER 的新表，如图 6-1 所示。

```
CREATE TABLE LEVEL1_CUSTOMER
(
    CUST_ID CHAR(3) PRIMARY KEY,
    FIRST_NAME CHAR(20),
    LAST_NAME CHAR(20),
    BALANCE DECIMAL(7,2),
    CREDIT_LIMIT DECIMAL(7,2),
    REP_ID CHAR(2)
);
```

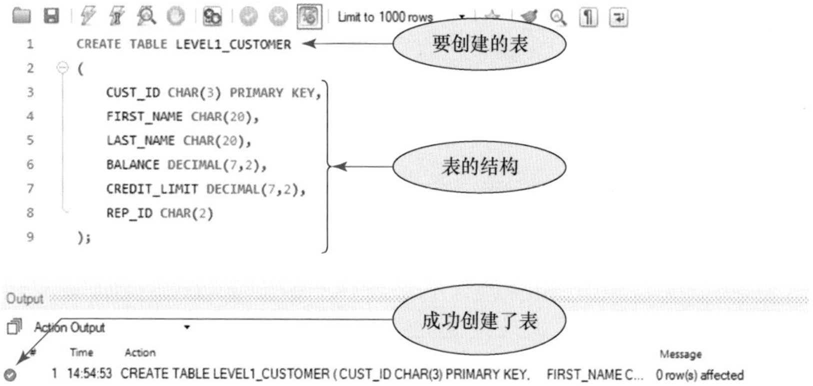

图 6-1　创建 LEVEL1_CUSTOMER 表

示例 6-2：把信用额度为 500 美元的顾客的相关信息插入 LEVEL1_CUSTOMER 表。

我们可以像第 4 章一样创建一条 SELECT 指令，从 CUSTOMER 表中选择所需的数据。把这条 SELECT 指令放在 INSERT 指令中，就可以把查询结果添加到表中了。图 6-2 显示了这条 SELECT 指令，它把 6 行数据插入 LEVEL1_ CUSTOMER 表。在 SQL Server 中也可以使用相同的查询指令，并且 SELECT 语句的两边不需要加括号。

```
INSERT INTO LEVEL1_CUSTOMER
    (SELECT CUST_ID, FIRST_NAME, LAST_NAME, BALANCE, CREDIT_LIMIT,
            REP_ID
        FROM CUSTOMER
            WHERE (CREDIT_LIMIT = 500)
    );
```

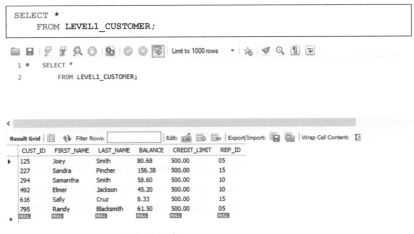

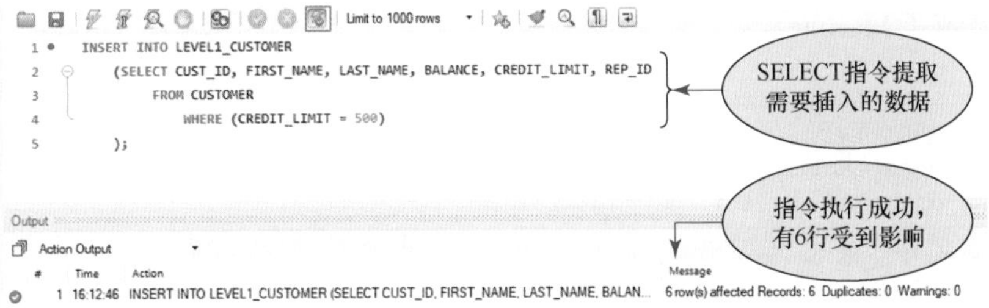

图6-2 把数据添加到LEVEL1_CUSTOMER表的INSERT指令

图6-3所示的SELECT指令显示了LEVEL1_CUSTOMER表的数据。注意，这些数据来自我们刚刚创建的新表（LEVEL1_CUSTOMER）而不是CUSTOMER表。

```
SELECT *
    FROM LEVEL1_CUSTOMER;
```

CUST_ID	FIRST_NAME	LAST_NAME	BALANCE	CREDIT_LIMIT	REP_ID
125	Joey	Smith	80.68	500.00	05
227	Sandra	Pincher	156.38	500.00	15
294	Samantha	Smith	58.60	500.00	10
492	Elmer	Jackson	45.20	500.00	10
616	Sally	Cruz	8.33	500.00	15
795	Randy	Blacksmith	61.50	500.00	05
NULL	NULL	NULL	NULL	NULL	NULL

图6-3 LEVEL1_CUSTOMER表

6.3 修改一个表的现有数据

存储在表中的数据经常会发生变化。数据库中的价格、地址、佣金多少及其他数据也经常需要修改。为了使数据保持最新，我们必须能够在表中进行类似的修改。可以使用UPDATE指令修改满足某个特定条件的行。

示例6-3：把LEVEL1_CUSTOMER表中ID为616的顾客的姓氏修改为Martinez。

UPDATE指令的格式是在单词UPDATE的后面依次跟需要更新的表名、单词SET、需要更新的列名、等号、新值。必要时，可以包含一条WHERE子句来指定哪一行（或哪些行）需要修改。图6-4所示的UPDATE指令把ID为616的顾客的姓氏修改成了Martinez。

```
UPDATE LEVEL1_CUSTOMER
    SET LAST_NAME = 'Martinez'
        WHERE (CUST_ID = '616');
```

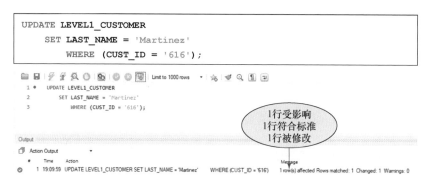

图6-4　使用UPDATE指令修改ID为616的顾客的姓氏

图6-5所示的SELECT指令显示了修改之后的表数据。使用SELECT指令查看自己修改的数据以验证更新是个很好的思路。

```
SELECT *
    FROM LEVEL1_CUSTOMER;
```

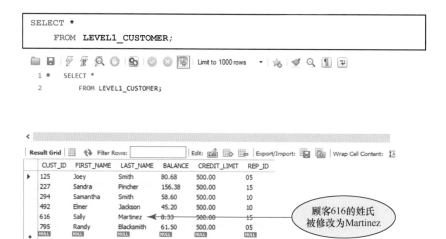

图6-5　更新之后的LEVEL1_CUSTOMER表

示例6-4：将LEVEL1_CUSTOMER表中由销售代表15服务并且余额大于150美元的每位顾客的信用额度都修改为550美元。

示例6-3和示例6-4的唯一区别是，示例6-4使用了一个复合条件来确认需要修改的行。图6-6显示了这条UPDATE指令。

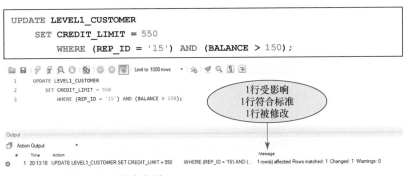

```
UPDATE LEVEL1_CUSTOMER
    SET CREDIT_LIMIT = 550
        WHERE (REP_ID = '15') AND (BALANCE > 150);
```

图6-6 在更新中使用复合条件

实用提示

图6-6中的SQL指令可能会引发错误。如果出现了错误，那么需要修改一些设置，以使这条指令能够执行。在MySQL中有一个设置，用于指明除非在WHERE子句中使用了主键，否则无法进行更新（注意图6-4的WHERE子句中使用了主键CUST_ID，因此指令能够执行）。为了在MySQL中修改这个设置，首先需要在MySQL Workbench主菜单中选择Edit（编辑）→Preferences（偏好），并在Preferences（偏好）中选择SQL Editor（SQL编辑器）选项。然后滚动到选项的底部并取消选中Safe Updates（安全更新）选项。最后，单击OK（确认）按钮保存修改。整个流程可以概括为Edit→Preferences→SQL Editor→取消选中Safe Updates→OK。

这些修改会在重新连接到服务器之后生效。为此，可以在MySQL Workbench主菜单中选择Query（查询）→Reconnect to Server（重新连接到服务器）。现在，我们可以再次执行指令，此时就不会再出现与安全更新有关的错误了。

● Oracle用户说明

Oracle SQL Developer不支持安全更新。

> **SQL Server用户说明**
>
> SQL Server Management Studio也不支持安全更新。

图6-7所示的SELECT指令显示了更新之后的表。

```
SELECT *
   FROM LEVEL1_CUSTOMER;
```

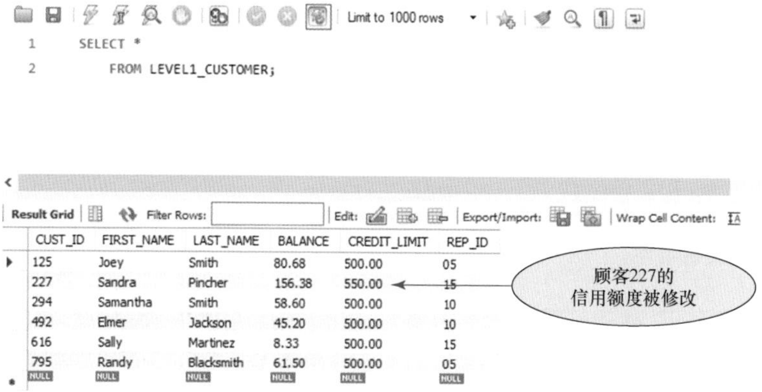

CUST_ID	FIRST_NAME	LAST_NAME	BALANCE	CREDIT_LIMIT	REP_ID
125	Joey	Smith	80.68	500.00	05
227	Sandra	Pincher	156.38	550.00	15
294	Samantha	Smith	58.60	500.00	10
492	Elmer	Jackson	45.20	500.00	10
616	Sally	Martinez	8.33	500.00	15
795	Randy	Blacksmith	61.50	500.00	05
NULL	NULL	NULL	NULL	NULL	NULL

图6-7　顾客227的信用额度被修改

我们还可以使用一个列的现有值和一个计算来更新一个值。例如，当我们需要把信用额度增加10%而不是修改为一个特定的值时，就可以把现有的信用额度乘以1.10。使用SET子句实现这个修改的代码如下：

```
SET CREDIT_LIMIT = CREDIT_LIMIT * 1.10
```

6.4　向一个现有的表添加行

在第3章中，我们使用INSERT指令把一些初始行添加到了数据库的表中。我们还可以使用INSERT指令把更多的行添加到表中。

示例6-5：把ID为837的顾客添加到LEVEL1_CUSTOMER表中。该顾客的名字为Debbie，姓氏为Thomas，余额为0，信用额度为500美元，为其服务的销售代表的ID是15。

图6-8显示了相应的INSERT指令。

```
INSERT INTO LEVEL1_CUSTOMER
    VALUES ('837', 'Debbie', 'Thomas', 0, 500, '15');
```

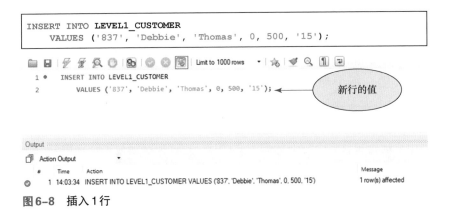

图6-8 插入1行

图6-9所示的SELECT指令执行结果说明了这行数据已被成功添加。

```
SELECT *
    FROM LEVEL1_CUSTOMER;
```

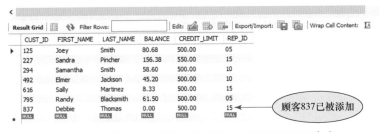

图6-9 ID为837的顾客已被添加到LEVEL1_CUSTOMER表中

实用提示

读者看到的输出顺序可能与图6-9所示的不同。如果需要按照某种特定的顺序排序，可以在ORDER BY子句中使用需要的排序键。

6.5　自动提交、提交和回滚

　　自动提交（autocommit）是默认的更新模式，作用是在用户执行了查询之后提交（即永久化）每个动作查询（action query，包括 INSERT、UPDATE、DELETE）。尽管对于大多数动作查询，自动提交是很合适的，但有时候用户需要对事务的提交具有更好的控制。例如，在允许多人更新数据库的多用户数据库应用程序中以及当用户运行包含多个更新的脚本文件时，这种控制就显得特别重要。当我们需要对事务的提交施加更多的控制时，在执行查询之前应该禁用自动提交功能，方法是取消选中 Autocommit（自动提交）复选框。MySQL 在默认情况下启用了自动提交。在 MySQL 中，自动提交选项位于 MySQL Workbench 主菜单的 Query（查询）菜单中。

●Oracle 用户说明

SQL Developer 在主菜单的 Tools（工具）菜单中有一个选项用于设置自动提交的情况，可以选择 Preferences（偏好），然后在左边的窗格中展开 Database（数据库）选项，然后单击 Advanced（高级）并选中或取消选中 Autocommit（自动提交）复选框，如图 Oracle-6-1 所示。

来源：Oracle 公司

图 Oracle-6-1　Oracle SQL Developer 中的自动提交选项

▶ **SQL Server用户说明**

在 Microsoft SQL Server中，自动提交功能被称为 IMPLICIT_TRANSACTIONS。当该功能被激活时，不需要使用 START TRANSACTION、COMMIT 和 ROLLBACK指令，所有的事务（更新、插入、删除）在语句执行成功时都会被提交。要想在SQL Server Management Studio中打开或关闭这个选项，可以导航到 Tolls（工具）中的 Options（选项），然后在左边的窗格中展开Query Execution（查询执行）选项并单击ANSI，然后选中或取消选中 SET IMPLICIT_TRANSACTIONS复选框，如图SQL Server-6-1所示。

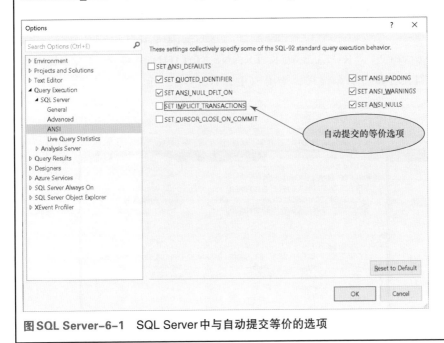

图 SQL Server-6-1 SQL Server中与自动提交等价的选项

　　如果禁用了自动提交功能，包含了对表数据进行更新的查询就只是临时的，可以随时在当前会话中"反转"它们（即取消操作）。当我们从DBMS退出时，更新就会自动变成永久的。但是，即使在当前会话中没有使用自动提交，也仍然可以通过执行COMMIT指令提交事务，从而永久地保存修改。

　　如果我们决定不保留对当前会话所做的修改，那么可以执行ROLLBACK指令以回滚（即反转）这些修改。自最近一次执行COMMIT指令之后发生的所有修改都会被反转。如果在当前会话中还没有执行过 COMMIT 指令，执行

ROLLBACK指令就会反转这个会话中的所有修改。值得注意的是，ROLLBACK指令只反转对数据的修改，而不会反转对表结构的修改。例如，如果我们修改了一个字符列的长度，则无法使用ROLLBACK指令把这个字符列的长度返回到原先的状态。

　　如果我们发现一个更新是不正确的，则可以使用ROLLBACK指令把数据退回原先的状态。如果我们已经验证了自己所做的修改是正确的，则可以使用COMMIT指令使更新永久化。但是应该注意到，COMMIT指令是永久的。在执行了COMMIT指令之后，再执行ROLLBACK指令就无法反转之前的更新。

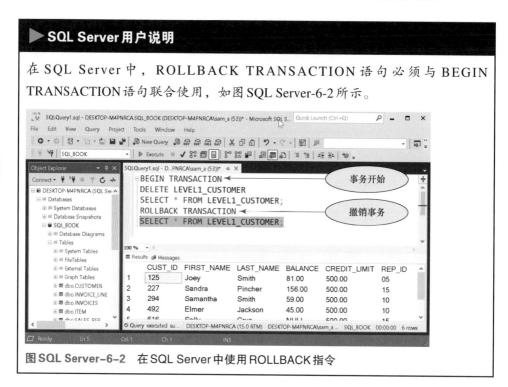

▶ SQL Server用户说明

在SQL Server中，ROLLBACK TRANSACTION语句必须与BEGIN TRANSACTION语句联合使用，如图SQL Server-6-2所示。

图SQL Server-6-2　在SQL Server中使用ROLLBACK指令

6.6　事务

　　事务（transaction）是一个逻辑工作单位。我们可以把事务看成完成一项任务的一系列步骤。在讨论事务时，一个基本的要求是整个序列的所有步骤都可以成功完成。

例如，为了输入一张发票，就必须在INVOICES表中添加对应的发票，然后把这张发票中的每条发票明细添加到INVOICE_LINE表中。这几个步骤共同完成了输入发票的任务。假设我们添加了发票和第1条发票明细，但是出于某种原因无法输入第2条发票明细（也许是因为这条发票明细中的物品不存在），就会导致这张发票处于不完整的输入状态，这是不能接受的。当遇到这个问题时，可以执行回滚，把状态恢复到插入这张发票和第1条发票明细之前。

> **实用提示**
>
> 由于下面这些示例说明了ROLLBACK指令的用法，因此必须关闭自动提交功能。如果自动提交功能仍然是打开的，那么每个更新都会在执行之后立即自动提交，这样回滚就会失效。记住，在MySQL中，自动提交功能的配置位于MySQL Workbench主菜单的Query（查询）菜单中。在进行后面的操作之前请禁用这个选项。

我们可以像下面这样使用COMMIT和ROLLBACK指令来完成事务。

1. 在开始一个事务的更新之前，执行COMMIT指令提交此前进行的所有更新。

2. 完成这个事务的更新。如果有任何更新无法完成，就执行ROLLBACK指令并中断当前事务的更新。

3. 如果所有的更新都顺利完成，则在完成最后一个更新之后执行COMMIT指令。

6.7　修改和删除现有的行

在第3章中，我们已经学习了使用DELETE指令从一个表中删除行。在示例6-6中，我们将修改数据并使用DELETE指令从LEVEL1_CUSTOMER表中删除一位顾客。在示例6-7中，我们将执行回滚，反转示例6-6所进行的更新。回滚操作会把被修改的行返回到之前的状态，并重新加载被删除的记录。

示例6-6：在LEVEL1_CUSTOMER表中，把ID为294的顾客的姓氏修改为Jones，然后删除ID为795的顾客。

示例6-6的第1部分要求修改ID为294的顾客的姓氏，图6-10所示的指令进行了这个修改。注意在示例6-6中，在执行这个查询之前需要取消选中Autocommit（自动提交）复选框。

```
UPDATE LEVEL1_CUSTOMER
    SET LAST_NAME = 'Jones'
        WHERE (CUST_ID = '294');
```

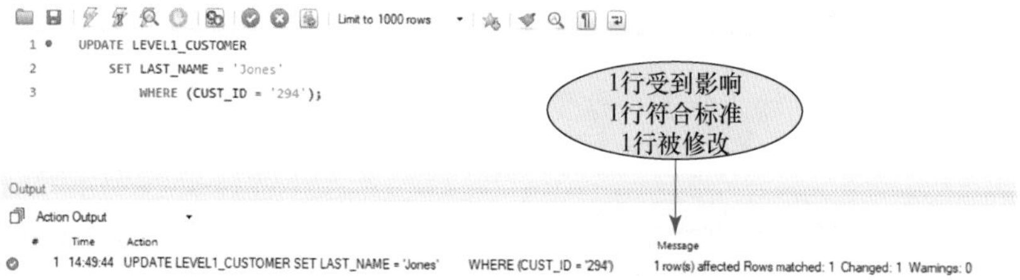

图 6-10   使用 UPDATE 指令修改 ID 为 294 的顾客的姓氏

示例 6-6 的第 2 部分要求删除 ID 为 795 的顾客，图 6-11 所示的指令进行了这个修改。为了从数据库中删除数据，可以使用 DELETE 指令。DELETE 指令的格式是在单词 DELETE 的后面跟 FROM 和需要删除数据行的表的名称。可以使用一个 WHERE 子句中的一个条件来指定需要删除的行。满足这个条件的所有行都会被删除。

```
DELETE FROM LEVEL1_CUSTOMER
    WHERE (CUST_ID = '795');
```

1行受到影响

图 6-11   使用 DELETE 指令删除 ID 为 795 的顾客

图 6-12 所示的指令显示了表中的数据，验证了之前的修改和删除。

有问有答

问题：当我们执行一条并未包含 WHERE 子句的 DELETE 指令时会发生什么？

解答：如果没有设置条件指定需要删除的行，这个查询就会从表中删除所有的行。

图 6-12　更新和删除指令的执行结果

执行回滚

示例6-7执行了一个回滚。

示例6-7：执行回滚并显示LEVEL1_CUSTOMER表中的数据。

为了执行回滚，可以运行ROLLBACK指令，如图6-13所示。

图 6-13　执行回滚

图6-14显示了执行这次回滚之后使用SELECT指令查询LEVEL1_CUSTOMER表的结果。注意，ID为294的顾客的姓氏被恢复为Smith，ID为795的顾客的信息也已经被恢复。前一条COMMIT指令之前的所有更新不会受到影响。

```
SELECT *
    FROM LEVEL1_CUSTOMER;
```

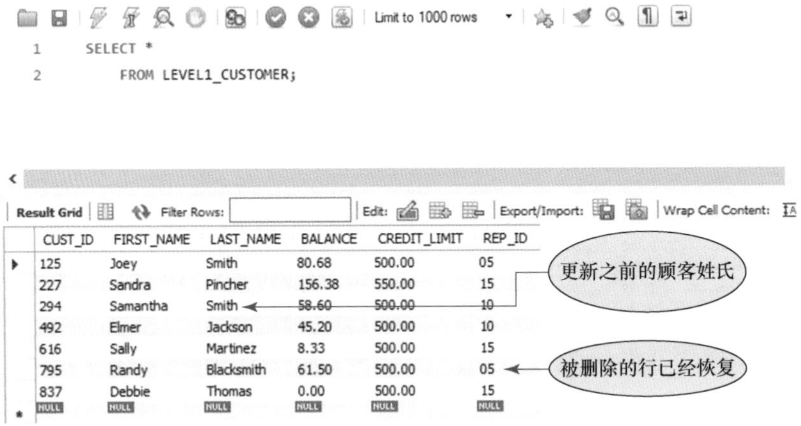

图6-14 执行回滚之后LEVEL1_CUSTOMER表中的数据

实用提示

在本章剩余的示例中，自动提交功能是启用的。所有的更新都会被立即提交，而不需要我们进行任何特殊的操作。这样就不能对更新进行回滚。在学习接下来的内容之前，请启用自动提交功能。

6.8 把一个值修改为空值

在处理空值时会涉及一些特殊的问题。我们已经看到了如何添加有些值为空值的行，以及如何选择带有空值的行。除此之外，我们还需要知道如何把一个现有行中的某个值修改为空值，如示例6-8所示。在创建表时，如果把一个列指定为NOT NULL，就表示禁止把这一列的值修改为空值。

示例6-8：把LEVEL1_CUSTOMER表中ID为616的顾客的余额修改为空值。

把行中某列的值修改为空值的指令与把该值修改为其他值的指令相同。我们可以简单地使用NULL值作为替换值，如图6-15所示。注意，NULL值并没有出现在一对单引号中。如果它出现在单引号中，这条指令就会把余额修改为单词NULL。

```
UPDATE LEVEL1_CUSTOMER
    SET BALANCE = NULL
        WHERE (CUST_ID = '616');
```

图6-15　把一个列的值修改为空值

　　图6-16显示了把ID为616的顾客的BALANCE列修改为空值之后LEVEL1_
CUSTOMER表中的数据。在MySQL和SQL Server中，这是由反选加亮的单词
NULL表示的，如图6-16所示。

```
SELECT *
    FROM LEVEL1_CUSTOMER;
```

CUST_ID	FIRST_NAME	LAST_NAME	BALANCE	CREDIT_LIMIT	REP_ID
125	Joey	Smith	80.68	500.00	05
227	Sandra	Pincher	156.38	550.00	15
294	Samantha	Smith	58.60	500.00	10
492	Elmer	Jackson	45.20	500.00	10
616	Sally	Martinez	NULL	500.00	15
795	Randy	Blacksmith	61.50	500.00	05
837	Debbie	Thomas	0.00	500.00	15
NULL	NULL	NULL	NULL	NULL	NULL

空值

图6-16　ID为616的顾客的BALANCE列为空值

●Oracle用户说明

在Oracle中，空值的表示方式如图Oracle-6-2所示。

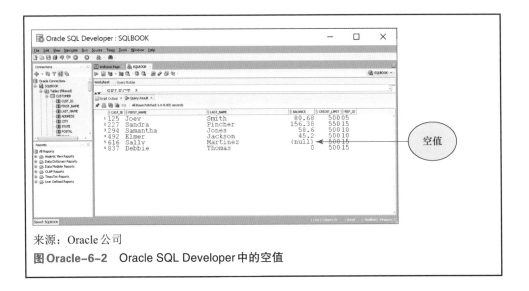

来源：Oracle 公司

图 Oracle-6-2　Oracle SQL Developer 中的空值

▶ **SQL Server 用户说明**

和 MySQL 一样，SQL Server 中的空值用单词 NULL 表示。

6.9　修改表的结构

　　关系 DBMS 的实用特性之一是能够很方便地对表的结构进行修改。除了向数据库添加新表和删除不再需要的表之外，我们也可以向表添加新列，以及修改一个现有列的特性。接下来，我们将学习如何实现这些修改。

　　在 SQL 中，可以使用 ALTER TABLE 指令修改表的结构，如示例 6-9 所示。

示例 6-9：KimTay 决定使用数据库维护每位顾客的顾客类型。普通顾客的类型为 R，分销商的类型为 D，特殊顾客的类型为 S。把这些信息存储在 LEVEL1_CUSTOMER 表的一个名为 CUST_TYPE 的新列中。

　　为了添加新列，可以使用 ALTER TABLE 指令的 ADD 子句。ALTER TABLE 指令的格式是在单词 ALTER TABLE 的后面跟需要修改的表名和适合的子句。ADD 子句包括单词 ADD、需要添加的列名以及这个列的特性。图 6-17 显示了这个示例所使用的 ALTER TABLE 指令。

图6-17 在一个现有的表中增加一列

现在，LEVEL1_CUSTOMER表包含了一个名为CUST_TYPE的列，这个列的类型为CHAR，长度为1。添加到这个表的所有新行都必须包含这个新列的值，而且现在的所有行也会立即有效地包含这个新列——虽然任何现有行的数据在该行下次更新时才会包含这个新列，但是当一个行由于任何原因被选择时，系统就会认为该行中已经实际存在该列。因此，对用户而言，表的结构看上去是被立即修改的。

对于现有行，我们必须为CUST_TYPE列分配某个值。一种简单的方法（从DBMS的角度而不是从用户的角度）是为所有现有行的CUST_TYPE列分配NULL值。这个过程要求CUST_TYPE列能够接收空值，一些系统会坚持这个要求。MySQL、Oracle和SQL Server在默认情况下是接收空值的。

为了修改通过ALTER TABLE指令添加的新列的值，可以在ALTER TABLE指令的后面使用一条如图6-18所示的UPDATE指令，把所有行的CUST_TYPE值设置为R。

图6-18 对所有行进行相同的更新

图6-19所示的SELECT指令证实了所有行的CUST_TYPE值都是R。

```
SELECT *
    FROM LEVEL1_CUSTOMER;
```

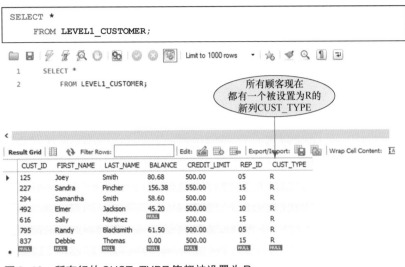

图6-19 所有行的CUST_TYPE值都被设置为R

示例6-10：在LEVEL1_CUSTOMER表，有两位顾客的类型不是R。把ID为227和492的顾客的类型分别修改为S和D。

示例6-9使用一条UPDATE指令把类型R分配给了所有的顾客。为了把某位顾客的类型修改为R之外的其他类型，可以再次使用UPDATE指令。图6-20显示了把ID为227的顾客的类型修改为S的UPDATE指令。

```
UPDATE LEVEL1_CUSTOMER
    SET CUST_TYPE = 'S'
        WHERE (CUST_ID = '227');
```

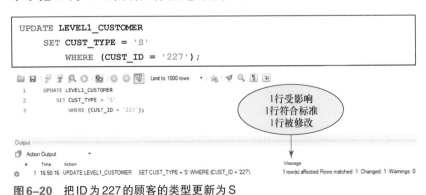

图6-20 把ID为227的顾客的类型更新为S

图6-21显示了如何使用UPDATE指令把ID为492的顾客的类型修改为D。

```
UPDATE LEVEL1_CUSTOMER
    SET CUST_TYPE = 'D'
        WHERE (CUST_ID = '492');
```

图 6-21 把 ID 为 492 的顾客的类型修改为 D

图 6-22 所示的 SELECT 指令显示了这些 UPDATE 指令的执行结果。ID 为 227 的顾客的类型为 S，ID 为 492 的顾客的类型为 D，其他所有顾客的类型为 R。

```
SELECT *
    FROM LEVEL1_CUSTOMER;
```

CUST_ID	FIRST_NAME	LAST_NAME	BALANCE	CREDIT_LIMIT	REP_ID	CUST_TYPE
125	Joey	Smith	80.68	500.00	05	R
227	Sandra	Pincher	156.38	550.00	15	S
294	Samantha	Smith	58.60	500.00	10	R
492	Elmer	Jackson	45.20	500.00	10	D
616	Sally	Martinez	NULL	500.00	15	R
795	Randy	Blacksmith	61.50	500.00	05	R
837	Debbie	Thomas	0.00	500.00	15	R
NULL	NULL	NULL	NULL	NULL	NULL	NULL

图 6-22 更新之后 LEVEL1_CUSTOMER 表中顾客的类型

图 6-23 使用 DESCRIBE 指令显示了 LEVEL1_CUSTOMER 表的结构，它现在包含了 CUST_TYPE 列。

▶ **SQL Server 用户说明**

在 SQL Server 中，我们可以使用 EXEC SP_COLUMNS 存储过程，详见第 3 章。

```
DESCRIBE LEVEL1_CUSTOMER;
```

图6-23　LEVEL1_CUSTOMER表的结构

示例6-11：LEVEL1_CUSTOMER表的LAST_NAME列的长度太短，把它的长度增加到30个字符。另外，修改CREDIT_LIMIT列，使它不能接收空值。

　　我们可以使用ALTER TABLE指令的MODIFY子句修改现有列的特性。图6-24显示了把LAST_NAME列的长度从20个字符修改为30个字符的ALTER TABLE指令。

```
ALTER TABLE LEVEL1_CUSTOMER
    MODIFY LAST_NAME CHAR(30);
```

图6-24　在LEVEL1_CUSTOMER表中修改LAST_NAME列的长度

▶ SQL Server 用户说明

如图SQL Server-6-3所示，要修改一个表的列，就必须使用ALTER COLUMN指令，而不是使用Oracle和MySQL中的MODIFY操作符。

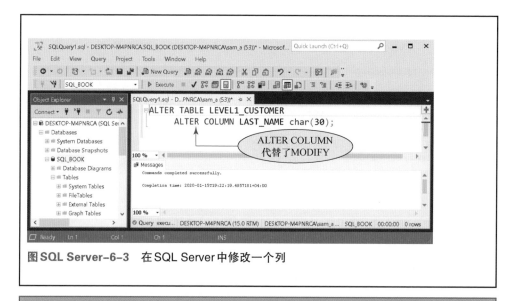

图SQL Server-6-3　在SQL Server中修改一个列

实用提示

我们也可以缩减列的长度，但是这样有可能丢失这些列中当前所存储的一些数据。例如，如果把LAST_NAME列的长度从20个字符缩减到10个字符，那么当前顾客的姓氏中只有前10个字符会被保留，从第11个字符开始的所有信息都会丢失。因此，只有在能够确保不会丢失列中所存储数据的情况下才能缩减列的长度。

我们可以按照与修改CHAR列的长度相同的方式修改DECIMAL列的长度。

图6-25显示了修改CREDIT_LIMIT列以使其不接收空值的ALTER TABLE指令。添加NOT NULL约束的MODIFY子句的格式如下：在单词MODIFY的后面依次跟列名、列的数据类型，以及NOT NULL。

```
ALTER TABLE LEVEL1_CUSTOMER
    MODIFY CREDIT_LIMIT DECIMAL(7,2) NOT NULL;
```

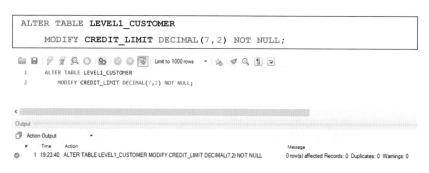

图6-25　在LEVEL1_CUSTOMER表中把CREDIT_LIMIT列修改为拒绝空值

图6-26所示的DESCRIBE指令显示了LEVEL1_CUSTOMER表修订之后的结构。LAST_NAME 列的长度是 30 个字符。CREDIT_LIMIT 列的 NO 值表示 CREDIT_LIMIT列不再接收空值。

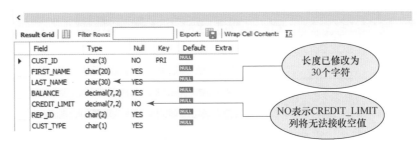

图 6-26   LEVEL1_CUSTOMER 表修订之后的结构

▶ **SQL Server 用户说明**

图 SQL Server-6-4 显示了列描述 IS_NULLABLE。YES 值表示这个列可以接收空值，NO 表示这个列需要一个实际值。

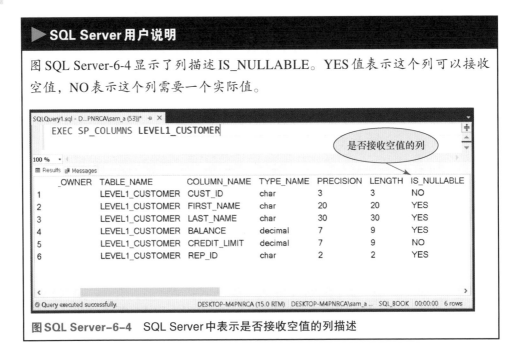

图 SQL Server-6-4   SQL Server 中表示是否接收空值的列描述

> **实用提示**
>
> 我们还可以使用 ALTER TABLE 指令的 MODIFY 子句，把一个当前拒绝空值的列修改为接收空值，方法是在 ALTER TABLE 指令中使用 NULL 而不是 NOT NULL。

> **实用提示**
>
> 如果 LEVEL1_CUSTOMER 表中有些现有行的 CREDIT_LIMIT 列已经是空值，DBMS 就会拒绝图 6-25 所示的对 CREDIT_LIMIT 列所做的修改，并显示一条错误信息，表示这个修改是不可行的。在这种情况下，我们首先必须使用 UPDATE 指令把所有的空值修改为其他值，然后使用图 6-25 所示的指令修改表的结构。

进行复杂的修改

在有些情况下，我们修改一个表的结构的方式可能过于复杂，超出了 SQL 的支持范围。此时，可以考虑重新创建这个表。例如，我们可能需要删除多个列、重新排列几个列的顺序或者把两个表组合为一个表。如果我们试图把一个 VARCHAR 类型的列修改为 CHAR 类型，那么当这个表包含其他可变长度的列时，SQL 仍然会使用 VARCHAR 类型。在这些情况下，可以使用 CREATE TABLE 指令描述新表（表名必须与现有的表不同）的结构，然后使用适当组合的 INSERT 指令和 SELECT 指令，把值从现有的表插入新表。

6.10 删除表

如第 3 章所述，可以通过执行 DROP TABLE 指令来删除不再需要的表。

示例 6-12：删除 LEVEL1_CUSTOMER 表，因为 KimTay 数据库已不再需要它。

图 6-27 显示了删除这个表的指令。

当图 6-27 所示的指令执行时，LEVEL1_CUSTOMER 表及其数据就会从数据库中被永久删除。

```
DROP TABLE LEVEL1_CUSTOMER;
```

```
DROP TABLE LEVEL1_CUSTOMER;
```
Limit to 1000 rows

1　　DROP TABLE LEVEL1_CUSTOMER;

Output

Action Output

#	Time	Action	Message
● 1	19:58:18	DROP TABLE LEVEL1_CUSTOMER	0 row(s) affected

图 6-27　删除 LEVEL1_CUSTOMER 表的 DROP TABLE 指令

6.11　本章总结

● 为了从一个现有的表创建一个新表，可以首先使用 CREATE TABLE 指令创建新表，然后使用一条包含 SELECT 指令的 INSERT 指令从现有表中选择需要添加到新表的数据。

● 可以使用 UPDATE 指令修改表中现有的数据。

● 可以使用 INSERT 指令把新行添加到表中。

● 可以使用 DELETE 指令从表中删除现有的行。

● 可以使用 COMMIT 指令使更新永久化。可以使用 ROLLBACK 指令撤销尚未提交的所有更新。

● 如果想要把一个列的所有值都修改为空值，可以使用 SET 子句后跟列名、等号、单词 NULL。如果想要把一个列的一个特定值修改为空值，可以使用一个条件来选择这一行。

● 如果想要把一列添加到表中，可以使用包含 ADD 子句的 ALTER TABLE 指令。

● 如果想要修改一个列的特性，可以使用包含 MODIFY 子句的 ALTER TABLE 指令。

● 可以使用 DROP TABLE 指令删除一个表及其所有数据。

关键术语

ADD 子句 ADD clause	MODIFY 子句 MODIFY clause
ALTER TABLE	回滚 roll back
自动提交 Autocommit	ROLLBACK
提交 commit	事务 transaction
COMMIT	UPDATE
DELETE	

6.12 复习题

章节测验

1. 什么指令可以创建一个新表？
2. 什么指令和子句可以向一个表添加一个单独的行？
3. 如何把一个现有表的数据添加到另一个表中？
4. 什么指令可以修改表中的数据？
5. 什么指令可以从表中删除数据？
6. 什么指令可以使更新永久化？
7. 什么指令可以撤销更新？哪些更新会被撤销？
8. 如何使用COMMIT 和 ROLLBACK指令支持事务？
9. 在UPDATE指令中把一个列的值修改为空值的SET子句的格式是什么样的？
10. 什么指令和子句可以把一个列添加到一个现有的表中？
11. 什么指令和子句可以修改表中一个现有列的特性？
12. 什么指令可以删除一个表及其所有数据？

6.13 案例练习

KimTay Pet Supplies

使用SQL对 KimTay 数据库进行如下修改（参见图1-2）。在完成每个修改之后，执行适当的查询以验证修改。如果这是教师布置的作业，那么可以使用第3章的练习中提供的信息来输出或把它们保存到文档中。

1. 创建NONCAT表，它的结构如图6-28所示。

NONCAT

列	类型	长度	小数点后的位数	是否允许空值	描述
ITEM_ID	CHAR	4		否	物品的ID（主键）
DESCRIPTION	CHAR	30			物品的描述
ON_HAND	DECIMAL	4	0		库存数量
CATEGORY	CHAR	3			物品的分类
PRICE	DECIMAL	6	2		单价

图6-28 NONCAT表的结构

2. 把ITEM表中分类不是CAT的每件物品的ID、描述、库存数量、分类及单价插入NONCAT表。

3. 在NONCAT表中，把ID为DT12的物品的描述修改为Dog Toy Gift Bonanza。

4. 在NONCAT表中，把BRD分类的每件物品的价格提高5%（提示：也就是将每个价格乘以1.05）。

5. 把如下物品添加到NONCAT表中。
   物品ID：FF17；描述：Premium Fish Food；库存数量：10；分类：FSH；价格：11.95。

6. 从NONCAT表中删除HOR分类的每件物品。

7. 在NONCAT表中，把物品UF39的分类修改为空值。

8. 在NONCAT表中添加ON_HAND_VALUE列以代表当前价值。该列为7位数，其中小数点后有两位数字。当前价值为库存数量和价格的乘积，因此，把所有的ON_HAND_VALUE值设置为ON_HAND * PRICE。

9. 在NONCAT表中，把DESCRIPTION列的长度增加到40个字符。

10. 从KimTay数据库中删除NONCAT表。

关键思考题

自行查找在 MySQL 中删除一列的 SQL 指令。编写从 NONCAT 表中删除ON_HAND_VALUE列的SQL指令。请注明引用的在线资源。

StayWell Student Accommodation

使用SQL和StayWell数据库（参见图1-4～图1-9）完成下列练习。在完成每个练习之后，执行适当的查询以验证修改。如果这是教师布置的作业，那么可以使用

第3章的练习中提供的信息来输出或把它们保存到文档中。

1. 创建一个LARGE_PROPERTY表来代表大的房屋，它的结构如图6-29所示（提示：如果不确定如何创建主键，可以参考图3-36）。

LARGE_PROPERTY

列	类型	长度	小数点后的位数	是否允许空值	描述
OFFICE_NUM	DECIMAL	2	0	否	办公室编号（主键）
ADDRESS	CHAR	25		否	地址（主键）
BDRMS	DECIMAL	2	0		卧室数
FLOORS	DECIMAL	2	0		楼层数
MONTHLY_RENT	DECIMAL	6	2		月租金
OWNER_NUM	CHAR	5			业主编号

图6-29　LARGE_PROPERTY表的结构

2. 在LARGE_PROPERTY表中插入所有面积大于1500平方英尺（约139平方米）的房屋的办公室编号、地址、卧室数、楼层数、月租金、业主编号。

3. StayWell想要对每所大房屋的月租金增加150美元，在LARGE_PROPERTY表中对月租金进行相应的更新。

4. 在对每所大房屋的月租金增加150美元之后，StayWell决定对月租金超过1750美元的所有房屋的月租金减少1%。在LARGE_PROPERTY表中对月租金进行相应的更新。

5. 把如下房屋添加到LARGE_PROPERTY表中。
办公室编号：1；地址：2643 Lugsi Dr；卧室数：3；楼层数：2；月租金：775美元；业主编号：MA111。

6. 在LARGE_PROPERTY表中删除业主编号为BI109的所有房屋。

7. 由StayWell-Columbia City管理的地址为105 North Illinois Rd的房屋正在重新装修，卧室数未知。在LARGE_PROPERTY表中把这所房屋的卧室数修改为空值。

8. 在LARGE_PROPERTY表中添加一个新的字符列OCCUPIED，它的长度为1个字符（这个列表示房屋是否已经被出租）。把所有行中的OCCUPIED列值设置为Y。

9. 在LARGE_PROPERTY表中把房屋ID为9的行的OCCUPIED列值修改为N。

10. 把LARGE_PROPERTY表的MONTHLY_RENT列设置为拒绝空值。

11. 从数据库中删除LARGE_PROPERTY表。

关键思考题

自行查找在Oracle中可以使用的另一种只存储整数的数据类型，然后重写SQL指令，使用这种数据类型创建LARGE_PROPERTY表。请注明引用的在线资源。

第7章

数据库管理

7.1 简介

在维护数据库时，有一些特殊的问题与称为数据库管理的过程息息相关。数据库管理在多人使用数据库的情况下显得格外重要。在商业机构中，通常由数据库管理员或数据库管理小组负责管理数据库。

在第6章中，我们了解了数据库管理员的一项职责：修改数据库的结构。在本章中，我们将看到数据库管理员可以让每位用户以自己的方式查看数据库。数据库管理员可以使用GRANT指令和REVOKE指令向不同的用户分配不同的数据库权限，还可以使用索引提高数据库的性能。我们将学习DBMS如何在一个称为系统目录的对象中存储与数据库结构有关的信息，以及如何访问这些信息。最后，我们将学习如何指定完整性约束，为数据库中的数据建立规则。

7.2 创建和使用视图

大多数DBMS支持创建视图。视图就是从程序或单独用户的角度所观察到的数据库。在关系数据库中，现有的永久表被称为基本表。视图是一种衍生表，因为它的数据来自一个或多个基本表。对用户而言，视图看上去就像实际的表，但事实并非如此。在许多情况下，用户可以通过视图检视表中的数据。由于视图所包含的信息通常少于完整的数据库，因此使用视图可以极大地起到简化作用。视图还提供了一种安全措施，因为在视图中可以省略一些敏感的表或列，使其他人无法访问。

为了帮助读者理解视图的概念，假设马丁娜女士对 DOG 分类的物品 ID、描述、库存数量、单价感兴趣。但她对 ITEM 表的其他任何列都不感兴趣，并且对其他分类的物品也不感兴趣。对于马丁娜女士来说，如果其他行或列不存在，查看数据就会显得更为简单。尽管我们不能为了马丁娜女士去修改 ITEM 表的结构并且只保留她所需要的数据行，但仍然有一种更好的方法可以满足这个需求。我们可以向她提供一个视图，这个视图仅由她需要访问的行和列组成。

视图是通过创建一个定义性查询而生成的，它指定了视图中所包含的行和列。示例 7-1 显示了为马丁娜女士创建视图所需要的 SQL 指令（即定义性查询）。

示例 7-1：创建视图 DOGS，它由 DOG 分类的每件物品的 ID、描述、库存数量、单价组成。

为了创建一个视图，可以使用 CREATE VIEW 指令，它的格式依次是 CREATE VIEW、视图的名称、单词 AS，以及查询指令。图 7-1 所示的 CREATE VIEW 指令创建了一个只包含 ITEM 表中指定列的视图。

```
CREATE VIEW DOGS AS
    (SELECT ITEM_ID, DESCRIPTION, ON_HAND, PRICE
        FROM ITEM
            WHERE (CATEGORY = 'DOG')
    );
```

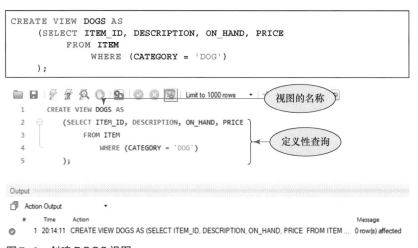

图 7-1　创建 DOGS 视图

给定 KimTay 数据库的当前数据，DOGS 视图中包含了图 7-2 所示的数据。

DOGS

ITEM_ID	DESCRIPTION	ON_HAND	PRICE
AD72	Dog Feeding Station	12	$79.99
DT12	Dog Toy Gift Set	27	$39.99
LD14	Locking Small Dog Door	14	$49.99
LP73	Large Pet Carrier	23	$59.99
UF39	Underground Fence System	7	$199.99

图 7-2 创建 DOGS 查询

数据实际上并不是以这种形式存在的，也不曾以这种形式存在过。我们很容易认为，当马丁娜女士使用这个视图时，就会执行这个查询并生成某种类型的临时表供马丁娜女士访问，但事实并非如此。这个查询实际上是数据库的某种类型的窗口，如图 7-3 所示。对马丁娜女士来说，整个数据库就是图中的浅黄色部分。马丁娜女士可以看到对浅黄色部分产生影响的所有修改，但无法看到数据库中的其他任何修改。

ITEM

ITEM_ID	DESCRIPTION	ON_HAND	CATEGORY	LOCATION	PRICE
AD72	Dog Feeding Station	12	DOG	B	$79.99
BC33	Feathers Bird Cage (12×24×18)	10	BRD	B	$79.99
CA75	Enclosed Cat Litter Station	15	CAT	C	$39.99
DT12	Dog Toy Gift Set	27	DOG	B	$39.99
FM23	Fly Mask with Ears	41	HOR	C	$24.95
FS39	Folding Saddle Stand	12	HOR	C	$39.99
FS42	Aquarium (55 Gallon)	5	FSH	A	$124.99
KH81	Wild Bird Food (25 lb)	24	BRD	C	$19.99
LD14	Locking Small Dog Door	14	DOG	A	$49.99
LP73	Large Pet Carrier	23	DOG	B	$59.99
PF19	Pump & Filter Kit	5	FSH	A	$74.99
QB92	Quilted Stable Blanket	32	HOR	C	$119.99
SP91	Small Pet Carrier	18	CAT	B	$39.99
UF39	Underground Fence System	7	DOG	A	$199.99
WB49	Insulated Water Bucket	34	HOR	C	$79.99

图 7-3 马丁娜女士看到的部分 ITEM 表（浅黄色）

当我们创建一个与视图有关的查询时，DBMS会把它修改为从创建这个视图的数据库表中选择数据的查询。例如，马丁娜女士创建了图7-4所示的查询。

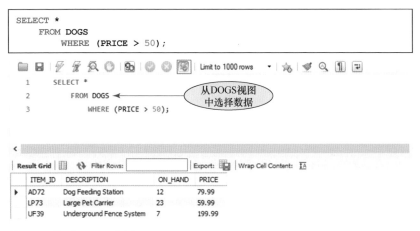

图7-4   使用DOGS视图

DBMS并不执行这种形式的查询，而是把马丁娜女士输入的查询与创建DOGS视图的查询合并执行。当DBMS对创建视图的查询与马丁娜女士输入的查询进行合并且选择PRICE值大于50的行时，DBMS实际执行的查询如下所示：

```
SELECT ITEM_ID, DESCRIPTION, ON_HAND, PRICE
    FROM ITEM
        WHERE (CATEGORY = 'DOG') AND (PRICE > 50);
```

在DBMS所执行的查询中，FROM子句列出了ITEM表而不是DOGS视图；SELECT子句列出了ITEM表中的列，而不是用星号选择DOGS视图中的所有列。另外，WHERE子句包含了一个只选择DOG分类中PRICE值大于50的物品的复合条件（正如马丁娜女士在DOGS视图中看到的那样），这个新查询就是DBMS实际执行的查询。

但是，马丁娜女士并没有意识到实际发生的这些活动。对马丁娜女士来说，她使用的是一个名为DOGS的"表"。这种方法的一个优点是，由于DOGS视图实际上并不存在，因此对ITEM表的任何更新都会立即在DOGS视图中反映出来。如果DOGS视图确实是一个表，那么这种实时更新是不可能实现的。

我们也可以为视图中的列分配与基本表中的列不同的名称，如示例7-2所示。

示例7-2：创建视图DGS，它由DOG分类的所有物品的ID、描述、库存数量及单价组成。在这个视图中，把ITEM_ID、DESCRIPTION、ON_HAND、PRICE列的名称分别修改为ID、DSC、OH、PRCE。

在对列进行重命名时，我们在视图名称后面的一对括号中可以写入新的列名，如图7-5所示。在这个示例中，访问DGS视图的所有人用ID表示ITEM_ID，用DSC表示DESCRIPTION，用OH表示ON_HAND，用PRCE表示PRICE。

```
CREATE VIEW DGS (ID, DSC, OH, PRCE) AS
   (SELECT ITEM_ID, DESCRIPTION, ON_HAND, PRICE
        FROM ITEM
            WHERE (CATEGORY = 'DOG')
   );
```

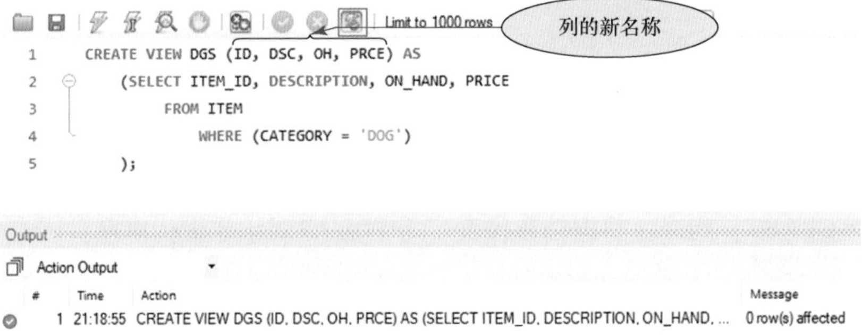

图7-5 在创建视图时对列进行重命名

如果从DGS视图中选择所有的列，输出结果中就会显示新的列名，如图7-6所示。

DGS视图是一个行列子集视图（row-and-column subset view）的例子，因为它包含了基本表（在此例中为ITEM表）中行和列的子集。由于定义性查询可以是任何合法的SQL查询，因此一个视图可以连接两个或更多个表，也可以包含统计数据。示例7-3描述了连接两个表的视图。

```
SELECT *
    FROM DGS;
```

图7-6 DGS视图中的数据

示例7-3：创建一个REP_CUST视图，它由SALES_REP表和CUSTOMER表中所有销售代表的ID（命名为RID）、名字（命名为RFIRST）、姓氏（命名为RLAST），以及与之匹配的顾客的ID（命名为CID）、名字（命名为CFIRST）、姓氏（命名为CLAST）组成。根据销售代表ID和顾客ID对记录进行排序。

图7-7显示了创建这个视图的指令。

```
CREATE VIEW REP_CUST (RID, RFIRST, RLAST, CID, CFIRST, CLAST) AS
    (SELECT SALES_REP.REP_ID, SALES_REP.FIRST_NAME,
            SALES_REP.LAST_NAME, CUST_ID, CUSTOMER.FIRST_NAME,
            CUSTOMER.LAST_NAME
        FROM SALES_REP, CUSTOMER
            WHERE (SALES_REP.REP_ID = CUSTOMER.REP_ID)
                ORDER BY SALES_REP.REP_ID, CUST_ID
    );
```

```
1   CREATE VIEW REP_CUST (RID, RFIRST, RLAST, CID, CFIRST, CLAST) AS
2       (SELECT SALES_REP.REP_ID, SALES_REP.FIRST_NAME, SALES_REP.LAST_NAME, CUST_ID, CUSTOMER.FIRST_NAME, CUSTOMER.LAST_NAME
3           FROM SALES_REP, CUSTOMER
4               WHERE (SALES_REP.REP_ID = CUSTOMER.REP_ID)
5                   ORDER BY SALES_REP.REP_ID, CUST_ID
6       );
```

Output

Action Output   ▾

#	Time	Action	Message
⊚	1 12:36:13	CREATE VIEW REP_CUST (RID, RFIRST, RLAST, CID, CFIRST, CLAST) AS (SELECT SALES_...	0 row(s) affected

图7-7 创建REP_CUST视图

● **Oracle 用户说明**

在 Oracle 中，在 CREATE VIEW 语句中使用 ORDER BY 子句会产生错误。因此，必须将它删除。

▶ **SQL Server 用户说明**

在 SQL Server 中，在 CREATE VIEW 语句中使用 ORDER BY 子句也会产生错误。因此，必须将它删除。

对于给定 KimTay 数据库的当前数据，REP_CUST 视图中包含了图 7-8 所示的数据。

图 7-8 REP_CUST 视图中的数据

视图也可以包含统计数据，如示例 7-4 所示。

示例7-4：创建一个CRED_CUST视图，它由每个信用额度（命名为CREDIT_LIMIT）及具有该信用额度的人数（命名为NUM_CUSTOMERS）组成。按照升序对信用额度进行排序。

图7-9显示了创建这个视图的指令。

```
CREATE VIEW CRED_CUST (CREDIT_LIMIT, NUM_CUSTOMERS) AS
    (SELECT CREDIT_LIMIT, COUNT (*)
        FROM CUSTOMER
            GROUP BY CREDIT_LIMIT
            ORDER BY CREDIT_LIMIT
    );
```

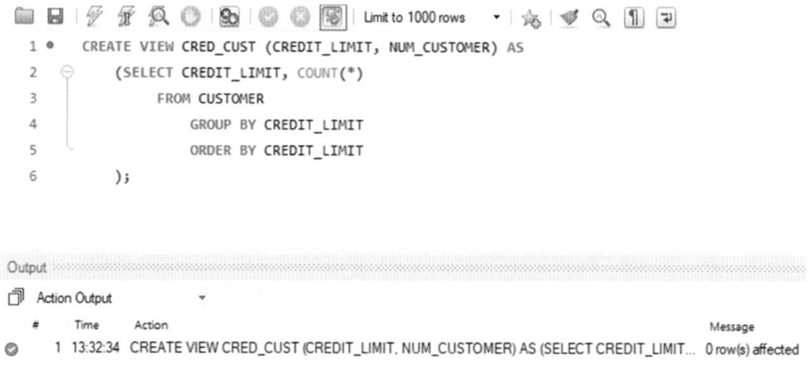

```
1 ●   CREATE VIEW CRED_CUST (CREDIT_LIMIT, NUM_CUSTOMER) AS
2 ⊖       (SELECT CREDIT_LIMIT, COUNT(*)
3             FROM CUSTOMER
4                 GROUP BY CREDIT_LIMIT
5                 ORDER BY CREDIT_LIMIT
6         );
```

Output

Action Output

#	Time	Action	Message
⊘	1	13:32:34	CREATE VIEW CRED_CUST (CREDIT_LIMIT, NUM_CUSTOMER) AS (SELECT CREDIT_LIMIT...	0 row(s) affected

图7-9　创建CRED_CUST视图

● **Oracle 用户说明**

如前所述，在CREATE VIEW语句中使用ORDER BY子句会产生错误。

▶ **SQL Server 用户说明**

如前所述，在CREATE VIEW语句中使用ORDER BY子句会产生错误。

图7-10所示的SELECT指令显示了在KimTay数据库中这个视图的当前数据。

```
SELECT *
    FROM CRED_CUST;
```

```
1 ●    SELECT *
2            FROM CRED_CUST;
```

CREDIT_LIMIT	NUM_CUSTOMER
250.00	2
500.00	6
750.00	2
1000.00	2

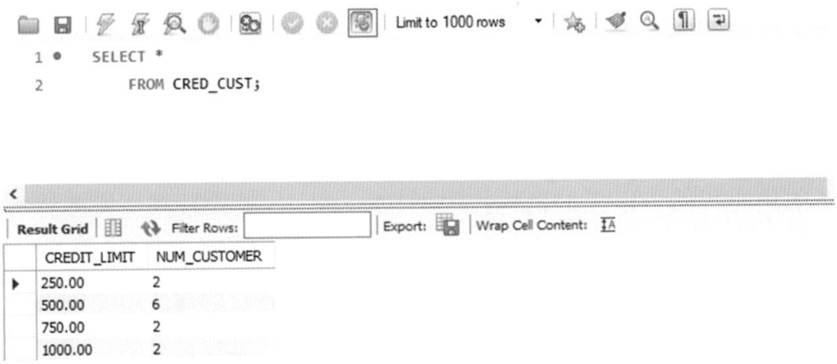

图7-10　CRED_CUST视图中的数据

　　使用视图有三个优势。使用视图的第一个优势是，视图提供了数据独立性。当数据库的结构发生了变化（例如添加了新列或者修改了对象的关联方式）而视图仍然能够从现有的数据产生时，用户可以访问和使用与原先相同的视图。如果仅仅在数据库的表中添加额外的列，而且这些列并不是使用视图的用户所需要的，用户甚至不需要修改定义视图的查询指令就能继续使用原来的视图。如果表的关系发生了变化，则定义性质的查询指令可能会有所不同，但是由于用户并不关注这些指令，因此他们看不到这方面的变化，并且仍然可以通过原先的视图访问数据库，就像什么也没有发生一样。假设KimTay决定将顾客按地区划分，为每个地区分配一位销售代表（一位销售代表可以负责多个地区），并且顾客只能由所在地区的销售代表服务。为了实现这些修改，我们可以按照如下方式对数据库的结构进行调整：

```
SALES_REP(REP_ID, FIRST_NAME, LAST_NAME, ADDRESS, CITY, STATE, POSTAL,
    CELL_PHONE, COMMISSION, RATE)
TERRITORY(TERRITORY_ID, DESCRIPTION, REP_ID)
CUSTOMER(CUST_ID, FIRST_NAME, LAST_NAME, ADDRESS, CITY, STATE, POSTAL,
    EMAIL, BALANCE, CREDIT_LIMIT, TERRITORY_ID)
```

　　假设我们仍然需要图7-8所示的REP_CUST视图，则可以对定义视图的查询指令进行如下修改：

```
CREATE VIEW REP_CUST (RID, RFIRST, RLAST, CID, CFIRST, CLAST) AS
    (SELECT SALES_REP.REP_ID, SALES_REP.FIRST_NAME, SALES_REP.LAST_NAME,
            CUST_ID, CUSTOMER.FIRST_NAME, CUSTOMER.LAST_NAME
        FROM SALES_REP, TERRITORY, CUSTOMER
            WHERE (SALES_REP.REP_ID = TERRITORY.REP_ID)
                AND (TERRITORY.TERRITORY_ID = CUSTOMER.TERRITORY_ID)
    );
```

使用视图的用户仍然可以提取销售代表的ID、名字、姓氏及其所服务顾客的ID、名字、姓氏。但是，用户并没有意识到数据库的结构发生了变化。

使用视图的第二个优势是，不同的用户可以通过他们各自的视图以不同的方式查看相同的数据。换句话说，我们可以对数据的显示方式进行自定义以满足每位用户的需要。

使用视图的最后一个优势是，视图可以只包含特定用户所需要的列。这种做法具有两个优点。一方面，由于视图所包含的列通常少于整个数据库，并且在概念上是一个单独的表而不是一些表的集合，因此视图对于用户而言是对数据库的极大简化；另一方面，视图提供了一种安全措施，使用视图的用户无法访问的列不会包含在视图中。例如，只要在一个视图中省略了BALANCE列，就可以保证查看该视图的用户无法看到任何顾客的余额。类似地，用户无法访问的行也不会包含在视图中。例如，DOGS视图的用户不会看到任何与CAT或FSH分类的物品有关的信息。

7.3　使用视图更新数据

使用视图的优势只有当以提取数据为目的时才会突显。在更新数据库时，通过视图更新数据所涉及的问题取决于视图的类型，稍后我们就会看到。

7.3.1　更新行列子集视图

观察行列子集视图DOGS。底层基本表ITEM中的有些列在这个视图中并不存在。如果我们想要添加一行数据('DB42', ' Dog Biscuit Basket', 15, 24.95)，DBMS就必须决定如何处理ITEM表中DOGS视图没有包含的列（CATEGORY和LOCATION列）。在这个例子中，根据视图的定义，输入CATEGORY列的数据是DOG，但是LOCATION列应该输入什么数据是不明确的。唯一的可能性是

NULL。因此，如果视图未包含的每个列都接收空值，我们就可以使用INSERT指令添加新行。但是，这里还存在另外一个问题，假设用户试图把包含数据('AD72', 'Dog Bowl Set', 7, 49.95)的一行插入DOGS视图。由于ID为AD72的物品在ITEM表中已经存在，系统肯定会拒绝这次插入，但ITEM表中的这件物品并不属于DOG分类（因此没有出现在DOGS视图中）。这种拒绝对于用户而言显得有些奇怪，因为站在用户的角度，原先并不存在这样的物品。

另外，在这个视图中进行更新或删除并不会产生特别的问题。如果ID为DT12的物品的描述从Dog Toy Gift Set被修改为Dog Toy Gift Bonanza，那么这个修改也会发生在ITEM表中。如果ID为DT12的物品被删除，那么这个删除也会发生在ITEM表中。但是，这里有可能发生一种令人吃惊的修改。假设DOGS视图中包含了CATEGORY列，并且一位用户把ID为DT12的物品的分类从DOG修改成了CAT。由于这件物品不再满足DOGS的选择标准，因此ID为DT12的物品会从用户的视图中消失！

尽管在更新行列子集视图时有一些问题需要克服，但是通过DOGS视图对数据库进行更新是可行的。这并不意味着所有的行列子集视图都是可以更新的。例如，请查看图7-11所示的REP_CRED视图（其中DISTINCT操作符用于在视图中省略重复的行）。

```
CREATE VIEW REP_CRED AS
    (SELECT DISTINCT CREDIT_LIMIT, REP_ID
        FROM CUSTOMER
            ORDER BY CREDIT_LIMIT, REP_ID
    );
```

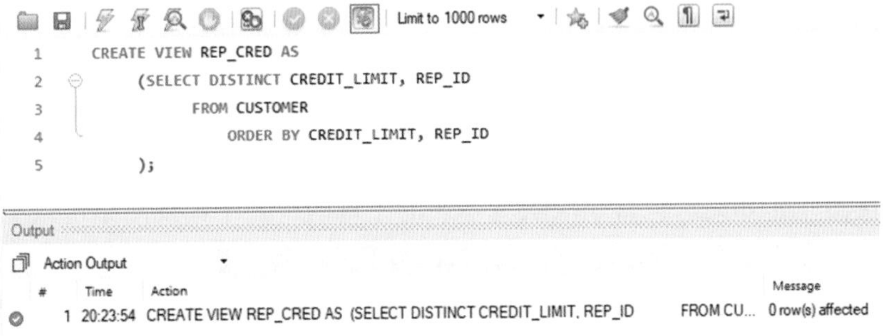

图7-11 创建REP_CRED视图

图7-12显示了REP_CRED视图中的数据。

```
SELECT *
    FROM REP_CRED;
```

图 7–12 REP_CRED 视图中的数据

我们怎么才能把数据行(1000,'05')添加到这个视图中呢？在底层的基本表 CUSTOMER 中，必须至少添加一位信用额度为 1000 美元并且销售代表 ID 为 05 的顾客，但是具体添加谁呢？在这种情况下，不能让其他列都为空值，因为其中有一列是 CUST_ID，它是这个基本表的主键。如果我们将(750, '05')这一行修改为(1000, '05')，那么这个操作代表什么呢？是把由 ID 为 05 的销售代表服务并且信用额度为 750 美元的所有顾客的信用额度修改为 1000 美元，还是修改这些顾客的其中一位的信用额度并删除其余信用额度？如果我们删除(750, '05')这一行，又是什么意思呢？是要删除由 ID 为 05 的销售代表服务并且信用额度为 750 美元的所有顾客，还是要为这些顾客分配一位不同的销售代表或授予不同的信用额度？

为什么 REP_CRED 视图中所存在的这些严重问题在 DOGS 视图中并不存在呢？根本原因是 DOGS 视图包含了底层基本表的主键作为它的列之一，而 REP_CRED 视图并非如此。包含了底层基本表的主键的行列子集视图是可以更新的（当然，其仍然受到一些前面已经讨论过的情况的限制）。

7.3.2 更新涉及连接的视图

一般而言，涉及基本表的连接的视图在更新数据时可能会出现问题。例如，之前所讨论的相对简单的 REP_CUST 视图（见图 7-7 和图 7-8）并没有包括底层基本表中的部分列，这会引发前面所讨论的那些问题。假设我们可以用空值克服这些问题，但在尝试通过这个视图更新数据库时，将会产生一些更为严重的问题。

从表面上看，把行 ('05', 'Susan', 'Garcia', '125', 'Joey', 'Smith') 修改为 ('05', 'Anna', 'Garcia', '125', 'Joey', 'Smith')除了会造成数据的某些不一致之外，并不会有其他问题，但问题实际上更为严重，进行这样的修改（将销售代表05的姓名由 Susan Garcia 改为 Anna Garcia）是不可行的。

销售代表的姓名并不是只在底层表中存储一次。在视图的这一行把销售代表05的姓名从 Susan Garcia 修改为 Anna Garcia 会导致 SALES_REP 表中的销售代表05这一行数据被修改。由于视图只是简单地显示了基本表的数据，对于销售代表 ID 为 05 的每一行，销售代表的姓名都变成了 Anna Garcia。换句话说，其他行也进行了同样的修改。在这个例子中，这种修改保证了数据的一致性。但是一般而言，更新导致的意料之外的修改并不是我们所希望看到的。

在结束涉及连接的视图话题之前，我们应该注意到，并不是所有的连接都会产生上面这个问题。当两个基本表具有相同的主键并且主键作为连接列使用时，使用视图更新数据库并不会产生问题。对此，不妨将 SALES_REP 表拆分成两个表（REP_DEMO 和 REP_FIN），其中 REP_DEMO 表包含了销售代表的个人数据（姓名、地址、电话等，如图 7-13 所示），而 REP_FIN 表包含了销售代表的财务数据（佣金和佣金率，如图 7-14 所示）。

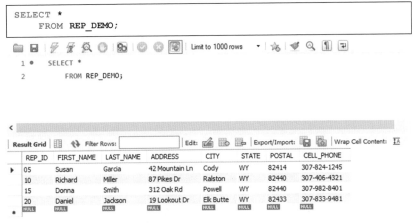

图 7-13 REP_DEMO 表的数据

```
SELECT *
    FROM REP_FIN;
```

图7-14 REP_FIN表的数据

将一个表拆分为两个独立的表会带来怎样的结果呢？如果需要在一个表中看到销售代表的数据，就可以使用REP视图。REP视图是通过将REP_ID列连接这两个表而得到的，定义它的查询指令如图7-15所示。

```
CREATE VIEW REP AS
    (SELECT REP_DEMO.REP_ID, FIRST_NAME, LAST_NAME, ADDRESS, CITY,
            STATE, POSTAL, CELL_PHONE, COMMISSION, RATE
        FROM REP_DEMO, REP_FIN
            WHERE (REP_DEMO.REP_ID = REP_FIN.REP_ID)
    );
```

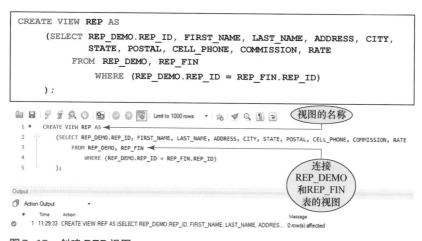

图7-15 创建REP视图

实用提示

注意视图的名称是REP而不是SALES_REP。由于数据库中已经有一个名为SALES_REP的对象（包含每个销售代表的数据的表），因此我们不能在数据库中再创建一个名称相同的对象。

图7-16显示了REP视图的数据。

```
SELECT  *
    FROM REP;
```

图 7-16　REP视图的数据

对REP视图进行更新非常容易：如果想要在视图中添加一行数据，可以使用 INSERT 指令在每个底层的基本表中添加一行；如果想要修改视图中的一行数据，可以在适当的基本表中进行修改；如果想要从视图中删除一行数据，可以从两个底层基本表中同时删除对应的行。

有问有答

问题： 如何把('03', 'Jack', 'Peterson', '142 Plyer Dr', 'Cody', 'WY', '82414', '307-824-9926', 1750.25, 0.05)这一行数据添加到REP视图中？

解答： 可以使用一条INSERT指令把('03', 'Jack', 'Peterson', '142 Plyer Dr', 'Cody', 'WY', '82414', '307-824-9926')添加到REP_DEMO表中，并使用另一条INSERT指令把('03', 1750.25, 0.05)添加到REP_FIN表中。

有问有答

问题： 如何把销售代表10的姓名修改为Thomas Miller？

解答： 可以使用一条UPDATE指令在REP_DEMO表中修改姓名。

有问有答

问题：如何把 Thomas 的佣金率修改为 0.07？

解答：可以使用一条 UPDATE 指令在 REP_FIN 表中修改佣金率。

有问有答

问题：如何从 REP 视图中删除销售代表 10？

解答：可以使用一条 DELETE 指令从 REP_DEMO 和 REP_FIN 表中删除销售代表 10 的数据。

对 REP 视图进行更新（包含添加、修改和删除数据）并不会产生任何问题。主要原因在于 REP 视图是可更新的，而有些涉及连接的视图可能是无法更新的。所谓可更新的视图，是指这个视图是通过连接两个基本表的主键而产生的。与之形成对比的是，REP_CUST 视图在连接两个基本表时是对其中一个表的主键列与另一个表的非主键列进行匹配。当一个视图的连接列都不是主键列时，用户在试图进行更新时就会遇到更加严重的问题。

7.3.3 更新涉及统计数据的视图

当一个视图包含了根据一个或多个基本表计算得到的统计数据时，对它进行更新就会变得十分烦琐。例如，观察 CRED_CUST 视图（见图 7-10）。我们怎么才能添加(600,3)这一行，以表示有 3 位顾客的信用额度为 600 美元？类似地，把 (250,2)这一行修改为(250,4)意味着我们增加了两位信用额度均为 250 美元的新顾客，因此应该有 4 位具有 250 美元信用额度的顾客。显然，这些都是不可能完成的任务，我们无法向视图中添加包含统计数据的行。

7.4 删除视图

当一个视图不再需要时，可以使用 DROP VIEW 指令将它删除。

示例 7-5：DGS 视图不再有用，将它删除。

删除视图的指令是 DROP VIEW，如图 7-17 所示。

```
DROP VIEW DGS;
```

图7-17　删除视图

7.5　安全

　　安全就是防止出现对数据库的未授权访问。在一家公司中，数据库管理员决定了各种不同的用户对数据库的不同访问权限。有些用户可能需要提取和更新数据库中的数据，而有些用户可能需要从数据库中提取数据但不能对数据进行任何修改，还有些用户可能只需要访问数据库的一部分。例如，贝利可能需要提取和更新顾客数据，但不需要访问与销售代表、发票、发票明细、物品有关的数据；维克托可能只需要提取物品数据；萨曼莎可能需要提取和更新DOG分类的物品数据，但不需要提取任何其他分类的物品数据。

　　当数据库管理员决定了不同用户所需要的数据库访问方式之后，DBMS就通过它所支持的安全机制实行这些访问规则，使用SQL可以实行两种安全机制。我们已经看到了视图能够实现某种程度的安全性。当用户通过视图访问数据库时，他们无法访问视图中没有包含的数据。但是，提供数据库访问控制的主要机制还是GRANT指令。

　　GRANT指令的基本思路是数据库管理员可以根据需要向用户授予不同类型的权限，并在必要时能够将它们撤回。这些权限包括选择、插入、更新和删除表中的数据。我们可以使用GRANT和REVOKE指令授予和撤销权限。示例7-6～示例7-14说明了GRANT和REVOKE指令的各种不同的用法（用户名不区分大小写，且假设这些用户在数据库中已经存在）。

实用提示

除非教师要求，否则不要执行本节的指令。

示例7-6：用户Johnson需要从SALES_REP表中提取数据。

下面这条GRANT指令允许用户Johnson对SALES_REP表执行SELECT指令：

```
GRANT SELECT ON SALES_REP TO JOHNSON;
```

示例7-7：用户Smith和Brown需要向ITEM表中添加新物品。

下面这条GRANT指令允许用户Smith和Brown对ITEM表执行INSERT指令（注意，逗号用于分隔用户名）：

```
GRANT INSERT ON ITEM TO SMITH, BROWN;
```

示例7-8：用户Anderson需要修改顾客的姓名和完整地址。

下面这条GRANT指令允许用户Anderson对CUSTOMER表的FIRST_NAME、LAST_NAME、ADDRESS、CITY、STATE、POSTAL列执行UPDATE指令。注意，这条SQL指令在ON子句前面的一对括号中包含了列名：

```
GRANT UPDATE (FIRST_NAME, LAST_NAME, ADDRESS, CITY, STATE, POSTAL) ON
CUSTOMER TO ANDERSON;
```

示例7-9：用户Thompson需要删除发票明细。

下面这条GRANT指令允许用户Thompson对INVOICE_LINE表执行DELETE指令：

```
GRANT DELETE ON INVOICE_LINE TO THOMPSON;
```

示例7-10：每个用户都需要提取物品ID、描述、分类。

下面这条GRANT指令指定所有用户都可以使用SELECT指令提取数据，它包含了单词PUBLIC：

```
GRANT SELECT (ITEM_ID, DESCRIPTION, CATEGORY) ON ITEM TO PUBLIC;
```

示例7-11：用户Roberts需要在SALES_REP表中创建索引。

我们将在7.6节中学习索引及其用途。下面这条GRANT指令允许用户Roberts在SALES_REP表中创建索引：

```
GRANT INDEX ON SALES_REP TO ROBERTS;
```

示例7-12：用户Thomas需要修改CUSTOMER表的结构。

下面这条GRANT指令允许用户Thomas对CUSTOMER表执行ALTER指令，以使他能够修改这个表的结构：

```
GRANT ALTER ON CUSTOMER TO THOMAS;
```

示例7-13：用户Wilson需要具有SALES_REP表的所有权限。

下面这条GRANT指令允许用户Wilson具有SALES_REP表的所有权限：

```
GRANT ALL ON SALES_REP TO WILSON;
```

数据库管理员可以授予的权限包括用于提取数据的SELECT、用于修改数据的UPDATE、用于删除数据的DELETE、用于添加新数据的INSERT、用于创建索引的INDEX，以及用于修改表结构的ALTER。数据库管理员通常负责分配权限。在正常情况下，当数据库管理员向一位用户授予权限时，该用户无法把这个权限传递给其他用户。当用户需要把权限传递给其他用户时，GRANT指令中必须包含WITH GRANT OPTION子句。这个子句把指定的权限授予用户，并允许用户把相同的权限（或这些权限的一个子集）授予其他用户。

数据库管理员可使用REVOKE指令撤回用户的权限。REVOKE指令的格式在本质上与GRANT指令是相同的，但存在两处区别：单词GRANT变成了REVOKE，单词TO变成了FROM。另外，WITH GRANT OPTION子句对于REVOKE指令显然没有意义。有时候，撤回会级联发生。因此，如果Johnson被授予了WITH GRANT OPTION权限并且他把相同的权限授予了Smith，那么在撤回Johnson的权限的同时也会撤回Smith的权限。示例7-14说明了REVOKE指令的用法。

示例7-14：用户Johnson不再被允许从SALES_REP表中提取数据。

下面这条REVOKE指令表示对用户Johnson撤回之前所授予的SALES_REP表的SELECT权限：

```
REVOKE SELECT ON SALES_REP FROM JOHNSON;
```

数据库管理员也可以把GRANT指令和REVOKE指令作用于视图，从而把访问限制在表中的某些行。

7.6　索引

当我们对数据库进行查询时，通常是搜索满足某个条件的行（或行的集合）。检视表中的每一行以查找自己所需要的行需要的时间通常太久，尤其在表中的行数以千计的时候。幸运的是，可以通过创建和使用索引显著地加快搜索过程。SQL中的索引与书本中的索引相似。当我们需要查找书中某个特定主题的内容时，可以从头到尾扫视整本书，查找我们所需要的那个主题，此时，通常不需要使用这种技巧。如果书中附带了索引，则可以通过索引找到我们感兴趣的主题所在的页面。

在DBMS中，提高从数据库中提取数据的效率的主要机制是索引（index）。从概念上说，数据库中的索引与书本中的索引非常相似。例如，图7-18显示了KimTay数据库的CUSTOMER表，其中有一个额外的ROW_NUMBER列。这个额外的列指定了行在表中的位置（顾客125在表的首行，因此位于行1；顾客182位于行2，以此类推）。

CUSTOMER

ROW_NUMBER	CUST_ID	FIRST_NAME	LAST_NAME	ADDRESS	CITY	STATE	POSTAL	EMAIL	BALANCE	CREDIT_LIMIT	REP_ID
1	125	Joey	Smith	17 Fourth St	Cody	WY	82414	jsmith17@example.com	$80.68	$500.00	05
2	182	Billy	Rufton	21 Simple Cir	Garland	WY	82435	billyruff@example.com	$43.13	$750.00	10
3	227	Sandra	Pincher	53 Verde Ln	Powell	WY	82440	spinch2@example.com	$156.38	$500.00	15
4	294	Samantha	Smith	14 Rock Ln	Ralston	WY	82440	ssmith5@example.com	$58.60	$500.00	10
5	314	Tom	Rascal	1 Rascal Farm Rd	Cody	WY	82414	trascal3@example.com	$17.25	$250.00	15
6	375	Melanie	Jackson	42 Blackwater Way	Elk Butte	WY	82433	mjackson5@example.com	$252.25	$250.00	05
7	435	James	Gonzalez	16 Rockway Rd	Wapiti	WY	82450	jgonzo@example.com	$230.40	$1,000.00	15
8	492	Elmer	Jackson	22 Jackson Farm Rd	Garland	WY	82435	ejackson4@example.com	$45.20	$500.00	10
9	543	Angie	Hendricks	27 Locklear Ln	Powell	WY	82440	ahendricks7@example.com	$315.00	$750.00	05
10	616	Sally	Cruz	199 18th Ave	Ralston	WY	82440	scruz5@example.com	$8.33	$500.00	15
11	721	Leslie	Smith	123 Sheepland Rd	Elk Butte	WY	82433	lsmith12@example.com	$166.65	$1,000.00	10
12	795	Randy	Blacksmith	75 Stream Rd	Cody	WY	82414	rblacksmith6@example.com	$61.50	$500.00	05

图7-18　包含了行号的CUSTOMER表

DBMS（而不是用户）自动分配和使用这些行号，这也是我们看不到它们的原因。

要想通过顾客ID访问一位顾客的行，可以创建并使用索引，如图7-19所示。索引具有两列：第1列包含了顾客ID，第2列包含了该顾客ID所在行的行号。为了查找一位顾客，可在索引的第1列中查找顾客的ID。第2列的值指定了从CUSTOMER表的哪一行进行提取，然后就可以提取需要查找的那位顾客的行。

CUST_ID 索引

CUST_ID	ROW_NUMBER
125	1
182	2
227	3
294	4
314	5
375	6
435	7
492	8
543	9
616	10
721	11
795	12

图7-19 为CUSTOMER表的CUST_ID列设置索引

由于顾客ID是唯一的，因此每个索引行只有1个行号，但情况并非总是如此。假设我们需要访问一个特定信用额度的所有顾客或者由一位特定销售代表服务的所有顾客。我们可以选择在CREDIT_LIMIT列和REP_ID列上各创建一个索引，如图7-20所示。在CREDIT_LIMIT索引中，第1列包含了信用额度，第2列包含了该信用额度出现的所有行号。REP_ID索引与之类似，区别在于第1列包含了销售代表的ID。

CREDIT_LIMIT 索引

CREDIT_LIMIT	ROW_NUMBER
$250.00	5, 6
$500.00	1, 3, 4, 8, 10, 12
$750.00	2, 9
$1,000.00	7, 11

REP_ID 索引

REP_ID	ROW_NUMBER
05	1, 6, 9, 12
10	2, 4, 8, 11
15	3, 5, 7, 10

图7-20 为CUSTOMER表在CREDIT_LIMIT列和REP_ID列上设置的索引

有问有答

问题： 如何使用图7-20中的索引查找信用额度为750美元的每位顾客？

解答： 在CREDIT_LIMIT索引中查找750美元，找到一组行号（2和9）。使用这组行号在CUSTOMER表中查找对应的行（得到姓名为Billy Rufton和Angie Hendricks的顾客）。

有问有答

问题： 如何使用图7-20中的索引查找销售代表10所服务的每位顾客？

解答： 在REP_ID索引中查找10，得到一组行号（2、4、8和11）。使用这组行号在CUSTOMER表中查找对应的行（得到姓名为Billy Rufton、Samantha Smith、Elmer Jackson和Leslie Smith的顾客）。

索引的实际结构要比图中显示的更加复杂。幸运的是，我们并不需要关心控制和使用索引的细节，因为DBMS会为我们管理这一切。我们唯一需要做的就是决定在哪些列上创建索引。一般情况下，我们可以在任何表的任何列或任何列集合上创建和维护索引。在创建了一个索引之后，DBMS就会用它来加速数据的提取。

正如我们所预想的那样，索引的使用既有优点也有缺点。前面已经提到了使用索引的一个重要优点：可以显著地提升某些类型的数据的提取效率。

在使用索引时存在两个缺点。首先，索引会占据存储空间。从理论上说，为索引提供这个空间是不必要的，因为我们通过索引所进行的所有提取操作在不使用索引时同样可以进行，索引只是加速了提取过程而已。其次，当数据库中的数据被更新时，DBMS必须更新索引。如果没有索引，DBMS就不需要进行这些更新。在考虑是否创建一个特定索引时，我们必须考虑的一个问题是：加速提取过程所得到的益处是否超过额外存储空间和额外更新操作所带来的开销？在非常大的数据库中，索引是一种非常重要的工具，可以显著地减少提取记录所需的时间。但是，在小型数据库中，使用索引可能并不会明显地提升效率。

我们可以根据需要添加和删除索引。创建索引可以在创建数据库之后进行，并不需要与数据库同时进行。类似地，当一个现有的索引不再需要时，我们可以将其删除。

7.6.1 创建索引

假设KimTay数据库的有些用户需要按照余额顺序显示顾客的记录，其他用户需要通过顾客的ID访问顾客的姓名。另外，有些用户需要生成一个报表，其中的顾客记录是按信用额度的降序排列的；而在具有相同信用额度的顾客组中，顾客记录是按姓氏的字母顺序排序的。

当我们创建了适当的索引之后，上述这些需求都可以更高效地实现。用于创建索引的指令是CREATE INDEX，如示例7-15所示。

示例 7-15：在 CUSTOMER 表中根据 BALANCE 列创建索引 BALIND，在 SALES_REP 表中根据 LAST_NAME 和 FIRST_NAME 列的组合创建索引 REP_NAME，在CUSTOMER表中根据CREDIT_LIMIT和LAST_NAME列的组合创建索引CRED_LASTNAME，对信用额度按照降序进行排列。

图7-21显示了用于创建BALIND索引的CREATE INDEX指令。这条指令列出了索引的名称以及该索引创建时所在的表名。用于创建索引的BALANCE列出现在括号中。

```
CREATE INDEX BALIND ON CUSTOMER (BALANCE);
```

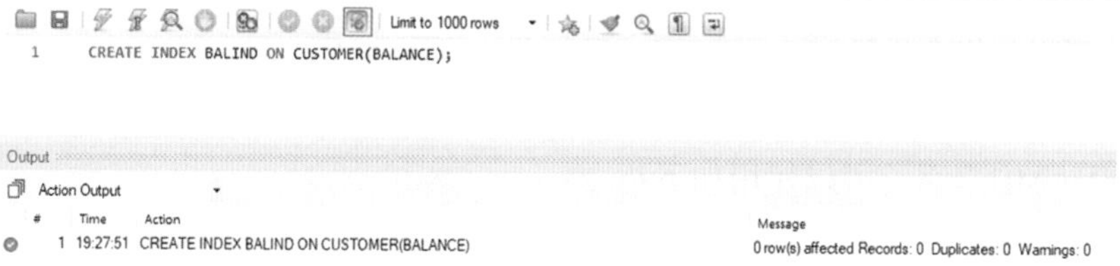

图7-21 在BALANCE列上创建BALIND索引

图7-22显示了在SALES_REP表中根据LAST_NAME列和FIRST_NAME列的组合创建REP_NAME索引的CREATE INDEX指令。

图7-23显示了在CUSTOMER表中根据CREDIT_LIMIT列和LAST_NAME列的组合创建CRED_LASTNAME索引的CREATE INDEX指令。当我们需要按照降序对一个列进行索引时，可以在列名的后面使用DESC操作符。

当使用CRED_LASTNAME索引列出顾客时，顾客记录是按照信用额度的降序排列的，当信用额度相同时，则按顾客姓氏的字母顺序列出。

```
CREATE INDEX REP_NAME ON SALES_REP(LAST_NAME, FIRST_NAME);
```

图 7-22 根据 LAST_NAME 列和 FIRST_NAME 列的组合创建 REP_NAME 索引

```
CREATE INDEX CRED_LASTNAME ON CUSTOMER(CREDIT_LIMIT DESC, LAST_NAME);
```

图 7-23 根据 CREDIT_LIMIT 列和 LAST_NAME 列的组合创建 CRED_LASTNAME 索引

7.6.2 删除索引

用于删除索引的指令是 DROP INDEX，它依次由单词 DROP、单词 INDEX、索引名、关键字 ON、表名组成。例如，为了删除我们在 CUSTOMER 表中创建的 CRED_LASTNAME 索引，可以使用如下指令：

```
DROP INDEX CRED_LASTNAME ON CUSTOMER;
```

DROP INDEX 指令可永久地删除索引。CRED_LASTNAME 是 DBMS 根据信用额度的降序排列，并在信用额度相同时按照顾客姓氏的字母顺序列出顾客记录所使用的索引。在删除这个索引之后，DBMS 仍然能够按照这个顺序列出顾客，但效率就不如有索引的时候了。

● Oracle 用户说明

图 Oracle-7-1 说明了如何在 Oracle 中删除索引。一般情况下，删除索引的语法是 "DROP INDEX [方案名].索引名"。在此例中，方案名并非必需，因为登录的用户与索引的所有者是相同的。

注意，方案名就是拥有表、视图、索引和其他数据库对象的用户名。

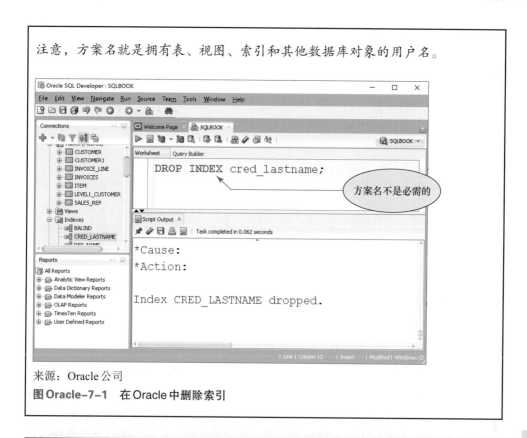

来源：Oracle公司

图 Oracle-7-1　在 Oracle 中删除索引

▶ **SQL Server 用户说明**

在 SQL Server 中，删除索引的语法与 MySQL 相同。

7.6.3　创建唯一性索引

　　当我们指定了一个表的主键时，DBMS会主动保证我们在主键列中输入的值是唯一的。例如，当CUSTOMER表中已经有一位ID为125的顾客时，DBMS就会拒绝插入另一条顾客ID为125的记录。因此，我们并不需要采取任何特殊的操作来确保主键列中的值是唯一的。DBMS会为我们完成这个任务。

　　一个非主键列也可能会存储唯一的值。例如，在SALES_REP表中，主键是REP_ID。如果SALES_REP表还包含了一个表示社会保障号码的列，那么这个列中的值也必须是唯一的，因为不可能有两个人具有相同的社会保障号码。但是，由于社会保障号码并不是这个表的主键，我们需要在DBMS中采取特殊的操作，以保证这个列中不会出现重复的值。

为了保证非主键列的值的唯一性，可以使用CREATE UNIQUE INDEX指令创建唯一性索引。例如，为了在SALES_REP表中根据SOC_SEC_NUM列创建唯一性索引SSN，可以使用如下指令：

```
CREATE UNIQUE INDEX SSN ON SALES_REP (SOC_SEC_NUM);
```

这个唯一性索引具有我们在前面讨论过的所有索引属性，它另外还有一个额外的属性：DBMS会拒绝使SOC_SEC_NUM列出现任何重复值的更新。在这个例子中，DBMS会拒绝添加社会保障号码与数据库中其他销售代表的社会保障号码相同的行。

7.7　系统目录

与数据库中的表相关的信息保存在系统目录（system catalog）或数据字典（data dictionary）中。在MySQL中，这个信息被称为INFORMATION_SCHEMA。INFORMATION_SCHEMA提供了数据库元数据（database metadata）以及与MySQL服务器有关的信息，例如数据库或表的名称、列的数据类型以及数据库的访问权限。不同版本的SQL在系统目录的设计和命名约定上不尽相同。本节将描述系统目录所保存数据项的类型以及对它进行查询以获取与数据库结构有关信息的方法。

DBMS会自动维护系统目录，其中包含若干表。不同的SQL实现对这些表可能使用不同的名称。本节讨论的系统目录表包括SYSTABLES（与SQL所知的表有关的信息）、SYSCOLUMNS（与这些表中的列有关的信息）和SYSVIEWS（与已经创建的视图有关的信息）。如前所述，在MySQL中，这些信息是通过INFORMATION_SCHEMA访问的。具体来说，它们是通过INFORMATION_SCHEMA TABLES表、INFORMATION_SCHEMA COLUMNS表，以及INFORMATION_ SCHEMA VIEWS表访问的。

系统目录本身就是一个关系数据库。因此，我们可以使用与关系数据库相同类型的查询来提取信息。我们可以从系统目录获取与一个关系数据库中的表有关的信息，例如它们所包含的列，以及根据它们所创建的视图。下面这些示例详细说明了这个过程。

实用提示

大多数用户需要权限才能查看系统目录中的数据，因此读者可能无法执行这些指令。

● Oracle 用户说明

Oracle 在系统目录中提供了大量的视图，称为数据字典。USER 视图提供了方案所有者创建的全部表、视图、索引和其他对象。例如，用户 SCOTT 可以使用 USER_OBJECTS 显示他所拥有的全部对象，如图 Oracle-7-2 所示。为了显示用户 SCOTT 拥有的全部表，可以执行 SELECT * FROM USER_TABLES。关于 USER 视图及其描述的完整列表，可以参考 Oracle 的官方文档。与 MySQL 相似，Oracle 提供了 DBA_TABLES、DBA_TAB_COLUMNS 和 DBA_VIEWS 视图，它们分别包含了与全部表、表中的列，以及数据库中的视图有关的信息。

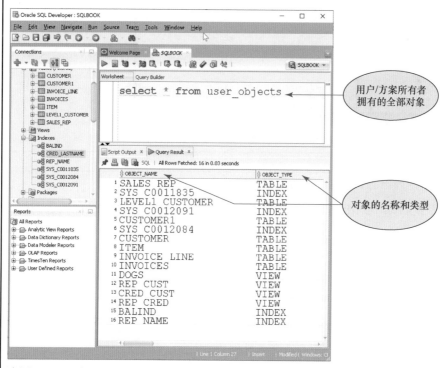

来源：Oracle 公司

图 Oracle-7-2　在 Oracle 中查看方案所有者拥有的全部对象

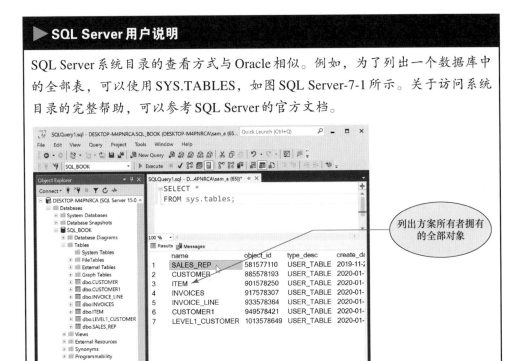

▶SQL Server 用户说明

SQL Server 系统目录的查看方式与 Oracle 相似。例如，为了列出一个数据库中的全部表，可以使用 SYS.TABLES，如图 SQL Server-7-1 所示。关于访问系统目录的完整帮助，可以参考 SQL Server 的官方文档。

图 SQL Server-7-1 在 SQL Server 中查看方案所有者拥有的全部表

示例7-16：列出与 KimTay 数据库相关联的表。

在系统目录中列出与 KimTay 数据库（命名为 KIMTAY）相关联的表的指令如下：

```
SELECT *
    FROM INFORMATION_SCHEMA.TABLES
        WHERE (TABLE_SCHEMA = 'KIMTAY');
```

WHERE 子句把需要列出的表限制在了 KimTay 数据库中。为了对这条指令做出响应，MySQL 会列出所有符合条件的表。

示例7-17：列出与 KimTay 数据库相关联的视图。

读者如果能够运行上面这个例子中的指令，则可以注意到表的列表不仅包括

了我们在 KimTay 数据库中创建的表，而且包括我们创建的视图。这是因为
MySQL 在内部把视图包含在 INFORMATION_SCHEMA.TABLES 表中。如果只
想显示视图，则可以进一步定义查询，通过一个额外的条件来表示只包含视图：

```
SELECT *
    FROM INFORMATION_SCHEMA.TABLES
        WHERE (TABLE_SCHEMA = 'KIMTAY') AND (TABLE_TYPE = 'VIEW');
```

现在，这个列表中包含了 KimTay 数据库中的视图。

反之，如果我们只想包含已创建的表，则可以在条件中把 TABLE_TYPE 从
'VIEW'改为'BASE TABLE'。

在 KimTay 数据库中选择视图的另一种方法是搜索 INFORMATION_
SCHEMA.VIEWS 表，指令如下：

```
SELECT *
    FROM INFORMATION_SCHEMA.VIEWS
        WHERE (TABLE_SCHEMA = 'KIMTAY');
```

示例 7-18：列出与 KimTay 数据库相关联的列。

下面这条指令旨在从 INFORMATION_SCHEMA.COLUMNS 表中选择
TABLE_SCHEMA（或数据库）为 KimTay 的记录：

```
SELECT *
    FROM INFORMATION_SCHEMA.COLUMNS
        WHERE (TABLE_SCHEMA = 'KIMTAY');
```

示例 7-19：列出与 KimTay 数据库相关联的列名为 CUST_ID 的列。

在这个例子中，我们需要在 WHERE 子句中使用 COLUMN_NAME 列，将行
限制为 KimTay 数据库中的 CUST_ID 列。具体的指令如下：

```
SELECT *
    FROM INFORMATION_SCHEMA.COLUMNS
        WHERE (TABLE_SCHEMA = 'KIMTAY') AND (COLUMN_NAME = 'CUST_ID');
```

系统目录的更新

当用户创建、更改、删除表，以及创建或删除索引时，DBMS 会自动更新系
统目录，以反映这些修改。用户不应该通过执行 SQL 查询直接更新系统目录，因

为这可能会产生不一致的信息。例如，一位用户在 INFORMATION_SCHEMA. COLUMNS 表中删除了 CUST_ID 列后，DBMS 就不再存储这个列，而这个列正是 CUSTOMER 表的主键，CUSTOMER 表中的所有行仍然包含了顾客 ID。DBMS 现在有可能把这些顾客 ID 看成名字，因为对 DBMS 来说，FIRST_NAME 列是 CUSTOMER 表中的第 1 列。

7.8　SQL 的完整性约束

完整性约束是数据库需要遵循的数据规则。下面是关于 KimTay 数据库的一些完整性约束的例子。

- 销售代表的 ID 必须是唯一的。
- 顾客的销售代表 ID 必须与当前数据库中的一位销售代表的 ID 匹配。例如，由于不存在 ID 为 11 的销售代表，因此不能把销售代表 11 分配给顾客。
- 物品分类必须是 BRD、CAT、DOG 或 HOR，因为只有它们是合法的分类。

如果用户在数据库中输入的数据违反了任何一条完整性约束，数据库就会出现严重的问题。例如，两位销售代表具有相同的 ID、为某位顾客服务的是一位不存在的销售代表、添加一件属于不存在的分类的物品，这些情况都会破坏数据库中数据的完整性。为了管理这些类型的问题，SQL 提供了完整性支持，旨在指定并实施数据库的完整性约束。SQL 提供了 3 种类型的完整性约束子句，可以在 CREATE TABLE 或 ALTER TABLE 指令中指定它们。这两个指令的唯一区别是 ALTER TABLE 指令的后面是单词 ADD，表示向现在的约束列表添加约束。为了在创建一个完整性约束之后对它进行修改，只需要输入新的完整性约束，后者会就立即取代原先的完整性约束。

SQL 支持的约束类型包括主键、外键、合法值。在大多数情况下，我们在创建一个表的时候就会指定它的主键。要在创建表之后再添加主键，可以在 ALTER TABLE 指令中使用 ADD PRIMARY KEY 子句。例如，为了指定 REP_ID 为 SALES_REP 表的主键，所使用的 ALTER TABLE 指令如下：

```
ALTER TABLE SALES_REP
    ADD PRIMARY KEY (REP_ID);
```

PRIMARY KEY 子句的格式是在 PRIMARY KEY 后面的一对括号中包含组

成主键的列名。当主键包含多个列时，使用逗号分隔列名。

一个表的外键是指其值与另一个表的主键匹配的列（INVOICES表的CUST_ID列就是一个例子，这个列的值需要与CUSTOMER表的主键匹配）。

示例7-20：在 INVOICES 表中指定 CUST_ID 为外键，它必须与 CUSTOMER 表匹配。

当一个表包含一个外键时，我们可以使用 ALTER TABLE 指令的 ADD FOREIGN KEY 子句对它进行标识。在这个子句中，我们需要指定作为外键的列及其所要匹配的表。设置外键的基本形式是在 FOREIGN KEY 后依次跟作为外键的列的名称、REFERENCES 子句、外键必须匹配的表名和列名，如图7-24所示。

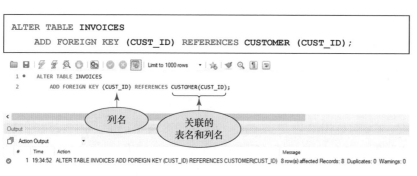

图7-24 向一个现有的表添加外键

创建了外键之后，DBMS 就会拒绝任何违反这个外键约束的更新。例如，DBMS 会拒绝图7-25所示的 INSERT 指令，因为在它试图添加的订单中，顾客 ID（即198）与 CUSTOMER 表中的任何顾客 ID 均不匹配。

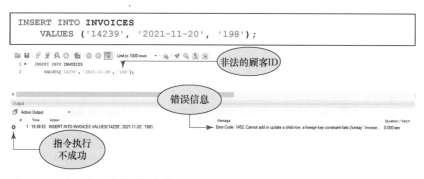

图7-25 违反外键约束的添加指令

　　DBMS 还会拒绝图 7-26 所示的 DELETE 指令，因为它试图删除 ID 为 227 的顾客，但如此一来，INVOICES 表中顾客 ID 为 227 的行就不再与 CUSTOMER 表中的任何行匹配了。

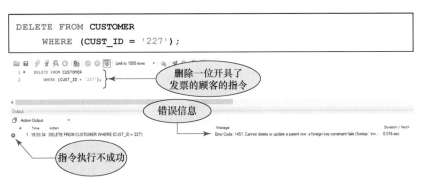

图 7-26　违反外键约束的删除指令

　　注意，图 7-25 和图 7-26 中的完整错误信息会包含单词 parent 或 child。当我们指定一个外键时，包含外键的表就是 child（子表），外键所引用的表就是 parent（父表）。例如，INVOICES 表的 CUST_ID 列就是引用了 CUSTOMER 表的外键。对于这个外键，CUSTOMER 表是 parent，INVOICES 表是 child。图 7-25 中的错误信息表示该发票不存在父表记录（不存在 ID 为 198 的顾客）。图 7-26 中的错误信息表示顾客 227 存在子表记录（顾客 227 开具了发票）。DBMS 会拒绝这两个更新，因为它们都违反了引用的完整性约束。

示例 7-21：把 ITEM 表的合法分类指定为 BRD、CAT、DOG、FSH、HOR。

　　我们可以使用 ALTER TABLE 指令的 CHECK 子句保证只有满足某个特定条件的合法值才能出现在某一列中。CHECK 子句的基本格式是单词 CHECK 后跟一个条件。如果用户输入的数据违反了这个条件，DBMS 就会自动拒绝更新。例如，为了保证 CATEGORY 列的合法值为 BRD、CAT、DOG、FSH、HOR，可以使用下面这两个版本的 CHECK 子句之一：

```
CHECK (CATEGORY IN ('BRD', 'CAT', 'DOG', 'FSH', 'HOR') )
```

　　或

```
CHECK ( (CATEGORY = 'BRD') OR (CATEGORY = 'CAT') OR (CATEGORY = 'DOG')
OR (CATEGORY = 'FSH') OR (CATEGORY = 'HOR') )
```

　　图 7-27 所示的 ALTER TABLE 指令使用了第 1 个版本的 CHECK 子句。

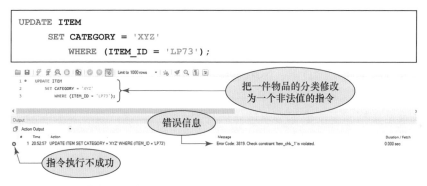

```
ALTER TABLE ITEM
    ADD CHECK (CATEGORY IN ('BRD',' CAT', 'DOG', 'FSH', 'HOR'));
```

图7-27 向一个现有的表添加一个完整性约束

DBMS现在会拒绝图7-28所示的更新,因为这条指令试图把一件物品的分类修改为XYZ,这是个非法的分类值。

```
UPDATE ITEM
    SET CATEGORY = 'XYZ'
        WHERE (ITEM_ID = 'LP73');
```

图7-28 违反完整性约束的更新

7.9 本章总结

● 用户可以访问视图,视图包含了来自现有基本表的数据。

● 为了创建视图,可以使用CREATE VIEW指令。定义性质的查询指令描述了视图所包含的数据库部分。当用户从视图中提取数据时,DBMS就会把用户所输入的查询指令与这个定义性质的查询指令合并,生成DBMS实际执行的查询指令。

● 视图保证了数据的独立性,允许数据库实行访问控制,并向用户简化了数据库的结构。

● 我们无法更新涉及统计数据的视图和使用了非主键列连接的视图。这些类型的视图的更新必须在基本表中进行。

- 可以使用DROP VIEW指令删除视图。

- 可以使用GRANT指令向用户授予数据库中数据的访问权限。

- 可以使用REVOKE指令终止已授予的权限。

- 我们可以创建和使用索引，使数据的提取更加高效。可以使用CREATE INDEX指令创建索引。可以使用CREATE UNIQUE INDEX指令使非主键列只允许唯一值。

- 可以使用DROP INDEX指令删除索引。

- 在完成一个特定的任务时，由DBMS（而不是用户）来选择需要使用的索引。

- DBMS在系统目录（catalog）或数据字典中维护与表、列、索引，以及其他系统元素有关的信息。与表有关的信息保存在SYSTABLES表中，与列有关的信息保存在SYSCOLUMNS表中，与视图有关的信息保存在SYSVIEWS表中。在 Oracle 中，这些表的名称分别是 DBA_TABLES、DBA_TAB_COLUMNS、DBA_VIEWS。

- 可以使用SELECT指令从系统目录中获取信息。当数据库发生了修改后，DBMS就会自动更新系统目录。SQL Server使用存储过程获取我们在数据库中创建的表、列和其他对象的相关信息。

- 完整性约束是数据库中的数据必须遵守的规则。它可以保证只有合法的值才能被保存到指定的列中，且表之间的主键和外键必须匹配。为了指定一个基本的完整性约束，可以使用CHECK子句。我们通常会在创建一个表的时候指定它的主键，但也可以在以后使用PRIMARY KEY子句来指定它的主键。为了指定外键，可以使用ADD FOREIGN KEY子句。

关键术语

ADD FOREIGN KEY	数据库管理 database administration
ADD PRIMARY KEY	数据库管理员 database administrator
基本表 base table	定义性查询 defining query
CHECK	DROP INDEX
子表 child	DROP VIEW
CREATE INDEX	外键 foreign key
CREATE UNIQUE INDEX	GRANT
CREATE VIEW	索引 index
数据字典 data dictionary	INFORMATION_SCHEMA

完整性约束　integrity constraint

完整性支持　integrity support

父表　parent

REFERENCES

REVOKE

行列子集视图　row-and-column subset view

安全　security

SYSCOLUMNS

SYSTABLES

系统目录　system catalog

SYSVIEWS

唯一性索引　unique index

视图　view

WITH GRANT OPTION

7.10　复习题

章节测验

1. 什么是视图？
2. 什么指令可以创建视图？
3. 什么是定义性查询？
4. 当用户从视图中提取数据时会发生什么？
5. 使用视图的3个优势是什么？
6. 哪些类型的视图无法更新？
7. 什么指令可以删除视图？
8. 什么指令可以向用户授予数据库各个部分的访问权限？
9. 什么指令可以终止已授予的权限？
10. 索引的用途是什么？
11. 如何创建索引？如何创建唯一性索引？普通索引和唯一性索引的区别是什么？
12. 什么指令可以删除索引？
13. 在完成一个特定的任务时选择使用哪个索引的是DBMS还是用户？
14. 描述DBMS在系统目录中所维护的信息。系统目录中3个表的通用名称是什么？
15. CUSTOMER表包含了外键REP_ID，它必须与SALES_REP表的主键匹配。对CUSTOMER表进行哪种类型的更新会违反外键约束？
16. MySQL中的INFORMATION_SCHEMA是什么？
17. 系统目录是如何更新的？

18．什么是完整性约束？

19．如何指定一个基本的完整性约束？

20．通常什么时候需要指定外键约束？说出创建主键的两种不同方法。

21．如何在 MySQL 中指定外键？

关键思考题

1．自行查找关于引用完整性的信息。编写两三段话描述什么是引用完整性，并通过一个例子说明如何在 KimTay 数据库中使用引用完整性。请注明引用的在线资源。

2．自行查找关于数据字典的信息。编写一页的短文来描述数据字典中可以存储的信息。请注明引用的在线资源。

7.11 案例练习

KimTay Pet Supplies

使用 SQL 对 KimTay 数据库（参见图 1-2）进行如下修改。在完成每个修改之后，执行适当的查询以证明修改是正确的。如果这是教师布置的作业，那么可以使用第 3 章的练习中提供的信息来输出或把它们保存到文档中。如果有任何练习中使用的指令并不是自己使用的 SQL 版本所支持的，写出完成这些任务所需的指令。

1．创建 MAJOR_CUSTOMER 视图，它由信用额度小于或等于 500 美元的每位顾客的 ID、名字、姓氏、余额、信用额度、销售代表 ID 组成。

   a．编写并执行创建 MAJOR_CUSTOMER 视图的 CREATE VIEW 指令。

   b．编写并执行提取 MAJOR_CUSTOMER 视图中余额大于信用额度的每位顾客的 ID、名字、姓氏的指令。

   c．编写并执行 DBMS 实际执行的查询指令。

   d．通过这个视图对数据库进行更新会不会产生问题？如果会，是什么问题？如果不会，为什么？

2．创建 ITEM_INVOICE 视图，它由当前所有发票明细的物品 ID、描述、价格、发票号码、开票日期、订购数量、报价组成。

   a．编写并执行创建 ITEM_INVOICE 视图的 CREATE VIEW 指令。

   b．编写并执行提取 ITEM_INVOICE 视图中物品报价大于 100 美元的所有发票的物品 ID、描述、发票号码、报价的指令。

c. 编写并执行DBMS实际执行的查询指令。

d. 通过这个视图对数据库进行更新会不会产生问题？如果会，是什么问题？如果不会，为什么？

3. 创建INVOICE_TOTAL视图，它由当前已开具的每张发票的发票号码和发票金额组成（发票金额是每张发票中每条发票明细的订购数量乘以报价之和）。根据发票号码对行进行排序。使用TOTAL_AMOUNT作为发票金额的名称。

a. 编写并执行创建INVOICE_TOTAL视图的CREATE VIEW指令。

b. 编写并执行提取订购总额大于250美元的发票的号码和金额的指令。

c. 编写并执行DBMS实际所执行的查询指令。

d. 通过这个视图对数据库进行更新会不会产生问题？如果会，是什么问题？如果不会，为什么？

4. 编写（但不要执行）对系统目录进行下列操作的指令。

a. 列出系统目录中包含的所有表。

b. 列出系统目录中包含的所有列。

c. 列出系统目录中包含的所有视图。

5. 编写（但不要执行）只显示系统目录中类型为BASE TABLE的表的指令。

6. 完成下列任务。

a. 在INVOICE_LINE表的ITEM_ID列上创建一个名为ITEM_INDEX1的索引。

b. 在ITEM表的CATEGORY列上创建一个名为ITEM_INDEX2的索引。

c. 在ITEM表的CATEGORY和LOCATION列上创建一个名为ITEM_INDEX3的索引。

d. 在ITEM表的CATEGORY和LOCATION列上创建一个名为ITEM_INDEX4的索引。按照降序列出分类。

7. 删除ITEM_INDEX3索引。

8. 编写从系统目录中获取下列信息的指令。不要执行这些指令，除非教师要求这样做。

a. 列出到目前为止所创建的每个表。

b. 列出ITEM表中的每个列及其数据类型。

9. 在INVOICE_LINE表中添加INVOICE_NUM列作为外键。

10. 确保CREDIT_LIMIT列的合法值为250、500、750、1000。

关键思考题

Samantha Smith 当前的信用额度为 500 美元。由于 Samantha Smith 拥有良好的信用记录，因此 KimTay 把她的信用额度提升到了 1000 美元。如果在提升了她的信用额度之后再执行练习 1 中的 SQL 查询，Samantha Smith 仍然会包含在视图中吗？说明原因。

StayWell Student Accommodation

使用 SQL 和 StayWell 数据库（参见图 1-4 ~ 图 1-9）完成下列练习。在完成每个练习之后，执行适当的查询以证明修改是正确的。如果这是教师布置的作业，那么可以使用第 3 章的练习中提供的信息来输出或把它们保存到文档中。如果有任何练习中使用的指令并不是自己使用的 SQL 版本所支持的，写出完成这些任务所需要的指令。

1. 创建 SMALL_PROPERTY 视图，它由面积小于 1250 平方英尺（约 116 平方米）的每所房屋的 ID、办公室编号、卧室数、楼层数、月租金、业主编号组成。

    a. 编写并执行创建 SMALL_PROPERTY 视图的 CREATE VIEW 指令。

    b. 编写并执行提取 SMALL_PROPERTY 视图中月租金大于或等于 1150 美元的每所房屋的办公室编号、房屋 ID、月租金的指令。

    c. 编写并执行 DBMS 实际执行的查询指令。

    d. 通过这个视图对数据库进行更新会不会产生问题？如果会，是什么问题？如果不会，为什么？

2. 创建 PROPERTY_OWNERS 视图，它由卧室数为 3 的每所房屋的 ID、办公室编号、面积、卧室数、楼层数、月租金、业主姓氏组成。

    a. 编写并执行创建 PROPERTY_OWNERS 视图的 CREATE VIEW 指令。

    b. 编写并执行提取 PROPERTY_OWNERS 视图中月租金小于 1675 美元的每所房屋的 ID、办公室编号、月租金、面积、业主姓氏的指令。

    c. 编写并执行 DBMS 实际执行的查询指令。

    d. 通过这个视图对数据库进行更新会不会产生问题？如果会，是什么问题？如果不会，为什么？

3. 创建 MONTHLY_RENTS 视图，它由两列组成：第 1 列是卧室数，第 2 列是 PROPERTY 表中具有该卧室数的所有房屋的平均月租金。使用 AVERAGE_RENT 作为平均月租金的名称。根据卧室数对行进行分组和排序。

    a. 编写并执行创建 MONTHLY_RENTS 视图的 CREATE VIEW 指令。

　　b. 编写并执行提取平均月租金大于1100美元的每所房屋的面积和每平方英尺平均月租金的指令。

　　c. 编写并执行DBMS实际执行的查询指令。

　　d. 通过这个视图对数据库进行更新会不会产生问题？如果会，是什么问题？如果不会，为什么？

4. 编写（但不要执行）授予用户下列权限的指令。

　　a. 用户Oliver需要从PROPERTY表中提取数据。

　　b. 用户Crandall和Perez需要向数据库中添加新的业主和房屋。

　　c. 用户Johnson和Klein需要修改所有房屋的月租金。

　　d. 所有用户都需要提取每所房屋的办公室编号、月租金、业主编号。

　　e. 用户Klein需要添加和删除服务分类。

　　f. 用户Adams需要在SERVICE_REQUEST表中创建索引。

　　g. 用户Adams和Klein需要修改PROPERTY表的结构。

　　h. 用户Klein需要拥有OFFICE、OWNER、PROPERTY表的所有权限。

5. 编写（但不要执行）撤回用户Adams所有权限的指令。

6. 按如下要求创建索引。

　　a. 在OWNER表的STATE列上创建一个名为OWNER_INDEX1的索引。

　　b. 在OWNER表的LAST_NAME列上创建一个名为OWNER_INDEX2的索引。

　　c. 在OWNER表的STATE和CITY列上创建一个名为OWNER_INDEX3的索引，按降序列出州。

7. 从OWNER表中删除OWNER_INDEX3索引。

8. 编写从系统目录中获取下列信息的指令。不要执行这些指令，除非教师要求这样做。

　　a. 列出PROPERTY表的每一列及其数据类型。

　　b. 列出包含了OWNER_NUM列的每个表。

9. 在PROPERTY表中添加OWNER_NUM列作为外键。

10. 确保PROPERTY表的BDRMS列的合法值为1、2或3。

关键思考题

在练习9中，我们在PROPERTY表中添加了业主编号作为外键。确认StayWell数据库中的所有外键，并写出添加它们的SQL指令。

第**8**章

函数、存储过程、触发器

学习目标

- 理解如何在查询中使用函数。
- 对字符数据使用 UPPER 和 LOWER 函数。
- 对数值数据使用 ROUND 和 FLOOR 函数。
- 对一个日期增加指定数量的月或日。
- 计算两个日期之间的天数。
- 在查询中使用连接。
- PL/SQL、T-SQL 存储过程中的嵌入式 SQL 指令。
- 使用嵌入式 SQL 提取单行数据。
- 在嵌入式 SQL 中使用游标提取多行数据。
- 在包含嵌入式 SQL 的存储过程中管理错误。
- 使用触发器。

8.1 简介

前面我们已经使用过适用于分组的函数（例如 SUM 和 AVG 函数）。在本章中，我们将学习使用适用于单行值的函数。具体地说，我们将观察如何对字符或文本、数值、日期使用函数，如何在查询中连接值，以及如何在 PL/SQL、T-SQL 存储过程中嵌入 SQL 指令以提取和更新数据。我们还将讨论在存储过程中管理错误的不同方法。最后，我们将学习如何创建和使用游标及触发器。

8.2 在编程环境中使用 SQL

SQL 是一种功能强大的非过程化语言，我们可以使用它通过简单的指令向计算机提交请求。和其他非过程化语言一样，一条指令就可以完成许多任务。尽管SQL或其他非过程化语言提供了强大的存储和查询数据的功能，但有时我们需要完成的任务还是超出了SQL的能力范围。在这种情况下，就需要使用过程化语言。

所谓过程化语言，就是必须向计算机提供系统的过程来完成某个任务的语言。MySQL的过程化语言是以SQL扩展的形式引入的。MySQL的过程化语言允许开发人员嵌入SQL语句来执行SQL难以独自胜任的复杂任务。这些任务在数据库中可以保存为存储过程，以便在任意时刻执行。

本章使用了Oracle PL/SQL、SQL Server T-SQL，通过把SQL指令嵌入其他语言中来说明如何在编程环境中使用SQL。本章的示例说明了如何使用嵌入式SQL指令实现提取单行、插入新行、更新和删除现有行、提取多行等操作。在这个过程中，我们会创建存储过程。存储过程保存之后，就可以在任何时候使用。

● Oracle用户说明

PL/SQL中的PL表示过程化语言（procedural language）。PL/SQL是一种集成了SQL的过程化语言，由Oracle开发。与T-SQL相似，PL/SQL也提供了一些编程结构，如条件和循环结构。

▶ SQL Server用户说明

T-SQL的全称为Transact-SQL，是另一种SQL扩展。T-SQL是SQL Server所使用的过程化语言。我们可以在SQL Server中使用T-SQL完成提取单行、插入新行、提取多行等任务。尽管与PL/SQL相比，T-SQL的语法稍有不同，但它们提供的功能及产生的结果是相同的。

实用提示

本章假设读者已经拥有一些编程背景，因此不再讨论编程的基础知识。为了理解本章的第一部分，读者应该先熟悉变量、变量的声明，以及过程化代码的创建，包括IF语句和循环等。

8.3 使用函数

我们已经使用聚合函数基于记录的分组执行了计算。例如，使用SUM(BALANCE)可以计算满足WHERE子句条件的所有记录的余额之和，使用GROUP BY子句可以计算一组中各条记录之和。

SQL还提供了影响单条记录的函数。有些函数影响字符数据，有些函数允许我们对数值数据进行操作。不同的SQL实现支持的SQL函数有所不同。本节介绍一些常用的SQL函数。关于读者使用的SQL实现所支持SQL函数的其他信息，可以参考相应SQL实现的官方文档。

8.3.1 字符函数

SQL提供了一些影响字符数据的函数。示例8-1说明了UPPER函数的用法。

示例8-1：列出每位销售代表的ID和姓氏，用大写字母显示姓氏。

UPPER函数旨在以大写字母显示一个值。例如，函数UPPER(LAST_NAME)会把姓氏Garcia显示为GARCIA（注意，UPPER函数只是简单地将姓氏以大写字母显示，而不会把表中存储的姓氏修改为大写字母）。括号中的项（即LAST_NAME）称为函数的参数。这个函数所产生的值就是将LAST_NAME列所存储值中的所有小写字母均以大写形式显示的结果。图8-1显示了这个查询及查询结果。

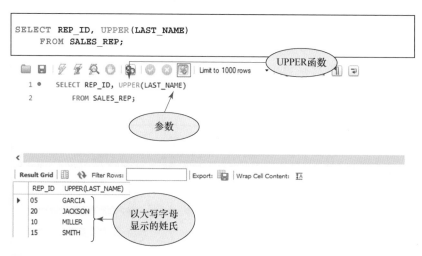

图8-1 使用UPPER函数以大写字母显示字符数据

我们也可以在 WHERE 子句中使用函数。例如，UPPER(LAST_NAME) = 'GARCIA'这个条件对于 Garcia、GARCIA、GaRcIA 都是成立的，因为对这些值使用 UPPER 函数的结果都是 GARCIA。

要想以小写字母显示一个值，可以使用 LOWER 函数。

▶**SQL Server 用户说明**

SQL Server 支持 UPPER 和 LOWER 函数。

8.3.2 数值函数

SQL 还提供了一些影响数值数据的函数。其中，ROUND 函数会把值舍入到指定的小数位数，如示例 8-2 所示。

示例 8-2：列出所有物品的 ID 和价格，把价格舍入为整数。

函数可以接收多个参数。用于把一个值舍入为指定小数点后位数的 ROUND 函数就接收两个参数。第 1 个参数是需要被舍入的值，第 2 个参数指定了舍入结果的小数点后的位数。例如，ROUND(PRICE,0)会把 PRICE 列的值舍入为小数点后零位（仅保留整数）。如果价格是 24.95，结果就是 25；如果价格是 24.25，结果就是 24。图 8-2 显示了把 PRICE 列的值四舍五入为小数点后零位的查询及查询结果。计算列 ROUND(PRICE,0)被命名为 ROUNDED_PRICE。

●**Oracle 用户说明**

UPPER、LOWER、ROUND、FLOOR 函数在 Oracle 中均可使用。在 Oracle 中，这些函数的用法和作用与 MySQL 相同。

▶**SQL Server 用户说明**

与 MySQL 和 Oracle 相似，SQL Server 提供了具有相同功能行为的 UPPER、LOWER、ROUND、FLOOR 函数。

```
SELECT ITEM_ID, ROUND(PRICE, 0) AS ROUNDED_PRICE
    FROM ITEM;
```

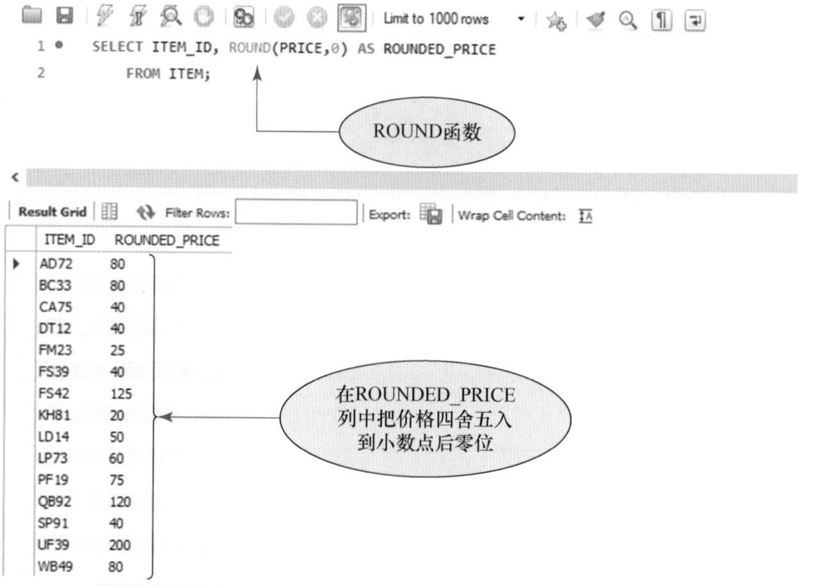

图8-2 使用ROUND函数对值进行四舍五入

除了舍入（使用ROUND函数）之外，我们可能还需要截取整数部分，即删除小数点后面的数值。为此，可以对正值使用FLOOR函数。这个函数只接收1个参数。例如，如果价格是24.95，ROUND(PRICE,0)的结果是25，而FLOOR(PRICE)的结果是24。

8.3.3 对日期进行操作

SQL可以通过函数和计算对日期进行操作。如果想要对一个日期增加指定数量的日、月、年，可以使用DATE_ADD函数，如示例8-3所示，这个特定的例子旨在对一个日期增加一个月。

示例8-3：对于每张发票，列出发票号码和开票日期之后一个月的日期，把这个日期命名为NEXT_MONTH。

DATE_ADD函数接收两个参数。第1个参数是需要增加一个特定时间间隔的日期，第2个参数是间隔值和特定的日期部分（日、月或年）。例如，对开票日期增加一个月的表达式是DATE_ADD(INVOICE_DATE, INTERVAL 1 MONTH)，如图8-3所示。注意，如果间隔值是负的，月数就会回退。

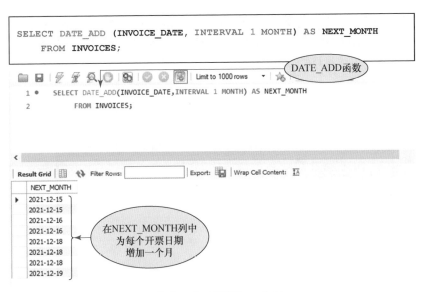

```
SELECT DATE_ADD (INVOICE_DATE, INTERVAL 1 MONTH) AS NEXT_MONTH
    FROM INVOICES;
```

图8-3 使用DATE_ADD函数为一个日期增加一个月

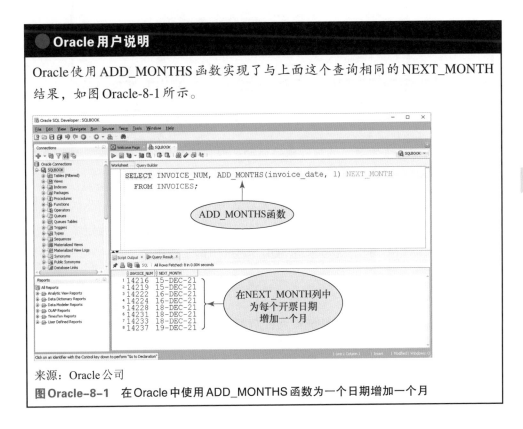

● **Oracle用户说明**

Oracle 使用 ADD_MONTHS 函数实现了与上面这个查询相同的 NEXT_MONTH 结果，如图 Oracle-8-1 所示。

来源：Oracle 公司

图 Oracle-8-1   在 Oracle 中使用 ADD_MONTHS 函数为一个日期增加一个月

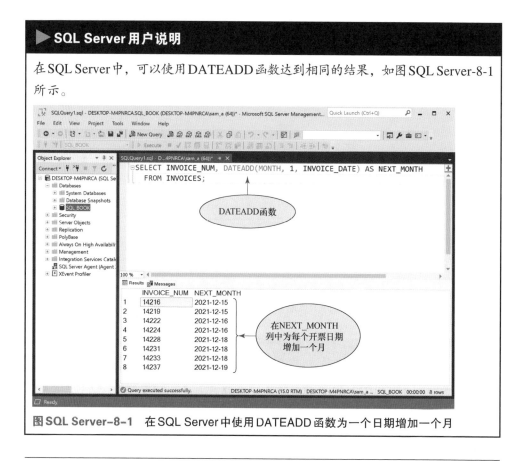

图SQL Server-8-1　在SQL Server中使用DATEADD函数为一个日期增加一个月

示例8-4：对于每张发票，列出发票号码和开票日期之后7天的日期，把这个日期命名为NEXT_WEEK。

为了对一个日期增加指定数量的天数，并不需要使用函数。我们可以像图8-4一样把天数加到开票日期上（也可以按照同样的方式减去指定数量的天数）。这种方法在MySQL、Oracle和SQL Server中都是适用的。

实用提示

注意，图8-4所示的日期是数值格式，而不是表中的日期格式。这是MySQL中的计算所致。为了以日期格式显示，可以使用CONVERT函数：CONVERT (INVOICE_DATE + 7, DATE)。这会把INVOICE_DATE + 7产生的数值转换为DATE格式。CONVERT函数可以把一个值转换为一种特定的格式。

```
SELECT INVOICE_NUM, INVOICE_DATE + 7 AS NEXT_WEEK
    FROM INVOICES;
```

图8-4 对日期增加天数

示例8-5：对于每张发票，列出发票号码、当前日期、开票日期，以及开票日期与当前日期的天数之差。把当前日期命名为TODAYS_DATE，把开票日期与当前日期的天数之差命名为DAYS_PAST。

我们可以使用CURDATE函数获取当前日期，如图8-5所示。图8-5中的指令使用CURDATE函数显示当前日期，并使用DATEDIFF函数确定开票日期与当前日期之间的天数。DAYS_PAST的值会因执行查询时的日期而异。

```
SELECT INVOICE_NUM, CURDATE() AS TODAYS_DATE, INVOICE_DATE,
    DATEDIFF (INVOICE_DATE, CURDATE ()) AS DAYS
    FROM INVOICES;
```

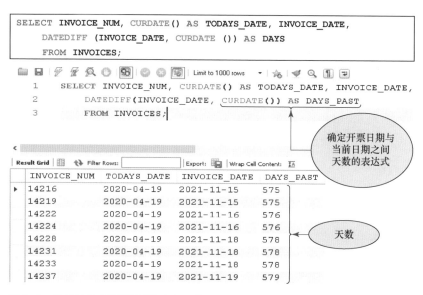

图8-5　使用DATEDIFF函数确定天数

● Oracle 用户说明

与MySQL类似，Oracle使用SYSDATE函数获取当前日期，如图Oracle-8-2所示。注意，ROUND函数会把结果舍入为整数；否则，结果将显示为小数形式，表示一天的一部分。

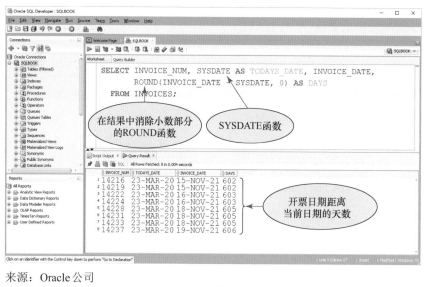

来源：Oracle公司

图Oracle-8-2　在Oracle中使用SYSDATE函数

▶**SQL Server 用户说明**

SQL Server 使用 GETDATE 函数提取当前日期，并使用 DATEDIFF 函数提取两个日期之间的天数、周数、月数、年数，如图 SQL Server-8-2 所示。

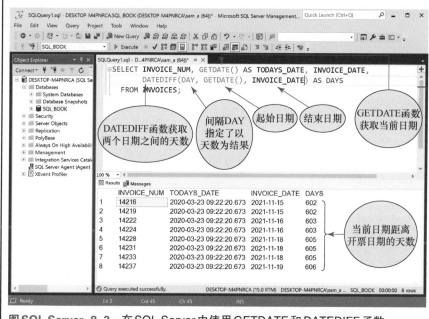

图 SQL Server-8-2 在 SQL Server 中使用 GETDATE 和 DATEDIFF 函数

8.4 连接列

有时候，在查询中显示两个或更多个列时需要把它们连接（或组合）为一个单独的表达式。这个过程被称为连接（concatenation）。为了连接几个列，可以使用 CONCAT 函数，如示例 8-6 所示。

示例 8-6：列出每位顾客的 ID 和姓名。把 FIRST_NAME 和 LAST_NAME 连接为一个单值，名字和姓氏之间用一个空格分隔。

为了连接 FIRST_NAME 和 LAST_NAME 列，可以使用 CONCAT 函数，并以逗号分隔字符列或字符串，如 CONCAT (FIRST_NAME, ' ', LAST_NAME)，如图 8-6 所示。

```
SELECT CUST_ID, CONCAT (FIRST_NAME,' ', LAST_NAME) AS FULL_NAME
    FROM CUSTOMER;
```

图8-6 使用CONCAT函数

● Oracle 用户说明

Oracle提供了CONCAT函数，但这个函数只接收两个需要进行连接的字符串作为参数。

▶ SQL Server 用户说明

与MySQL相似，SQL Server中的CONCAT函数可以接收多于两个的字符串作为参数。

有问有答

问题：在查询中，为什么有必要插入一个由单引号包围的空格？

解答：如果没有这个空格字符，名字和姓氏之间将没有空格。例如，ID为125的顾客的姓名将显示为JoeySmith。

● Oracle 用户说明

CONCAT 函数只接收两个字符列或字符串作为参数。如果遇到前面这种需要连接 3 个字符串（顾客的名字、空格、姓氏）的情况，就需要使用 CONCAT 函数作为参数，如图 Oracle-8-3 所示。

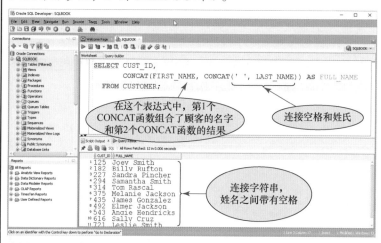

来源：Oracle 公司

图 Oracle-8-3　在 Oracle 中使用 CONCAT 函数

另外，Oracle 提供了双竖杠作为连接操作符，可用于在一个表达式中对两个或更多个字符串进行组合，如图 Oracle-8-4 所示。

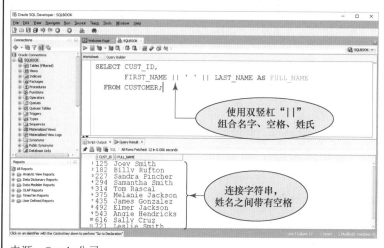

来源：Oracle 公司

图 Oracle-8-4　在 Oracle 中使用连接操作符

▶ **SQL Server 用户说明**

在 SQL Server 中，CONCAT 函数的行为与在 MySQL 中相同。另外，SQL Server 也允许使用连接操作符，用加号表示，如图 SQL Server-8-3 所示。

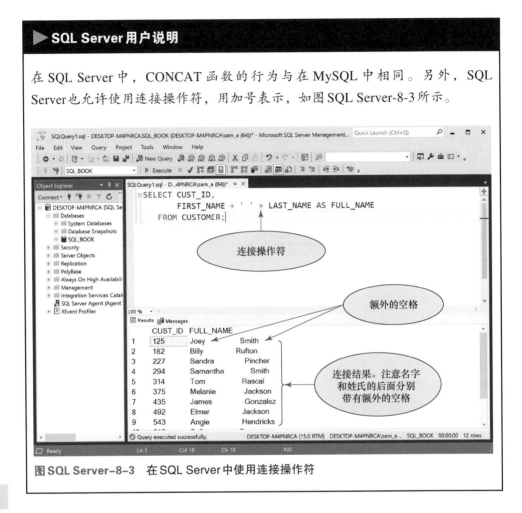

图 SQL Server-8-3 在 SQL Server 中使用连接操作符

当名字并没有包含足够的字符以填满列宽（由 CREATE TABLE 指令中的字符数量指定）时，SQL 会插入额外的空格。例如，当 FIRST_NAME 列的长度为 12 个字符并且名字是 Joey、姓氏是 Smith 时，FIRST_NAME 和 LAST_NAME 的连接结果中，Joey 和 Smith 之间将有 8 个空格。为了消除名字后面的额外空格，可以使用右剪除函数 RTRIM。当把这个函数用于一个列的值时，SQL 会显示原始值，并删除我们在值的末尾插入的所有空格。图 8-7 显示了当 FIRST_NAME 列为 CHAR 数据类型时的查询和输出，额外的空格已被剪除。例如，对于 ID 为 125 的顾客，这条指令将把名字修剪为 Joey，然后把它与一个空格相连接，最后与姓氏 Smith 相连接。

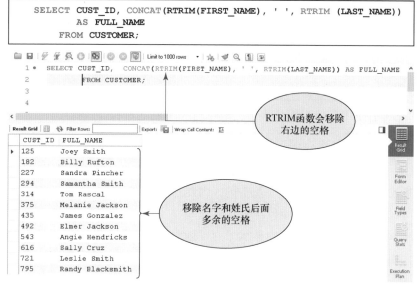

```
SELECT CUST_ID, CONCAT(RTRIM(FIRST_NAME), ' ', RTRIM (LAST_NAME))
        AS FULL_NAME
    FROM CUSTOMER;
```

图8-7 使用RTRIM函数

8.5 在MySQL中使用存储过程

在客户-服务器系统中，数据库存储在称为服务器（server）的计算机上，用户可以通过客户访问数据库。客户就是连接到网络的计算机，它们能够通过服务器访问数据库。每当用户执行查询指令时，DBMS必须确定这个查询的理想处理方式并提供结果。例如，DBMS必须确定哪些索引可以使用，以及是否可以使用这些索引使查询过程更有效率。

当我们预计一个特定的查询会被经常使用时，可以把它保存到一种称为存储过程（stored procedure）的文件中来提高总体性能。存储过程被保存在服务器上。DBMS负责编译存储过程（将其翻译为机器代码），并创建执行计划，也就是获取结果的有效方式。此后，用户就可以执行存储过程中经过编译的优化代码。

把查询保存为存储过程的另一个原因是，即使我们并没有使用客户-服务器系统，它也能够提供极大的便利。我们不需要每次重新输入整个查询，而是可以直接使用存储过程。例如，我们经常需要根据一个特定的ID选择一位顾客，并显示将该顾客的名字和姓氏连接之后的姓名。我们不必在每次需要显示顾客的姓名时输入这个查询，而是可以把这个查询保存在一个存储过程中。此后，当我们需要显示一位顾客的姓名时，只需要运行这个存储过程就可以了。在MySQL中，我们可以创建存储过程并将其保存为脚本文件。

提取单行和单列

示例8-7说明了使用存储过程从表中提取单行和单列的过程。

示例8-7：编写一个MySQL存储过程，输入顾客ID，并显示对应顾客的姓名。

图8-8显示了一个存储过程，用于查找一位顾客的姓名，这位顾客的ID是由I_CUST_ID参数提供的。由于条件涉及主键，因此这个查询只产生一行输出（我们稍后会看到如何处理结果中可能包含多行的查询）。图8-8所示的指令被存储在一个脚本文件中，并在脚本编辑器中显示。为了创建这个存储过程，可以运行这个脚本文件。如果这个脚本文件并没有包含任何错误，MySQL就会创建这个存储过程供以后使用。

实用提示

与SQL指令相似，MySQL存储过程的指令格式很自由，既可以用空白行分隔存储过程的重要部分，也可以在同一行中插入空格以使指令看上去更容易阅读。

CREATE PROCEDURE指令使MySQL创建了一个名为GET_CUSTOMER_NAME的存储过程。在创建这个存储过程之前，我们必须使用DROP PROCEDURE指令删除这个存储过程，以防它已经在数据库中被创建。

一般情况下，MySQL Workbench使用分号作为SQL指令的分隔符，旨在独立地执行由分号分隔的语句。然而，在创建存储过程时，存储过程中的每条语句都需要以分号结束。因此，我们使用DELIMITER关键字定义新的分隔符，旨在告诉MySQL把不使用该新分隔符的语句看成一个整体。图8-8的第1行显示了DELIMITER关键字，它后面的双斜杠将作为分隔符使用。可以看到，END关键字也将双斜杠作为分隔符，相邻两组双斜杠之间的所有语句将被看成一条语句。

```
DELIMITER //
CREATE PROCEDURE GET_CUSTOMER_NAME (IN I_CUST_ID CHAR(3))
BEGIN
 DECLARE V_FULL_NAME VARCHAR(41);

  SELECT CONCAT (FIRST_NAME, '' , LAST_NAME)
    INTO V_FULL_NAME
    FROM CUSTOMER
  WHERE CUST_ID = I_CUST_ID;

  SELECT V_FULL_NAME;
END //

DELIMITER ;
```

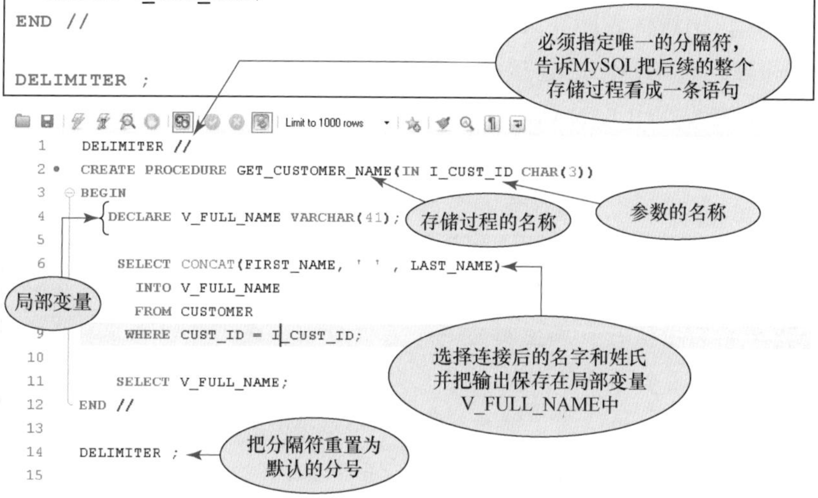

必须指定唯一的分隔符，告诉MySQL把后续的整个存储过程看成一条语句

```
 1    DELIMITER //
 2  · CREATE PROCEDURE GET_CUSTOMER_NAME(IN I_CUST_ID CHAR(3))
 3    BEGIN
 4       DECLARE V_FULL_NAME VARCHAR(41);
 5
 6       SELECT CONCAT(FIRST_NAME, ' ' , LAST_NAME)
           INTO V_FULL_NAME
           FROM CUSTOMER
 9       WHERE CUST_ID = I_CUST_ID;
10
11       SELECT V_FULL_NAME;
12    END //
13
14    DELIMITER ;
15
```

存储过程的名称

参数的名称

局部变量

选择连接后的名字和姓氏并把输出保存在局部变量 V_FULL_NAME中

把分隔符重置为默认的分号

图8-8 在MySQL中创建存储过程

实用提示

我们应该通过下面的指令把默认的分隔符重新定义为分号：

```
DELIMITER ;
```

CREATE PROCEDURE指令包含了参数I_CUST_ID。参数名前面的IN表示 I_CUST_ID为输入参数。也就是说，用户必须为I_CUST_ID提供一个值才能使 用这个存储过程。其他参数类型还包括OUT和INOUT，其中OUT表示存储过程 将会为这个参数设置一个值；而INOUT表示在用户输入一个值之后，存储过程 可以修改这个值。

　　存储过程代码包含的指令指定了这个存储过程的功能，它们出现在BEGIN和END指令之间。存储过程代码中的DECLARE指令定义了一个供以后使用的变量来存储值。在MySQL中定义变量名时，变量名可以由字母、美元符号、下画线、数值符号组成，但不能超过64个字符。另外，在变量的声明中必须指定它的数据类型，例如在图8-8中，变量I_CUST_ID被声明为CHAR数据类型，变量V_FULL_NAME被声明为VARCHAR数据类型。

　　在图8-8中，存储过程代码包含了SQL指令，旨在选择ID存储在变量I_CUST_ID中的那位销售代表的姓氏和名字。这条SQL指令使用INTO子句存储FIRST_NAME和LAST_NAME的连接结果。接下来，SELECT V_FULL_NAME用于显示存储在变量V_FULL_NAME中的值。注意，每个变量声明和指令都以分号结束，唯一例外的是END指令，它以双斜杠结尾，表示代码的结束。

实用提示

　　为了在SQL指令界面中执行（或使用）一个存储过程，我们可以在单独一行中输入单词CALL和这个存储过程的名称，并在括号内提供它所需的参数值，最后以分号结束。例如，为了使用GET_CUSTOMER_NAME存储过程查找ID为125的顾客的姓名，可以输入图8-9所示的指令。

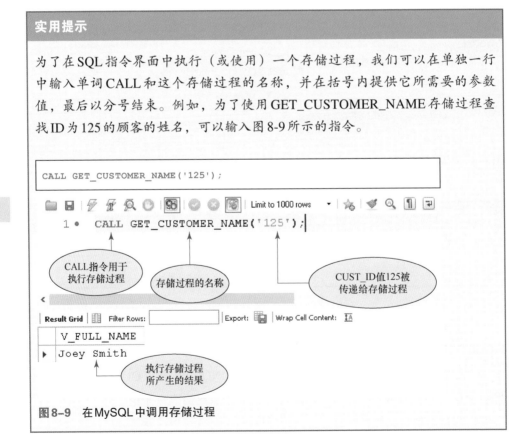

图8-9　在MySQL中调用存储过程

8.6 错误处理

存储过程必须能够处理在访问数据库时触发的错误条件。例如，对于用户输入的顾客 ID，GET_CUSTOMER_NAME 存储过程将显示对应顾客的姓名。如果用户输入的是一个无效的顾客 ID，会怎样呢？这种情况会产生图 8-10 所示的 NULL 值，因为 MySQL 并没有找到需要显示的任何姓氏。

图 8-10 在 MySQL 中不使用错误处理的结果

如图 8-11 所示，我们可以提供"声明异常"的处理程序（handler），以处理遇到无效顾客 ID 的情况。当用户输入的顾客 ID 与 CUSTOMER 表的所有顾客均不匹配时，就会触发 NOT FOUND 条件，这个存储过程将在同一行中显示 SELECT 语句前面的消息，也就是 No customer with this ID was found:（未找到具有这个 ID 的顾客:），后跟这个无效的顾客 ID。

当我们使用这个版本的存储过程并输入一个无效的销售代表 ID 时，这个存储过程将产生错误消息（如图 8-12 所示）而不是空消息（如图 8-10 所示）。

实用提示

在处理错误时有两个选项：EXIT 和 CONTINUE。EXIT 会停止执行 BEGIN 和 END 指令之间的代码，而 CONTINUE 则继续执行导致错误的语句之后的代码。

```
DELIMITER //
CREATE PROCEDURE GET_CUSTOMER_NAME (IN I_CUST_ID CHAR (3))
BEGIN
 DECLARE V_FULL_NAME VARCHAR (41);
 DECLARE EXIT HANDLER FOR NOT FOUND
          SELECT CONCAT ('No customer with this ID was found:',
                 I_CUST_ID) AS MESSAGE;
  SELECT CONCAT (FIRST_NAME,'', LAST_NAME)
    INTO V_FULL_NAME
    FROM CUSTOMER
   WHERE CUST_ID = I_CUST_ID;

 SELECT V_FULL_NAME;
END //

DELIMITER ;
```

```
1      DELIMITER //
2  ●   CREATE PROCEDURE GET_CUSTOMER_NAME(IN I_CUST_ID CHAR(3))
3    ⊖  BEGIN
4        DECLARE V_FULL_NAME VARCHAR(41);
5        DECLARE EXIT HANDLER FOR NOT FOUND
6            SELECT CONCAT('No customer with this ID was found: ', I_CUST_ID)  AS MESSAGE;
7        SELECT CONCAT(FIRST_NAME, ' ' , LAST_NAME)
8         INTO V_FULL_NAME
9         FROM CUSTOMER
10        WHERE CUST_ID = I_CUST_ID;
11
12        SELECT V_FULL_NAME;
13   └  END //
14
15     DELIMITER ;
```

当遇到无效的顾客ID时
显示的消息

图8-11　MySQL中的错误处理

　　GET_CUSTOMER_NAME存储过程可以处理用户输入无效顾客ID导致的错误。根据使用场景，存储过程还必须处理其他类型的错误。例如，用户可能向一个存储过程输入佣金率以查找具有该佣金率的销售代表的姓名。当用户输入佣金率0.04时，这个存储过程就会显示代码为1172的错误（表示具有太多的行），因为Susan Garcia、Donna Smith、Daniel Jackson都对应这个佣金率，这个存储过程找到了3行而不是1行结果。我们可以通过在错误信息声明语句中捕捉错误代码1172来管理这个错误，如图8-13和图8-14所示。

图8-12 在MySQL中使用错误处理的结果

```
DELIMITER //
CREATE PROCEDURE GET_REP_NAME (IN I_RATE DECIMAL (4,2))
BEGIN
  DECLARE V_FULL_NAME VARCHAR (41);
  DECLARE EXIT HANDLER FOR 1172
        SELECT CONCAT ('There is more than one REP with RATE: ',
                I_RATE) AS MESSAGE;
   SELECT CONCAT (FIRST_NAME, '' , LAST_NAME)
     INTO V_FULL_NAME
     FROM SALES_REP
    WHERE RATE = I_RATE;

  SELECT V_FULL_NAME;
END//

DELIMITER ;
```

```
1     DELIMITER //
2 •   CREATE PROCEDURE GET_REP_NAME(IN I_RATE DECIMAL(4,2))
3 ⊖   BEGIN                                                        处理太多行
4        DECLARE V_FULL_NAME VARCHAR(41);                          错误（代码为1172）
5        DECLARE EXIT HANDLER FOR 1172
6              SELECT CONCAT('There is more than one REP with RATE: ', I_RATE)  AS MESSAGE
7         SELECT CONCAT(FIRST_NAME, ' ' , LAST_NAME)
8          INTO V_FULL_NAME
9          FROM SALES_REP
10        WHERE RATE = I_RATE;
11
12        SELECT V_FULL_NAME;
13     END //
14
15     DELIMITER ;
```

图8-13 MySQL中的太多行错误处理

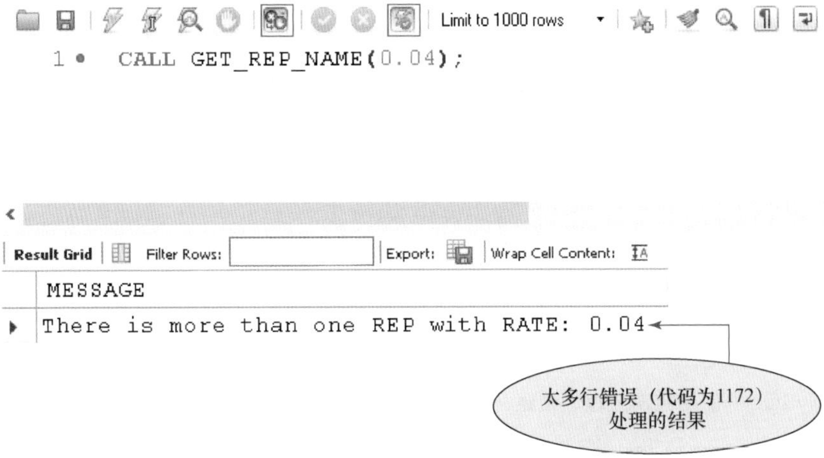
Limit to 1000 rows
1 ● CALL GET_REP_NAME(0.04);
Result Grid
Filter Rows:
Export:
Wrap Cell Content:
MESSAGE
There is more than one REP with RATE: 0.04
太多行错误（代码为1172）处理的结果

图8-14　MySQL中的太多行错误处理的结果

8.7　使用更新存储过程

在第6章中，我们学习了如何使用SQL指令更新数据。我们也可以在存储过程中使用同样的指令。对数据进行更新的存储过程又称为更新存储过程。

8.7.1　使用更新存储过程修改数据

我们可以使用更新存储过程修改一个表中的一行，如示例8-8所示。

示例8-8：把ID存储在I_CUST_ID中的顾客的姓氏修改为I_NEW_NAME中的值。

这个存储过程与前面例子所使用的存储过程相似，但有两个主要区别：它使用了UPDATE指令而不是SELECT指令，另外它还接收两个参数——I_CUST_ID和I_NEW_NAME。I_CUST_ID参数存储了需要更新的顾客ID，I_NEW_NAME参数存储了顾客姓氏的新值。图8-15显示了这个存储过程。

在执行这个存储过程时，我们需要为两个参数提供值。图8-16使用这个存储过程把ID为125的顾客的姓氏修改成了Johnson。

```
DELIMITER //

CREATE PROCEDURE CHG_CUSTOMER_LAST (IN I_CUST_ID CHAR (3),
                                    IN I_NEW_NAME VARCHAR (20))
BEGIN
    DECLARE EXIT HANDLER FOR NOT FOUND
            SELECT CONCAT ('No customer with this ID was found: ',
                  I_CUST_ID) AS MESSAGE;
    UPDATE CUSTOMER
        SET LAST_NAME = I_NEW_NAME
        WHERE CUST_ID = I_CUST_ID;

END //

DELIMITER ;
```

```
1    DELIMITER //
2
3 ●  CREATE PROCEDURE CHG_CUSTOMER_LAST( IN I_CUST_ID CHAR(3), IN I_NEW_NAME VARCHAR(20))
4  ⊝ BEGIN
5      DECLARE EXIT HANDLER FOR NOT FOUND
6              SELECT CONCAT('No customer with this ID was found: ', I_CUST_ID) AS MESSAGE;
7      UPDATE CUSTOMER
8          SET LAST_NAME = I_NEW_NAME
9          WHERE CUST_ID = I_CUST_ID;
10
11   └ END //
12
13   DELIMITER ;
```

存储过程中的UPDATE语句

图8-15 在MySQL的存储过程中使用UPDATE语句

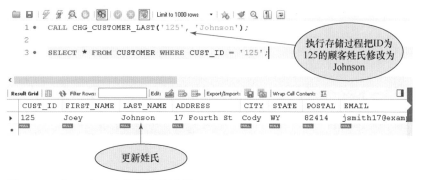

```
1 ●  CALL CHG_CUSTOMER_LAST('125', 'Johnson');
2
3 ●  SELECT * FROM CUSTOMER WHERE CUST_ID = '125';
```

执行存储过程把ID为125的顾客姓氏修改为Johnson

CUST_ID	FIRST_NAME	LAST_NAME	ADDRESS	CITY	STATE	POSTAL	EMAIL
125	Joey	Johnson	17 Fourth St	Cody	WY	82414	jsmith17@examp

更新姓氏

图8-16 在MySQL中执行存储过程

8.7.2　使用更新存储过程删除数据

不出我们所料，既然可以使用一个更新存储过程修改表中的数据，自然也就可以使用一个更新存储过程从表中删除数据，如示例8-9所示。

示例8-9：从INVOICES表中删除发票号码为I_INVOICE_NUM的值的发票，并从INVOICE_LINE表中删除发票号码存储为该值的每条发票明细。

如果我们首先试图从INVOICES表中删除这张发票，引用完整性规则就会阻止这个删除操作，因为INVOICE_LINE表中仍然存在匹配的行，所以首先从INVOICE_LINE表中删除发票明细才是正确的思路。图8-17显示了删除一张发票以及与它相关的发票明细的过程。这个过程包含了两条DELETE指令，第1条指令在INVOICE_LINE表中删除发票号码与I_INVOICE_NUM的值匹配的所有发票明细，第2条指令在INVOICES表中删除发票号码与I_INVOICE_NUM的值匹配的那张发票。

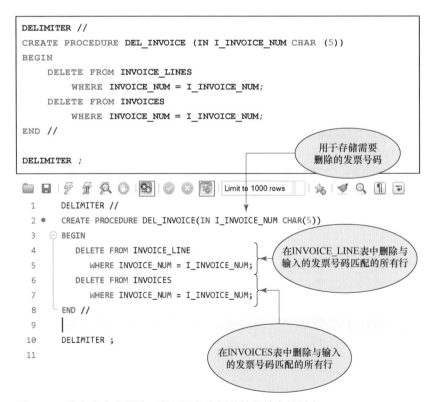

图8-17　从多个表中删除一行以及与它相关的行的存储过程

图8-18显示了如何使用这个存储过程删除号码为14219的发票。即使这个存储过程有两条DELETE指令，用户也只需要输入一次发票号码。

图8-18 在MySQL中使用存储过程删除一张发票

8.8 使用存储过程选择多行

到目前为止，我们所看到的存储过程包含的指令都仅用于提取单行数据。我们可以在MySQL中使用UPDATE或DELETE指令更新或删除多行数据。执行这些指令后，存储过程就可以转移到下一个任务。

当一个存储过程中的一条SELECT指令可以提取多行数据时，会发生什么呢？例如，如果想要用SELECT指令提取ID为I_REP_ID的值的销售代表所服务的每位顾客的ID和姓名，就会带来一个问题：MySQL一次只能处理一行记录，但这条SQL指令提取了多行记录。

当这条指令提取了多行顾客记录时，谁的ID和姓名会被保存到I_CUST_ID和I_CUST_NAME中呢？我们是不是应该使用能够容纳多行数据的I_CUST_ID和I_CUST_NAME数组呢？如果是，这两个数组的长度应该为多少？幸运的是，我们可以使用游标来解决这个问题。

8.8.1 使用游标

游标（cursor）就是在一条SQL指令所提取的行集合中指向一行的指针（与计算机屏幕上的光标不同）。游标一次向前推进一行，旨在对存储过程提取的行集合提供线性的、逐行的访问方式，并使 MySQL 能够处理这些行。通过使用游标，MySQL 可以处理被提取的行集合，就像它们是一个线性文件中的记录一样。

为了使用一个游标，首先必须声明它，如示例 8-10 所示。

示例 8-10：提取并列出 ID 为 I_REP_ID 的值的销售代表所服务的每位顾客的 ID 和姓名。

使用游标的第 1 个步骤是声明这个游标并在存储过程的声明部分描述与之相关联的查询指令。在这个示例中，假设游标的名称是 CUSTGROUP，用于声明这个游标的指令如下所示：

```
DECLARE CUSTGROUP CURSOR FOR
SELECT CUST_ID, CONCAT(FIRST_NAME, ' ', LAST_NAME) AS CUST_NAME
FROM CUSTOMER
WHERE REP_ID = I_REP_ID;
```

这条指令并没有导致这个查询立即被执行，它只是声明了一个名为 CUSTGROUP 的游标，并把这个游标与指定的查询相关联。在存储过程中使用游标涉及 3 条指令：OPEN、FETCH、CLOSE。OPEN 指令可以打开游标，使相关联的查询被执行，并使查询结果对这个存储过程可用。FETCH 指令可以把游标推进到这个查询所提取的行的集合中的下一行，并把该行的内容保存到指定的变量中。最后，CLOSE 指令可以关闭游标并将其销毁。

处理游标时所使用的 OPEN、FETCH、CLOSE 指令与处理线性文件时所使用的 OPEN、READ、CLOSE 指令相似。

8.8.2　打开游标

在打开游标之前，不存在可以提取的行，如图 8-19 所示，CUSTGROUP 部分不存在数据。图 8-19 的右侧显示了用于存储数据的变量（I_CUST_ID 和 I_CUST_NAME）。另外，DONE 的值被设置为 FALSE（当不再有更多行时，一个用于提示游标的异常会被触发，从而将 DONE 变量设置为 TRUE）。当游标被打开并且所有的记录都被提取时，DONE 的值会被设置为 TRUE，因此使用游标的存储过程可以使用该值判定对行的提取何时结束。

图8-19 在执行OPEN指令之前

OPEN指令的写法如下：

```
OPEN CUSTGROUP;
```

图8-20显示了打开CUSTGROUP游标的结果。假设I_REP_ID在执行OPEN指令之前被设置为15。现在，有3行可以被提取，但游标还没有提取其中任何一行，从I_CUST_ID和I_CUST_NAME的值仍然为空就可以看出这一点。DONE的值仍然为FALSE。游标被定位在第1行。也就是说，下一条FETCH指令会使第1行的内容被保存到指定的变量中。

图8-20 在执行OPEN指令之后，但在执行第1条FETCH指令之前

8.8.3 从游标提取行

为了从游标提取下一行，可以使用FETCH指令。FETCH指令的写法如下：

```
FETCH CUSTGROUP INTO I_CUST_ID, I_CUST_NAME;
```

注意，INTO子句与FETCH指令本身相关联，而不是与游标定义中使用的查询相关联。执行这个查询可能会产生多行结果。执行FETCH指令只会产生一行结果，因此，使用FETCH指令把数据保存在指定的变量中是非常合理的。

图8-21～图8-24显示了4条FETCH指令的执行结果。前3次提取是成功的。在每次提取中，游标中适当行的数据被保存到了指定的变量中，DONE的值仍然是FALSE。但第4条FETCH指令则有所不同，因为此时已经不存在可以提取的数据。在这种情况下就会触发异常，提示没有更多的行，变量的内容保持不变，DONE的值被设置为TRUE。

CUSTGROUP

CUST_ID	CUST_NAME
227	Sandra Pincher
314	Tom Rascal
435	James Gonzales

将被提取的行

I_CUST_ID	I_CUST_NAME	DONE
227	Sandra Pincher	FALSE

图8-21   在第1次提取之后

CUSTGROUP

CUST_ID	CUST_NAME
227	Sandra Pincher
314	Tom Rascal
435	James Gonzales

将被提取的行

I_CUST_ID	I_CUST_NAME	DONE
314	Tom Rascal	FALSE

图8-22   在第2次提取之后

CUSTGROUP

CUST_ID	CUST_NAME
227	Sandra Pincher
314	Tom Rascal
435	James Gonzales

将被提取的行

I_CUST_ID	I_CUST_NAME	DONE
435	James Gonzales	FALSE

图8-23   在第3次提取之后

CUSTGROUP

CUST_ID	CUST_NAME
227	Sandra Pincher
314	Tom Rascal
435	James Gonzales

将被提取的行

I_CUST_ID	I_CUST_NAME	DONE
435	James Gonzales	TRUE

图8-24   在尝试第4次提取之后，DONE的值被设置为TRUE

8.8.4　关闭游标

CLOSE指令的写法如下：

```
CLOSE CUSTGROUP;
```

图8-25显示了关闭CUSTGROUP游标之后的结果，数据不再可用。

CUSTGROUP

图8-25 执行CLOSE指令之后

8.8.5 使用游标编写一个完整的存储过程

图 8-26 显示了如何使用游标编写一个完整的存储过程。声明部分包含了 CUSTGROUP 游标的定义。存储过程部分从打开 CUSTGROUP 游标的指令开始。LOOP 和 END LOOP 指令之间的语句创建了一个循环，用于从游标中提取下一行内容并保存到 I_CUST_ID 和 I_CUST_NAME 中。如果 DONE 条件的测试结果为 TRUE，则使用 LEAVE 指令退出循环。如果这个条件不为 TRUE，则显示 "SELECT I_CUST_ID, I_CUST_NAME" 的结果。

```
DELIMITER //
CREATE PROCEDURE DISP_REP_CUST (IN I_REP_ID CHAR (2))
BEGIN
    DECLARE DONE INT DEFAULT FALSE;
    DECLARE I_CUST_ID CHAR (3);
    DECLARE I_CUST_NAME CHAR(41);
    DECLARE CUSTGROUP CURSORFOR
        SELECT CUST_ID, CONCAT (FIRST_NAME, ' ', LAST_NAME) AS CUST_NAME
        FROM CUSTOMER
        WHERE REP_ID = I_REP_ID;
    DECLARE CONTINUE HANDLER FOR NOT FOUND SET DONE = TRUE;

    OPEN CUSTGROUP;
    READ_LOOP: LOOP
        FETCH CUSTGROUP INTO I_CUST_ID, I_CUST_NAME;
        IF DONE THEN
            LEAVE READ_LOOP;
        END IF;
        SELECT I_CUST_ID, I_CUST_NAME;
    END LOOP;
    CLOSE CUSTGROUP;
END //

DELIMITER ;
```

图8-26 在MySQL中使用游标的存储过程

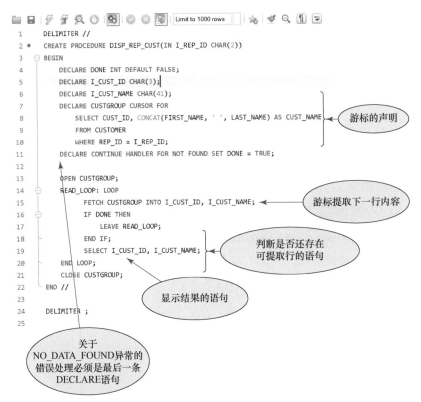

图8-26　在MySQL中使用游标的存储过程（续）

8.8.6　使用更复杂的游标

在示例8-10中，用于定义游标的查询格式非常简单。在游标的定义中，所有的SQL查询都是合法的。事实上，提取数据所需要的查询越复杂，我们嵌入SQL指令能够得到的好处就越多。观察示例8-11所示的查询。

示例8-11：对于发票明细中的物品ID为I_ITEM_ID的值的每张发票，提取发票号码、开票日期、顾客ID，以及为该顾客提供服务的销售代表的ID、名字、姓氏。

打开和关闭游标的方式与示例8-10完全相同。在FETCH指令中，仅有的区别是INTO子句使用了一组不同的变量。因此，唯一真正的区别是游标的定义。图8-27所示的存储过程包含了满足条件的游标定义。

```
DELIMITER //
CREATE PROCEDURE DISP_ITEM_INVOICES( IN I_ITEM_ID CHAR (4))
BEGIN
    DECLARE DONE INT DEFAULT FALSE;
    DECLARE V_INVOICE_NUM CHAR (5);
    DECLARE V_INVOICE_DATE DATE;
    DECLARE V_CUST_ID CHAR (3);
    DECLARE V_REP_ID CHAR (2);
    DECLARE V_REP_LAST CHAR (20);
    DECLARE V_REP_FIRST CHAR (20);
    DECLARE CUSTGROUP CURSOR FOR
        SELECT INVOICES.INVOICE_NUM, INVOICES.INVOICE_DATE,
                INVOICES.CUST_ID, CUSTOMER.REP_ID,
            SALES_REP.FIRST_NAME, SALES_REP.LAST_NAME
            FROM INVOICES, INVOICE_LINE, CUSTOMER, SALES_REP
        WHERE INVOICES.INVOICE_NUM = INVOICE_LINE.INVOICE_NUM
            AND INVOICES.CUST_ID = CUSTOMER.CUST_ID
            AND CUSTOMER.REP_ID = SALES_REP.REP_ID
            AND INVOICE_LINE.ITEM_ID = I_ITEM_ID;
    DECLARE CONTINUE HANDLER FOR NOT FOUND SET DONE = TRUE;
    OPEN CUSTGROUP;
    READ_LOOP: LOOP
        FETCH CUSTGROUP INTO V_INVOICE_NUM, V_INVOICE_DATE, V_CUST_ID,
                            V_REP_ID, V_REP_LAST, V_REP_FIRST;

        IF DONE THEN
            LEAVE READ_LOOP;
        END IF;
        SELECT V_INVOICE_NUM, V_INVOICE_DATE, V_CUST_ID, V_REP_ID,
                V_REP_LAST, V_REP_FIRST;
    END LOOP;
    CLOSE CUSTGROUP;
END //
DELIMITER ;
```

```
1    DELIMITER //
2  ● CREATE PROCEDURE DISP_ITEM_INVOICES( IN I_ITEM_ID CHAR(4))
3  ⊖ BEGIN
4       DECLARE DONE INT DEFAULT FALSE;
5       DECLARE V_INVOICE_NUM CHAR(5);
6       DECLARE V_INVOICE_DATE DATE;
7       DECLARE V_CUST_ID CHAR(3);
8       DECLARE V_REP_ID CHAR(2);
9       DECLARE V_REP_LAST CHAR(20);
10      DECLARE V_REP_FIRST CHAR(20);
11      DECLARE CUSTGROUP CURSOR FOR
12        SELECT INVOICES.INVOICE_NUM, INVOICES.INVOICE_DATE, INVOICES.CUST_ID, CUSTOMER.REP_ID,
13            SALES_REP.FIRST_NAME, SALES_REP.LAST_NAME
14          FROM INVOICES, INVOICE_LINE, CUSTOMER, SALES_REP
15          WHERE INVOICES.INVOICE_NUM = INVOICE_LINE.INVOICE_NUM
16            AND INVOICES.CUST_ID = CUSTOMER.CUST_ID
17            AND CUSTOMER.REP_ID = SALES_REP.REP_ID
18            AND INVOICE_LINE.ITEM_ID = I_ITEM_ID;
```

游标的声明

图8-27 在MySQL中使用游标连接多个表的存储过程

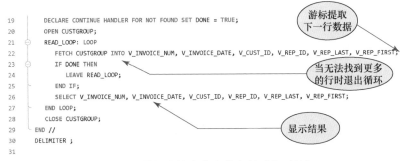

```
19        DECLARE CONTINUE HANDLER FOR NOT FOUND SET DONE = TRUE;
20        OPEN CUSTGROUP;
21        READ_LOOP: LOOP
22            FETCH CUSTGROUP INTO V_INVOICE_NUM, V_INVOICE_DATE, V_CUST_ID, V_REP_ID, V_REP_LAST, V_REP_FIRST;
23            IF DONE THEN
24                LEAVE READ_LOOP;
25            END IF;
26            SELECT V_INVOICE_NUM, V_INVOICE_DATE, V_CUST_ID, V_REP_ID, V_REP_LAST, V_REP_FIRST;
27        END LOOP;
28        CLOSE CUSTGROUP;
29    END //
30    DELIMITER ;
31
```

游标提取下一行数据

当无法找到更多的行时退出循环

显示结果

图8-27　在MySQL中使用游标连接多个表的存储过程（续）

8.8.7　游标的优点

示例8-11的提取需求是比较复杂的。除了编写上面的游标定义之外，我们并不需要担心获取必要数据或者按正确顺序放置数据的机制，因为游标在打开后会自动完成处理。对于我们而言，使用游标可以让存储过程看上去就像在一个包含了正确数据并按正确顺序排序的线性文件中进行。这说明了游标的如下3个主要优点。

1. 极大地简化了存储过程的编写。

2. 一般情况下，我们必须确定访问数据的有效方式。在使用嵌入SQL指令的程序或存储过程中，优化器会确定访问数据的理想方式。我们并不需要关注提取数据的理想方式。另外，当一个底层结构发生变化时（例如，创建了一个额外的索引），优化器会确定在新结构下执行查询的理想方式，不需要我们修改程序或存储过程。

3. 当数据库的结构发生了变化，但必要的信息仍然可以通过另一个查询来获取时，在程序或存储过程中，唯一需要修改的就是游标的定义。程序或存储过程的逻辑代码并不会受到影响。

8.9　在Oracle中使用PL/SQL

与MySQL相似，在PL/SQL中，CREATE PROCEDURE指令旨在告诉Oracle把存储过程保存在数据库中。通过在CREATE PROCEDURE指令中包含OR REPLACE子句，可以修改一个现有的存储过程。如果省略了OR REPLACE子句，要想修改一个存储过程，就需要先删除这个存储过程，再对它进行重建。

单词IN、OUT和INOUT在Oracle中的作用与在MySQL中相同。PL/SQL中的变量名必须以字母开头，可以包含字母、美元符号、下画线、数字，但不能超过30个字符。所有声明的变量必须指定数据类型。我们可以使用%TYPE属性保证一个变量的数据类型与一个表中某个特定列的数据类型相同。为此，需要以表名、圆点、列名、%TYPE的形式指定数据类型，如CUSTOMER.CUST_ID%TYPE。在使用%TYPE时，并不需要输入数据类型，因为这个变量会自动被设置为与对应列相同的数据类型。

在图Oracle-8-5中，CREATE PROCEDURE指令的第1行以AS结尾，后跟存储过程中的指令。第2行和第3行的指令声明了这个存储过程所需的局部变量，这里创建了两个变量V_LAST_NAME和V_FIRST_NAME。这两个变量的类型都是由%TYPE设置的。

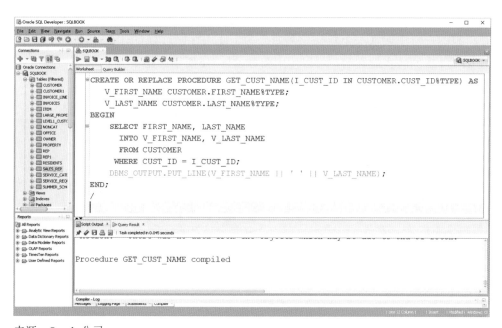

来源：Oracle 公司

图Oracle-8-5 在PL/SQL中根据顾客ID查找顾客姓名的存储过程

在图Oracle-8-5中，存储过程代码从选择ID存储在I_CUST_ID中的销售代表的名字和姓氏开始。与MySQL相似，这条SQL指令使用INTO子句把结果保存到变量V_FIRST_NAME 和 V_LAST_NAME中。接下来，使用DBMS_OUTPUT.PUT_LINE存储过程显示变量V_FIRST_NAME和V_LAST_NAME的连接结果。注意，每个变量、指令、单词END的后面都需要以分号结束。在存储过程中，最后的斜杠单独出现在一行。在有些Oracle环境中，斜杠是可省略的，但包含斜杠是良好的习惯，因为这样可以确保我们的存储过程正确地运行。

● Oracle 用户说明

DBMS_OUTPUT是包含了多个存储过程的程序包，其中包括PUT_LINE。SQL指令界面会自动显示DBMS_OUTPUT产生的输出。在SQL指令行环境中，首先需要执行SET SERVEROUTPUT ON指令以显示输出。

为了在SQL指令界面中调用（或使用）存储过程，可以依次输入单词BEGIN、存储过程的名称（包括括号内的参数值）、单词END以及一个分号，并在单独的一行中输入一个斜杠。例如，为了使用存储过程GET_CUST_NAME查找ID为125的顾客的姓名，可以使用图Oracle-8-6所示的指令。

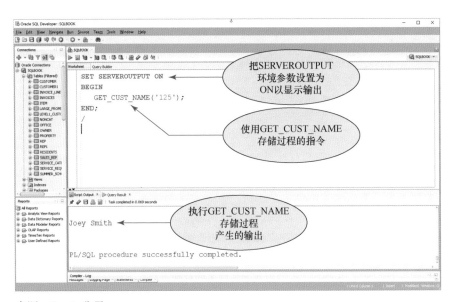

来源：Oracle公司

图Oracle-8-6　在PL/SQL中用一条SQL指令使用存储过程GET_CUST_NAME

8.9.1　PL/SQL的错误处理

与MySQL相似，我们可以处理在访问数据库时触发的条件。可通过像图 Oracle-8-7 一样包含 EXCEPTION 子句，来处理无效的顾客 ID 触发的异常。为了处理未找到数据的异常，可以使用第 11 行的 NO_DATA_FOUND 条件。当 NO_DATA_FOUND 条件为真时，这个存储过程就会显示 "No customer with this ID:" 和无效的顾客 ID。

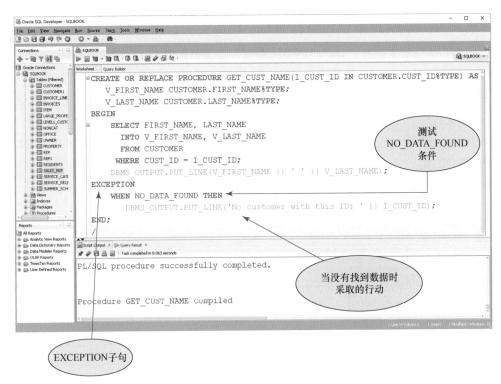

来源：Oracle 公司

图 Oracle-8-7　PL/SQL 的错误处理

PL/SQL 的另一个常见异常是 TOO_MANY_ROWS，它是在 SELECT 指令返回的数据超过 1 行时触发的。我们可以在存储过程的 EXCEPTION 子句的后面编写一个包含 TOO_MANY_ROWS 条件的 WHEN 子句来管理这个异常。可以在同一个存储过程中编写多条 WHEN 子句，也可以把它们放在不同的存储过程中。但是，当把多条 WHEN 子句添加到同一个存储过程时，EXCEPTION 子句只能出现 1 次。

● **Oracle用户说明**

在PL/SQL的存储过程中使用UPDATE和DELETE语句的方式与MySQL类似，区别在于语法不同。

8.9.2　在PL/SQL中使用游标编写一个完整的存储过程

图Oracle-8-8显示了如何使用游标编写一个完整的存储过程。声明部分包含了CUSTGROUP游标的定义。存储过程部分包含了打开CUSTGROUP游标，使用LOOP和END LOOP指令创建循环，用游标提取内容，以及把结果保存在变量V_INVOICE_NUM、V_INVOICE_DATE、V_CUST_ID、V_REP_ID、V_REP_LAST、V_REP_FIRST中。EXIT指令的测试条件为CUSTGROUP%NOTFOUND。如果这个条件为真，循环就会终止。如果这个条件不为真，DBMS_OUTPUT.PUT_LINE指令就会显示这些变量的内容。

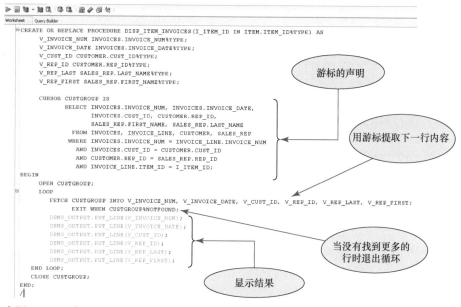

来源：Oracle公司

图Oracle-8-8　在PL/SQL中使用连接多个表的游标的存储过程

8.10 在SQL Server中使用T-SQL

SQL Server使用了SQL的一个扩展版本：T-SQL。我们可以使用T-SQL创建存储过程并使用游标。创建和使用存储过程和游标的原因与PL/SQL相同，它们只在语法上存在区别。

8.10.1 在T-SQL中提取单行和单列

在示例8-7中，我们学习了如何在MySQL中编写一个以顾客ID作为输入并显示对应顾客姓名的存储过程。下面的代码显示了如何用T-SQL创建这个存储过程：

```
CREATE PROCEDURE usp_GET_CUST_NAME
@custid char(3)
AS
SELECT RTRIM(FIRST_NAME)+' '+RTRIM(LAST_NAME)
FROM CUSTOMER
WHERE CUST_ID = @custid
GO
```

这里使用的 CREATE PROCEDURE 指令使 SQL Server 创建了一个名为 usp_GET_CUST_NAME 的存储过程。前缀 usp_ 表示这个存储过程是用户存储过程。尽管这个前缀可以省略，但使用这个前缀可以很容易地在 SQL Server 中区分用户存储过程和系统存储过程。这个存储过程的参数是 @custid。在 T-SQL 中，我们必须指定参数的数据类型。所有的参数都以"@"开头。参数应该具有与表中对应的特定列相同的数据类型和长度，在 CUSTOMER 表中，CUST_ID 的数据类型为 CHAR，长度为 2。CREATE PROCEDURE 指令以单词 AS 及其后组成存储过程的 SELECT 指令结束。

为了调用这个存储过程，可以使用EXEC指令，并在单引号中提供所需的参数。执行这个存储过程查找ID为125的顾客的姓名的代码如下：

```
EXEC usp_DISP_REP_NAME '125'
```

8.10.2 在T-SQL中使用存储过程修改数据

在示例8-8中，我们学习了如何在MySQL中编写修改顾客姓名的存储过程。下面的指令显示了如何在T-SQL中创建这个存储过程：

```
CREATE PROCEDURE usp_CHG_CUSTOMER_LAST
@custid char(3),
@newname char(20)
AS
UPDATE CUSTOMER
SET LAST_NAME = @newname
WHERE CUST_ID = @custid
GO
```

这个存储过程具有两个参数——@custid和@newname，并且使用了UPDATE指令而不是SELECT指令。为了执行一个具有两个参数的存储过程，可以像下面这条指令一样用逗号分隔这两个参数。

```
EXEC usp_CHG_CUST_NAME '125', 'Johnson'
```

8.10.3　在T-SQL中使用存储过程删除数据

在示例8-9中，我们学习了如何在MySQL中编写从INVOICE_LINE表和INVOICES表中删除一张发票的存储过程。下面的指令显示了如何使用T-SQL创建这个存储过程：

```
CREATE PROCEDURE usp_DEL_INVOICE
@invoicenum char(5)
AS
DELETE
FROM INVOICE_LINE
WHERE INVOICE_NUM = @invoicenum
DELETE
FROM INVOICES
WHERE INVOICE_NUM = @invoicenum
GO
```

8.10.4　在T-SQL中使用游标

在T-SQL中，游标的用途与在MySQL和PL/SQL中相同，工作方式也相同。我们需要声明游标、打开游标、提取内容、关闭游标。唯一的区别是指令的语法。下面的T-SQL代码完成了与示例8-10相同的任务：

```
CREATE PROCEDURE usp_DISP_REP_CUST
@repid char(2)
AS
```

```
DECLARE @custid char(3)
DECLARE @custname char(41)
DECLARE mycursor CURSOR READ_ONLY
    FOR SELECT CUST_ID, FIRST_NAME + ' ' + LAST_NAME AS CUST_NAME
        FROM CUSTOMER WHERE REP_ID = @repid
OPEN mycursor
FETCH NEXT FROM mycursor
    INTO @custid, @custname
WHILE @@FETCH_STATUS = 0
BEGIN
    PRINT @custid + ' ' + @custname
    FETCH NEXT FROM mycursor
    INTO @custid, @custname
END
CLOSE mycursor
DEALLOCATE mycursor
GO
```

这个存储过程使用了参数@repid。它还使用了两个变量，每个变量都必须用
DECLARE 语句声明。我们声明了一个游标，指定了它的名称，描述了它的属
性，并把它与一条 SELECT 语句相关联。游标的属性 READ_ONLY 表示这个游
标只用于提取内容。在 T-SQL 中，OPEN、FETCH、CLOSE 指令完成的任务与
MySQL 相同。OPEN 指令打开游标，使查询被执行。FETCH 指令把游标推进到
下一行，并将该行的内容保存到指定的变量中。CLOSE 指令关闭游标。
DEALLOCATE 指令刷新并销毁与游标的关联。DEALLOCATE 指令并非必需，
但它能确保用户可以在另一个存储过程中使用相同的游标名称。

WHILE 循环会使指令重复执行，直到系统变量@@FETCH_STATUS 的值不
等于 0。PRINT 指令输出存储在变量@custid 和@custname 中的值。

8.10.5　在 T-SQL 中使用更复杂的游标

T-SQL 还可以用于处理更复杂的查询。完成与示例 8-11 相同任务的 T-SQL
代码如下所示：

```
CREATE PROCEDURE usp_DISP_ITEM_INVOICES
@itemid char(4)
AS
```

```
DECLARE @invoicenum char(5)
DECLARE @invoicedate date
DECLARE @custid char(3)
DECLARE @repid char(2)
DECLARE @lastname char(15)
DECLARE @firstname char(15)
DECLARE mycursor CURSOR READ_ONLY
    FOR SELECT INVOICES.INVOICE_NUM, INVOICES.INVOICE_DATE,
               INVOICES.CUST_ID, CUSTOMER.REP_ID,
               SALES_REP.FIRST_NAME, SALES_REP.LAST_NAME
        FROM INVOICES, INVOICE_LINE, CUSTOMER, SALES_REP
        WHERE INVOICES.INVOICE_NUM = INVOICE_LINE.INVOICE_NUM
          AND INVOICES.CUST_ID = CUSTOMER.CUST_ID
          AND CUSTOMER.REP_ID = SALES_REP.REP_ID
          AND INVOICE_LINE.ITEM_ID = @itemid
OPEN mycursor
FETCH NEXT FROM mycursor
    INTO @invoicenum, @invoicedate, @custid,
         @repid, @lastname, @firstname
WHILE @@FETCH_STATUS = 0
BEGIN
    PRINT @invoicenum
    PRINT @invoicedate
    PRINT @custid
    PRINT @repid
    PRINT @lastname
    PRINT @firstname
    FETCH NEXT FROM mycursor
        INTO @invoicenum, @invoicedate, @custid, @repid,
             @lastname, @firstname
END
CLOSE mycursor
DEALLOCATE mycursor
GO
```

8.11 使用触发器

触发器（trigger）也是一种存储过程，它会响应一个与其关联的数据库操作指令（如 INSERT、UPDATE、DELTE 指令），从而自动执行。与对用户的请求做出响应的存储过程不同，触发器对导致与其关联的数据库操作执行的指令做出响应。

本例假设 ITEM 表有一个新列 ON_ORDER，用于表示订单中一件物品的总订购数量。例如，如果一件物品出现在两条发票明细中，其中一条发票明细中的订购数量是 3，另一条发票明细中的订购数量是 2，那么这件物品的 ON_ORDER 列的值就是 5。增加、修改、删除发票明细都会影响物品的 ON_ORDER 列的值。为了保证这个值能够及时更新，可以使用触发器。

我们可以像图 8-28 一样在 MySQL 中创建 ADD_INVOICE_LINE 触发器。这个触发器中的 SQL 指令会在用户添加一条发票明细时执行，以更新对应物品的 ON_ORDER 列的值。例如，如果物品 AD72 的 ON_ORDER 列的值是 3，并且用户增加了一条发票明细，其中物品 AD72 的订购数量是 2，则物品 AD72 的订购数量就变成了 5。当我们在 INVOICE_LINE 表中增加一条记录时，ADD_INVOICE_LINE 触发器就会更新 ITEM 表，把这条发票明细的订购数量与原先存储在 ON_ORDER 列中的值相加。

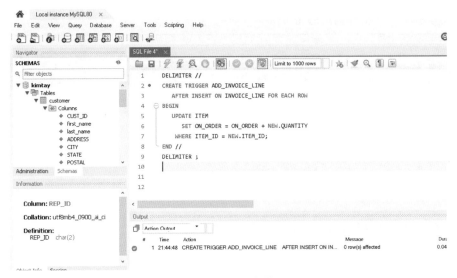

图 8-28 MySQL 中的 ADD_INVOICE_LINE 触发器

● **Oracle 用户说明**

图 Oracle-8-9 说明了如何在 INVOICE_LINE 表上创建一个 AFTER INSERT 类型的触发器。

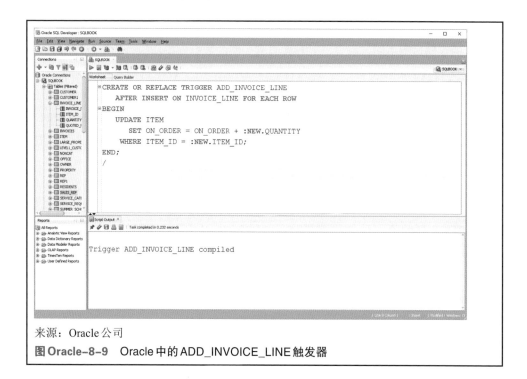

来源：Oracle公司

图 Oracle-8-9　　Oracle 中的 ADD_INVOICE_LINE 触发器

▶ **SQL Server 用户说明**

在 SQL Server 中，使用 T-SQL 创建 ADD_INVOICE_LINE 触发器的代码如下所示：

```
CREATE TRIGGER ADD_INVOICE_LINE
ON INVOICE_LINE
AFTER INSERT
AS
DECLARE @numbord decimal(3,0)
SELECT @numbord = (SELECT QUANTITY FROM INSERTED)
UPDATE ITEM
SET ON_ORDER = ON_ORDER + @numbord
```

这个触发器使用了变量@numbord，存储在这个变量中的值是从SELECT语句获取的。INSERTED表是个临时的系统表，其中包含了最后一条SQL指令所插入的值的一份副本，列的名称与INVOICE_LINE表中的列相同。INSERTED表包含了QUANTITY列的最新值，它们也是我们更新ITEM表时所需要的值。

  图8-28中的第1行创建了一个名为ADD_INVOICE_LINE的触发器。第3行表示这个触发器会在增加了一条发票明细之后响应，也就是说，SQL指令会在每一行被添加之后执行。和存储过程一样，SQL指令出现在BEGIN和END之间。在这个例子中，SQL指令是一条UPDATE指令，它使用限定符NEW来表示添加到INVOICE_LINE表的行。假设我们添加了一条物品ID为AD72的发票明细并且订购数量为2，此时，NEW.ITEM_ID是AD72，NEW.QUANTITY是2。

  UPDATE_INVOICE_LINE触发器会在用户试图更新一条发票明细时响应，其创建指令如图8-29所示。UPDATE_INVOICE_LINE触发器和ADD_INVOICE_LINE触发器存在两个区别。第一，UPDATE_INVOICE_LINE触发器定义中的第3行表示这个触发器是在针对发票明细的UPDATE而不是INSERT操作后执行的。第二，更新ON_ORDER列的计算同时包括了NEW.QUANTITY和OLD.QUANTITY。和ADD_INVOICE_LINE触发器一样，NEW.QUANTITY表示新值。此外，UPDATE指令中还存在旧值，即更新发生之前的值。如果一个更新把QUANTITY的值从2修改为3，则OLD.QUANTITY为2，而NEW.QUANTITY为3，加上NEW.QUANTITY并减去OLD.QUANTITY的结果就是净增值，此时为1（净增值也可以是负值，代表ON_ORDER的值变小了）。

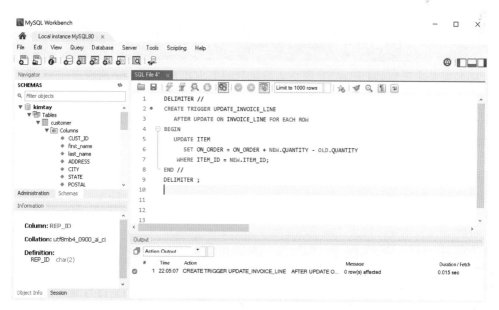

图8-29　MySQL中的UPDATE_INVOICE_LINE触发器

● Oracle 用户说明

图 Oracle-8-10 展示了 UPDATE_INVOICE_LINE 触发器的创建指令。该触发器旨在对 INOVICE_LINE 表执行 AFTER UPDATE 操作。Oracle 对 OLD 和 NEW 使用冒号作为前缀，以表示它们是绑定的变量。

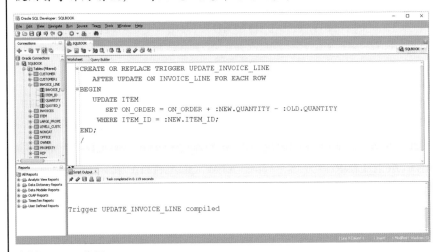

来源：Oracle 公司

图 Oracle-8-10　Oracle 中的 UPDATE_INVOICE_LINE 触发器

▶ SQL Server 用户说明

在完成发票明细的 UPDATE 操作之后执行的 T-SQL 触发器如下所示：

```
CREATE TRIGGER UPDATE_INVOICE_LINE
ON INVOICE_LINE
AFTER UPDATE
AS
DECLARE @newnumbord decimal(3,0)
DECLARE @oldnumbord decimal (3,0)
SELECT @newnumbord = (SELECT QUNATITY FROM INSERTED)
SELECT @oldnumbord = (SELECT QUNATITY FROM DELETED)
UPDATE ITEM
SET ON_ORDER = ON_ORDER + @newnumbord - @oldnumbord
```

这个触发器使用了 INSERTED 表和 DELETED 表。DELETED 表包含了 QUANTITY 列以前的值，而 INSERTED 表包含了更新后的值。

DELETE_INVOICE_LINE触发器会执行与其他两个触发器相似的函数，其创建指令如图8-30所示。当一条发票明细被删除时，对应物品的ON_ORDER更新值等于把ON_ORDER的当前值减去OLD.QUANTITY（在删除操作中，不存在NEW.QUANTITY）。

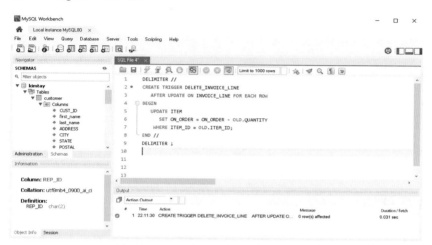

图8-30 MySQL中的DELETE_INVOICE_LINE触发器

● Oracle用户说明

图Oracle-8-11展示了DELETE_INVOICE_LINE触发器的创建指令。该触发器旨在对INOVICE_LINE表执行AFTER DELETE操作。

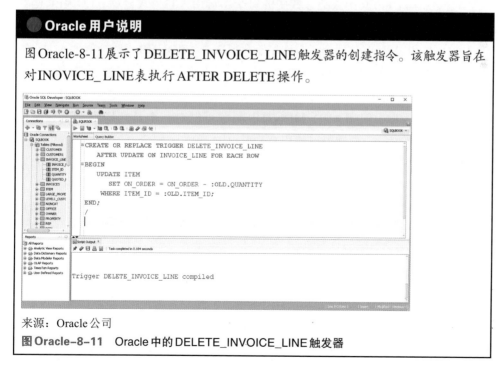

来源：Oracle公司

图Oracle-8-11 Oracle中的DELETE_INVOICE_LINE触发器

▶ **SQL Server 用户说明**

DELETE_INVOICE_LINE 触发器只使用了系统表 DELETED，代码如下所示：

```
CREATE TRIGGER DELETE_INVOICE_LINE
ON INVOICE_LINE
AFTER DELETE
AS
DECLARE @numbord decimal (3,0)
SELECT @numbord = (SELECT QUANTITY FROM DELETED)
UPDATE ITEM
SET ON_ORDER = ON_ORDER - @numbord
```

8.12 本章总结

- 有些函数的结果是基于单条记录的值。UPPER 和 LOWER 这两个函数作用于字符数据。UPPER 函数把参数中的每个字母用大写形式显示。LOWER 函数把参数中的每个字母用小写形式显示。

- ROUND 和 FLOOR 这两个函数作用于数值数据。ROUND 函数把值舍入为小数点后的指定位数。对于正值，FLOOR 函数可以移除小数点右边的所有数字。

- 在 MySQL 中使用 DATE_ADD 函数可以对一个日期增加特定数量的日、月、年。在 Oracle 中使用 ADD_MONTHS 函数可以对一个日期增加指定数量的月。在 SQL Server 中则可以使用 DATEADD 函数。

- 为了对一个日期增加指定的天数，可以使用正常的加法。也可以用一个日期减去另一个日期，结果是这两个日期之间的天数。

- 为了获取当天日期，可以在 MySQL 中使用 CURDATE 函数，在 Oracle 中使用 SYSDATE 函数，在 SQL Server 中使用 GETDATE 函数。

- 为了连接字符列的值，可以使用 CONCAT 函数。在 Oracle 中，列名之间用双竖杠分隔。可以使用 RTRIM 函数删除值后面所有多余的空格。在 SQL Server 中，可以使用加号连接字符值。在 Access 中，可以使用 "&" 符号连接字符值。

- 存储过程就是保存在一个文件中的查询指令，可供用户以后执行。

- 要想在 MySQL、PL/SQL、T-SQL 中创建存储过程，可以使用 CREATE

PROCEDURE指令。

- MySQL存储过程中的变量是在单词DECLARE后声明的。变量的类型应该与数据库中对应列的类型相同。在Oracle中，可以使用%TYPE属性获取变量的类型。

- 在MySQL和Oracle中，可以通过在SELECT指令中使用INTO子句把SELECT指令的执行结果保存到变量中。

- 可以在PL/SQL和T-SQL存储过程中使用INSERT、UPDATE、DELETE指令，即使它们影响不止一行。

- 当MySQL、PL/SQL、T-SQL中的一条SELECT指令提取了多行时，就必须定义游标来提取结果，一次选择一行。

- 可以使用OPEN指令激活游标，并执行游标中定义的查询。

- 可以在MySQL、PL/SQL、T-SQL中使用FETCH指令选择下一行。

- 可以使用CLOSE指令使游标失效。之前使用游标提取的行在MySQL、PL/SQL、T-SQL中将不再可用。

- 触发器可以通过响应一个与其关联的数据库操作指令（如INSERT、UPDATE、DELETE指令）而自动执行。和存储过程一样，触发器也是在服务器上存储并编译的。与根据用户的请求而执行的存储过程不同，触发器是在相关联的数据库操作发生后自动执行的。

关键术语

ADD_MONTHS	执行 execute
实参 argument	FETCH
调用 call	FLOOR
客户 client	LOWER
客户-服务器系统 client-server system	非过程化语言 nonprocedural language
CLOSE	OPEN
连接 concatenation	PL/SQL
CONVERT	过程化语言 procedural language
CURDATE	ROUND
游标 cursor	RTRIM
DATE_ADD	服务器 server
嵌入式 embedded	存储过程 stored procedure

SYSDATE

触发器 trigger

T-SQL

更新存储过程 update stored procedure

UPPER

8.13　复习题

章节测验

1. 如何在 MySQL、Oracle、SQL Server 中将数据显示为大写字母形式？如何在 MySQL、Oracle、SQL Server 将数据显示为小写字母形式？

2. 如何在 MySQL、Oracle、SQL Server 中把一个数舍入到小数点后的指定位数？如何在 MySQL、Oracle、SQL Server 中移除正值的小数点之后的所有数字？

3. 在 MySQL、Oracle、SQL Server 中，如何对一个日期增加指定的月数？如何对一个日期增加指定的天数？如何确定两个日期之间的天数？

4. 如何在 MySQL、Oracle、SQL Server 中获取当天日期？

5. 如何在 MySQL、Oracle、SQL Server 中连接字符列的值？

6. 哪个函数可以删除一个值右边的额外空格？

7. 什么是存储过程？它们有什么用途？

8. 在 MySQL 和 PL/SQL 存储过程中，哪个部分可以嵌入 SQL 指令？

9. 在 MySQL 和 PL/SQL 存储过程中，如何声明变量？

10. 在 PL/SQL 中，如何把变量的数据类型设置为与数据库中一列的数据类型相同？

11. 在 MySQL 和 PL/SQL 中，如何把一条 SELECT 指令的执行结果保存到变量中？

12. 在 MySQL 和 PL/SQL 存储过程中，使用 INSERT、UPDATE、DELETE 指令能够影响多行吗？

13. 在存储过程中，如何使用 SELECT 指令提取多行？

14. 什么指令可以激活游标？

15. 什么指令可以选择游标中的下一行？

16. 什么指令可以使游标失效？

17. 什么是触发器？它们有什么用途？

18. 在 SQL Server 中，INSERTED 和 DELETED 表的用途是什么？

关键思考题

当我们执行以下 SQL 指令时，结果是 no data found（数据未找到），但我们希望有一条记录被提取。重新编写这条 SQL 指令，使用一个函数提取这条记录。

```
SELECT ITEM_ID, DESCRIPTION, PRICE
    FROM ITEM
    WHERE DESCRIPTION = 'Dog Toy Gift Set';
```

8.14 案例练习

KimTay Pet Supplies

使用 KimTay 数据库（参见图 1-2）完成下列练习。如果这是教师布置的作业，那么可以使用第 3 章的练习中提供的信息来输出或把它们保存到文档中。

1. 列出所有物品的 ID 和描述。描述应该用大写字母形式来显示。

2. 列出城市为 Cody 的所有顾客的 ID、名字、姓氏，且忽略大小写。例如，城市为 Cody 的顾客应该被包含，城市为 CODY、cody、cOdY 等的顾客也应该被包含。

3. 列出所有顾客的 ID、名字、姓氏、余额。余额应该舍入为整数。

4. KimTay 正在进行一场促销活动，从订购日期起 20 天内有效。列出每张发票的发票号码、顾客 ID、顾客姓名、促销日期。促销日期定在发票日期的 20 天以后。

5. 编写 MySQL、PL/SQL、T-SQL 存储过程，完成以下任务。

   a. 获取 ID 为 I_CUST_ID 的值的顾客的姓名和信用额度。把这些结果分别保存到变量 I_CUSTOMER_NAME 和 I_CREDIT_LIMIT 中。输出 I_CUSTOMER_NAME 和 I_CREDIT_LIMIT 变量的内容。

   b. 获取号码为 I_INVOICE_NUM 的值的发票的开票日期、顾客 ID、顾客姓名。把这些结果分别保存到变量 I_INVOICE_DATE、I_CUST_ID、I_CUST_NAME 中，输出 I_INVOICE_DATE、I_CUST_ID、I_CUST_NAME 变量的内容。

   c. 在 INVOICE 表中添加一行。

   d. 把号码为 I_INVOICE_NUM 的值的发票的开票日期修改为当前存储在 I_INVOICE_DATE 中的日期。

   e. 删除号码为 I_INVOICE_NUM 的值的发票。

6. 在MySQL、PL/SQL、T-SQL中编写一个存储过程，提取并输出分类为I_CATEGORY的值的每件物品的ID、描述、库存位置、价格。

7. 在MySQL、PL/SQL、T-SQL中编写一个存储过程，修改一个特定ID的物品的价格。如何使用这个存储过程把物品AD72的价格修改为84.99美元？

8. 在MySQL、PL/SQL、T-SQL中编写代码，完成下列触发器，并遵循本书所采用的风格。

   a. 当添加一位顾客时，把顾客的余额与销售代表的佣金率相乘的结果添加到对应销售代表的佣金列中。

   b. 当更新一位顾客时，把新余额和旧余额的差乘以销售代表的佣金率的结果存储到对应销售代表的佣金列中。

   c. 当删除一位顾客时，把为其提供服务的销售代表的佣金减去该顾客的余额和该销售代表的佣金率的积。

关键思考题

SQL提供了一些日期和时间函数。其中两个函数是CURRENT_DATE和MONTHS_BETWEEN。自行搜索有关这两个函数的信息。CURRENT_DATE函数与SYSDATE函数有什么区别？这两个函数在MySQL和SQL Server中是否可用？用一段话说明这两个函数的作用，并讨论MySQL、Oracle、SQL Server中这些函数的区别和相似之处，然后完成下面的任务。

KimTay想要知道一张发票的开票日期和当前日期的月数之差。在MySQL和Oracle中编写一条SQL语句，显示发票号码以及当前日期和开票日期的月数之差。月数之差应该以整数显示（提示：可以在一个函数中嵌入另一个函数）。

StayWell Student Accommodation

使用StayWell数据库（参见图1-4～图1-9）完成下列练习。如果这是教师布置的作业，那么可以使用第3章的练习中提供的信息来输出或把它们保存到文档中。

1. 列出所有业主的编号、名字、姓氏。名字以大写字母形式显示，姓氏以小写字母形式显示。

2. 列出城市为Seattle的所有业主的编号和姓氏，且忽略大小写。例如，城市为Seattle的顾客应该被包含，城市为SEATTLE、SEAttle、SeAttle等的顾客也应该被包含。

3. StayWell会为按季度支付房租的租客提供月租折扣。折扣是月租金额的

1.75%。对于每所房屋，列出办公室编号、地址、业主编号、业主姓氏、月租金、折扣。折扣金额应该舍入为整数。

4. 编写 PL/SQL 或 T-SQL 存储过程，完成下列任务。

    a. 获取业主编号存储在 I_OWNER_NUM 变量中的那位业主的名字和姓氏，分别保存到变量 I_FIRST_NAME 和 I_LAST_NAME 中。输出 I_OWNER_NUM、I_FIRST_NAME、I_LAST_NAME 变量的内容。

    b. 获取房屋 ID 为 I_PROPERTY_ID 的值的房屋的办公室编号、地址、业主编号、业主名字、业主姓氏，分别保存到变量 I_LOCATION_NUM、I_ADDRESS、I_OWNER_NUM、I_FIRST_NAME、I_LAST_NAME 中。输出 I_PROPERTY_ID、I_ADDRESS、I_OWNER_NUM、I_FIRST_NAME、I_LAST_NAME 变量的内容。

    c. 在 OWNER 表中添加一行。

    d. 把业主编号为 I_OWNER_NUM 的值的业主的姓氏修改为 I_LAST_NAME 的值。

    e. 删除业主编号为 I_OWNER_NUM 的值的业主。

5. 编写 PL/SQL 或 T-SQL 存储过程，提取并输出房屋面积等于 I_SQR_FT 的值的每所房屋的办公室编号、地址、月租金、业主编号。

6. 编写 MySQL 函数，完成下列任务。

    a. 删除编号为 I_OWNER_NUM 的值的业主。

    b. 把编号为 I_OWNER_NUM 的值的业主的姓氏修改为 I_LAST_NAME 的值。

    c. 提取并输出房屋面积等于 I_SQR_FT 的值的每所房屋的位置编号、地址、月租金、业主编号。

7. 用 PL/SQL 或 T-SQL 编写一个存储过程，修改具有特定地址和办公室编号的一所房屋的月租金。如何使用这个存储过程把地址为 782 Queen Ln. 并且办公室编号为 1 的房屋的月租金修改为 1100 美元？

8. 假设 OWNER 表包含了一个 TOTAL_RENT_INCOME 列，用于表示业主的所有房屋的月租金总额。用 PL/SQL 或 T-SQL 编写代码，完成下列触发器，并遵循本书所采用的风格。

    a. 在 PROPERTY 表中插入一行时，把该行的月租金累加到对应业主的月租金总额中。

    b. 当更新 PROPERTY 表中的一行时，把新月租金与旧月租金之差累加到对应业主的月租金总额中。

c. 在PROPERTY表中删除一行时，从对应业主的月租金总额中减去该行的月租金。

关键思考题

SQL提供了很多数值函数。其中两个函数是FLOOR和CEIL。自行搜索有关这两个函数的信息。它们在MySQL、Oracle、SQL Server中是否可用？用一段话说明这两个函数的作用，并讨论它们在MySQL、Oracle、SQL Server中的区别和相似之处，然后完成下列任务。

a. StayWell想要知道把月租金打折3%的效果。在Oracle中编写一条SQL指令，显示房屋ID、地址、折后月租金、使用CEIL函数的折后月租金，以及使用FLOOR函数的折后月租金。

b. 根据自己的研究，说明这三列月租金的值是否会发生变化。如果有变化，它们是怎么变化的？使用ID为6的房屋解释自己的答案。请注明引用的在线资源。

附录 A
SQL 参考

我们可以通过附录 A 来了解与 SQL 语言的重要组成部分和语法有关的细节。对于一些指令，本附录还包含了与它们相关联的子句的简单描述，并说明了它们是必需的还是可省略的。

A.1　别名

我们可以在查询中为每个表指定一个别名。可通过在表名的后面加上空格和名称来指定一个别名，这样就可以在指令的剩余部分使用这个别名了。

下面的指令为 SALES_REP 表创建了别名 S，为 CUSTOMER 表创建了别名 C：

```
SELECT S.REP_ID, S.LAST_NAME, S.FIRST_NAME, C.CUST_ID, C.FIRST_NAME,
      C.LAST_NAME
    FROM SALES_REP S, CUSTOMER C
    WHERE S.REP_ID = C.REP_ID;
```

A.2　ALTER TABLE 指令

使用 ALTER TABLE 指令可以修改表的结构，如图 A-1 所示。指令格式为：ALTER TABLE、表名、需要执行的修改。

子句	描述	是否必需
ALTER TABLE 表名	指定需要修改的表的名称	是
修改	指定需要执行的修改类型	是

图 A-1　ALTER TABLE 指令

下面的指令对 CUSTOMER 表进行了修改，增加了新列 CUSTOMER_TYPE：

```
ALTER TABLE CUSTOMER
ADD CUSTOMER_TYPE CHAR(1);
```

下面的指令对CUSTOMER表的CITY列进行了修改，使它可以接收空值：

```
ALTER TABLE CUSTOMER
MODIFY CITY NOT NULL;
```

注意，在SQL Server中，必须使用ALTER COLUMN子句，并按如下方式对列进行完整的定义：

```
ALTER TABLE CUSTOMER
ALTER COLUMN CITY CHAR(15) NOT NULL
```

A.3　列或表达式列表（SELECT子句）

为了选择列，可以使用SELECT子句，格式为：SELECT、列名列表（以逗号分隔）。

下面的SELECT子句表示选择CUST_ID、FIRST_NAME、LAST_NAME和BALANCE列：

```
SELECT CUST_ID, FIRST_NAME, LAST_NAME, BALANCE
```

在SELECT子句中使用星号可以选择一个表的所有列：

```
SELECT *
```

A.3.1　计算列

我们可以输入计算过程，用计算过程来代替列。为了提高可读性，可以把计算过程放在一对括号中，尽管这并不是必需的做法。

下面的SELECT子句表示选择CUST_ID、FIRST_NAME和LAST_NAME列，以及将CREDIT_LIMIT列减去BALANCE列的结果：

```
SELECT CUST_ID, FIRST_NAME, LAST_NAME, (CREDIT_LIMIT - BALANCE)
```

A.3.2　DISTINCT操作符

为了避免选择重复的值，可以在指令中使用DISTINCT操作符。当我们在指令中省略DISTINCT操作符并且表中存在多行具有相同的值时，这些值就会出现在查询结果的多行中。

下面的SELECT子句表示从INVOICES表中选择所有的顾客编号，且每个顾客编号在结果中只出现1次：

```
SELECT DISTINCT(CUST_ID)
FROM INVOICES;
```

A.3.3　函数

我们可以在SELECT子句中使用函数。常用的函数有AVG（计算平均值）、COUNT（对行进行计数）、MAX（确定最大值）、MIN（确定最小值）以及SUM（计算总额）。

下面的指令旨在使用SELECT子句计算平均余额：

```
SELECT AVG(BALANCE)
```

A.4　COMMIT指令

使用COMMIT指令可以使上一条指令以来的所有更新永久化。如果之前的COMMIT指令还没有被执行，这条COMMIT指令就会立即把当前会话期间的所有更新永久化。当退出SQL时，所有的更新会自动永久化。图A-2描述了COMMIT指令。

子句	描述	是否必需
COMMIT	表示需要执行COMMIT（提交）操作	是

图A-2　COMMIT指令

把最近一次COMMIT指令以来的所有更新永久化的指令如下：

```
COMMIT;
```

注意，在SQL Server中，把最近一次COMMIT指令以来的所有更新永久化的指令如下：

```
COMMIT TRANSACTION
```

A.5　条件

条件就是求值结果为真或假的表达式。当我们在WHERE子句中使用了一个条件时，查询结果将包含使这个条件为真的行。我们可以使用BETWEEN、LIKE、IN、EXISTS、ALL、ANY操作符创建简单条件和复合条件。

A.5.1　简单条件

简单条件的格式是：列名、比较操作符、另一个列名或值。可用的比较操作符包括=（等于）、<（小于）、>（大于）、<=（小于或等于）、>=（大于或等于）、<>（不等于）。

下面的WHERE子句使用了一个简单条件来选择余额大于信用额度的行：

```
WHERE BALANCE > CREDIT_LIMIT
```

A.5.2　复合条件

复合条件由AND、OR、NOT操作符连接简单条件而成。当使用AND操作符连接简单条件时，所有的简单条件都必须为真，复合条件才能为真。当使用OR操作符连接简单条件时，只要其中任意一个简单条件为真，复合条件就为真。在一个条件的前面加上NOT操作符可以反转这个条件的真假。

当库存位置为B或者库存数量大于15（或两者皆成立）时，下面的WHERE子句为真：

```
WHERE (LOCATION = 'B') OR (ON_HAND > 15)
```

当库存位置为B并且库存数量大于15时，下面的WHERE子句为真：

```
WHERE (LOCATION = 'B') AND (ON_HAND > 15)
```

当库存位置不为B时，下面的WHERE子句为真：

```
WHERE NOT (LOCATION = 'B')
```

A.5.3　BETWEEN条件

我们可以使用BETWEEN操作符判断值是否在指定的范围内。

当余额为500 ~ 1000时，下面的WHERE子句为真：

```
WHERE BALANCE BETWEEN 500 AND 1000
```

A.5.4 LIKE 条件

LIKE 条件使用通配符选择行。百分号通配符表示任意的字符组合。对于条件 LIKE '%Rock%'，当数据依次由任意数量的任意字符、字符组合 Rock、任意数量的任意字符组成时，这个条件就为真。另一个通配符是下画线，它表示任意的单个字符。例如，T_m 表示字母 T、任意一个字符、字母 m 的字符组合。对于 Tim、Tom、T3m 这样的字符组合，这个条件为真。

如果 ADDRESS 列的值为 Rock、Rocky 或其他任何包含 Rock 的值，则下面的 WHERE 子句就为真。

```
WHERE ADDRESS LIKE '%Rock%'
```

A.5.5 IN 条件

我们可以使用 IN 操作符来判断一个值是否在某个特定的值集合中。当信用额度为 500、700 或 1000 时，下面的 WHERE 子句为真：

```
WHERE CREDIT_LIMIT IN (500, 750, 1000)
```

如果物品 ID 位于与发票号码 14228 相关联的物品 ID 集合中，则下面的 WHERE 子句为真：

```
WHERE ITEM_ID IN
(SELECT ITEM_ID
FROM INVOICE_LINE
WHERE ITEM_ID = '14228')
```

A.5.6 EXISTS 条件

我们可以使用 EXISTS 操作符来判断一个子查询的结果是否至少包含 1 行。

如果子查询的结果至少包含 1 行，即至少有一条发票明细具有指定的发票号码并且物品 ID 为 FS42，则下面的 WHERE 子句为真：

```
WHERE EXISTS
(SELECT *
FROM INVOICE_LINE
WHERE INVOICES.INVOICE_NUM = INVOICE_LINE.INVOICE_NUM
AND INVOICE_LINE.ITEM_ID = 'FS42')
```

A.5.7　ALL 和 ANY 条件

我们可以在子查询中使用 ALL 或 ANY。如果在子查询的前面加上 ALL，则条件只有在满足子查询所产生的所有值时才为真。如果在子查询的前面加上 ANY，则条件在满足子查询所产生的任何值（一个或多个值）时就为真。

如果余额大于子查询结果所包含的每个余额，则下面的 WHERE 子句为真：

```
WHERE BALANCE > ALL
(SELECT BALANCE
FROM CUSTOMER
WHERE REP_ID= '20')
```

如果余额大于子查询结果中的至少 1 个余额，则下面的 WHERE 子句为真：

```
WHERE BALANCE > ANY
(SELECT BALANCE
FROM CUSTOMER
WHERE REP_ID = '20')
```

A.6　CREATE INDEX 指令

我们可以使用 CREATE INDEX 指令为一个表创建索引。图 A-3 描述了 CREATE INDEX 指令。

子句	描述	是否必需
CREATE INDEX 索引名	指定索引的名称	是
ON 表名	指定在哪个表上创建索引	是
列名的列表	指定索引是根据哪些列创建的	是

图 A-3　CREATE INDEX 指令

下面的指令根据 LAST_NAME 和 FIRST_NAME 列的组合使用 CREATE INDEX 指令为 SALES_REP 表创建了一个名为 REP_NAME 的索引：

```
CREATE INDEX REP_NAME ON SALES_ REP (LAST_NAME, FIRST_NAME);
```

A.7　CREATE TABLE 指令

我们可以使用 CREATE TABLE 指令定义一个新表的结构。图 A-4 描述了

CREATE TABLE 指令。

子句	描述	是否必需
CREATE TABLE 表名	指定需要创建的表的名称	是
列和数据类型的列表	指定组成这个表的列以及它们对应的数据类型	是

图A–4 CREATE TABLE 指令

下面使用 CREATE TABLE 指令创建了 SALES_REP 表，REP_ID 是这个表的主键：

```
CREATE TABLE SALES_REP
(REP_ID CHAR(2) PRIMARY KEY,
FIRST_NAME CHAR(15),
LAST_NAME CHAR(15),
ADDRESS CHAR(15),
CITY CHAR(15),
STATE CHAR(2),
POSTAL CHAR(5),
COMMISSION DECIMAL(7,2),
RATE DECIMAL(3,2));
```

A.8 CREATE VIEW 指令

我们可以使用 CREATE VIEW 指令创建视图。图 A-5 描述了 CREATE VIEW 指令。

子句	描述	是否必需
CREATE VIEW 视图名 AS	指定需要创建的视图的名称	是
查询指令	表示这个视图的定义性查询	是

图A–5 CREATE VIEW 指令

下面使用 CREATE VIEW 指令创建了一个名为 DOGS 的视图，它由 ITEM 表中分类为 DOG 的所有行的物品 ID、物品描述、库存数量及单价组成。

```
CREATE VIEW DOGS AS
SELECT ITEM_ID, DESCRIPTION, ON_HAND, PRICE
FROM ITEM
WHERE CATEGORY = 'DOG';
```

A.9　数据类型

图 A-6 描述了我们在 CREATE TABLE 指令中可以使用的数据类型。

数据类型	描述
CHAR(n)	存储长度为 n 个字符的字符串。对于包含字母、特殊符号，以及不用于任何计算的数值的列，可以使用 CHAR 数据类型。例如，由于销售代表 ID 和顾客 ID 都不会用于任何计算，因此 REP_ID 和 CUST_ID 列都可以设置为 CHAR 数据类型
VARCHAR(n)	CHAR 的一种替代类型。与 CHAR 不同，VARCHAR 只存储实际的字符串。例如，如果一个长度为 20 个字符的字符串被存储在一个 CHAR(30) 的列中，它将占据 30 个字符（20 个字符加上 10 个空格）。如果将它存储在一个 VARCHAR(30) 的列中，那么它只占据 20 个字符。一般而言，使用 VARCHAR 代替 CHAR 的表可以节省空间，但 DBMS 在处理查询和更新时的速度要慢一些。两者都是合法的选择。本书使用的是 CHAR，但 VARCHAR 也同样适用
DATE	存储日期数据。日期的特定格式因不同的 SQL 实现而异。在 MySQL 和 SQL Server 中，日期出现在一对单引号中，格式为'YYYY-MM-DD'（例如，'2020-10-23'是 2020 年 10 月 23 日）。在 Oracle 中，日期也出现在一对单引号中，格式为'DD-MON-YYYY'（例如，'23-OCT-2020' 是 2020 年 10 月 23 日）
DECIMAL(p,q)	存储一个长度为 p 个数字的数，其中小数点之后的位数为 q。例如，数据类型 DECIMAL(5,2) 表示一个小数点的左右分别有 3 位和 2 位的数（例如 123.45）。我们可以在计算中使用 DECIMAL 列的内容，还可以在 MySQL 中使用 NUMERIC(p,q) 存储十进制数。Oracle 和 SQL Server 则使用 NUMBER(p,q) 来存储十进制数
INT	存储整数，也就是没有小数部分的数。它的合法取值范围是 −2147483648～2147483647。我们可以在计算中使用 INT 列的内容。如果在单词 INT 的后面加上 AUTO_INCREMENT，就会创建一个自动增长列。每当我们添加一个新行时，SQL 就会自动为该列生成一个新的序号。例如，当我们希望 DBMS 自动生成主键的值时，这是一种适当的做法
SMALLINT	存储整数，但使用的空间小于 INT 数据类型。它的合法取值范围是 −32768～32767。当我们确定列所存储的整数位于这个范围时，SMALLINT 是比 INT 更好的选择。可在计算中使用 SMALLINT 列的值

图 A–6　数据类型

A.10　删除行

可以使用 DELETE 指令从一个表中删除一行或多行，如图 A-7 所示。

子句	描述	是否必需
DELETE 表名	指定从哪个表删除行	是
WHERE 条件	指定了一个条件，满足这个条件的行会被提取并删除	否（如果省略了 WHERE 子句，所有的行都会被删除）

图 A–7　DELETE 指令

下面的DELETE指令从LEVEL1_CUSTOMER表中删除了顾客ID为227的所有行：

```
DELETE LEVEL1_CUSTOMER
WHERE CUST_ID = '227';
```

A.11 DESCRIBE

在Oracle中，我们可以使用DESCRIBE指令列出一个表的所有列及它们的属性。下面的指令描述了SALES_REP表：

```
DESCRIBE SALES_REP;
```

注意，在SQL Server中，执行sp_columns可以列出一个表的所有列。列出SALES_REP表的所有列（可以省略EXEC指令）的指令如下：

```
exec sp_columns SALES_REP
```

A.12 DROP INDEX指令

可以使用DROP INDEX指令删除一个索引，如图A-8所示。

子句	描述	是否必需
DROP INDEX 索引名	指定需要删除的索引的名称	是

图A-8 DROP INDEX指令

下面的DROP INDEX指令删除了CRED_NAME索引：

```
DROP INDEX CRED_NAME;
```

注意，在SQL Server中，必须像下面这样在索引名的前面使用表名进行限定：

```
DROP INDEX CUSTOMER.CRED_NAME
```

A.13 DROP TABLE指令

可以使用DROP TABLE指令删除一个表，如图A-9所示。

子句	描述	是否必需
DROP TABLE 表名	指定需要删除的表的名称	是

图 A-9　DROP TABLE 指令

下面的 DROP TABLE 指令删除了 LEVEL1_CUSTOMER 表：

```
DROP TABLE LEVEL1_CUSTOMER;
```

A.14　DROP VIEW 指令

可以使用 DROP VIEW 指令删除一个视图，如图 A-10 所示。

子句	描述	是否必需
DROP VIEW 视图名	指定需要删除的视图的名称	是

图 A-10　DROP VIEW 指令

下面的 DROP VIEW 指令删除了 DOGS 视图：

```
DROP VIEW DOGS;
```

A.15　GRANT 指令

可以使用 GRANT 指令向用户授予权限，如图 A-11 所示。

子句	描述	是否必需
GRANT 权限	指定需要授予的权限	是
ON 数据库对象	指定该权限所作用的数据库对象	是
TO 用户名	指定获得该权限的用户。要想把权限授予所有用户，可以使用 TO PUBLIC 子句	是

图 A-11　GRANT 指令

下面的 GRANT 指令向用户 Johnson 授予了从 SALES_REP 表选择行的权限：

```
GRANT SELECT
ON SALES_REP
TO Johnson;
```

A.16　INSERT INTO（查询）指令

可以使用带查询的 INSERT INTO 指令把一个查询指令所提取的行插入表，如图 A-12 所示。必须指定数据行所插入的表名和查询指令，查询的结果将被插入表。

子句	描述	是否必需
INSERT INTO 表名	指定了数据行所插入的表的名称	是
查询指令	其执行结果将被插入表	是

图 A-12　INSERT INTO（查询）指令

下面的 INSERT INTO 指令把一个查询指令所选择的行插入了 LEVEL1_CUSTOMER 表：

```
INSERT INTO LEVEL1_CUSTOMER
SELECT CUST_ID, FIRST_NAME, LAST_NAME, BALANCE, CREDIT_LIMIT, REP_ID
FROM CUSTOMER
WHERE CREDIT_LIMIT = 500;
```

A.17　INSERT INTO（值）指令

可以使用 INSERT INTO 指令和指定了每列所需要的值的 VALUES 子句把一行插入一个表，如图 A-13 所示。必须指定需要插入值的表，并在一对括号中列出需要插入的值的列表。

子句	描述	是否必需
INSERT INTO 表名	指定了数据行所插入的表的名称	是
值的列表	指定了新行的每一列的值	是

图 A-13　INSERT INTO（值）指令

下面的 INSERT INTO 指令把括号中的值作为一个新行插入了 SALES_REP 表：

```
INSERT INTO SALES_REP
VALUES
('25', 'Campos', 'Rafael', '724 Vinca Dr. ', 'Grove', 'WY', '90092',
'305-555-1234', 23457.50, 0.06);
```

A.18　表的完整性

我们可以使用ALTER TABLE指令，并适当配合ADD CHECK、ADD PRIMARY KEY或ADD FOREIGN KEY子句来指定表的完整性。图A-14描述了用于指定表的完整性的ALTER TABLE指令。

子句	描述	是否必需
ALTER TABLE 表名	指定了需要指定完整性的表	是
完整性子句	ADD CHECK、ADD PRIMARY KEY 或 ADD FOREIGN KEY	是

图A-14　完整性选项

下面的 ALTER TABLE 指令修改了 ITEM 表，使 CATEGORY 列的合法值只能是 BRD、FSH、DOG、CAT 或 HOR：

```
ALTER TABLE ITEM
ADD CHECK (CATEGORY IN ('BRD', 'FSH ', 'DOG ','CAT', 'HOR') );
```

下面的 ALTER TABLE 指令修改了 SALES_REP 表，使 REP_ID 列成为这个表的主键：

```
ALTER TABLE SALES_REP
ADD PRIMARY KEY(REP_ID);
```

下面的 ALTER TABLE 指令修改了 CUSTOMER 表，使 REP_ID 列成为引用 SALES_REP 表中主键的外键：

```
ALTER TABLE CUSTOMER
ADD FOREIGN KEY(REP_ID) REFERENCES SALES_REP;
```

A.19　REVOKE 指令

我们可以使用REVOKE指令撤销一个用户的权限。图A-15描述了REVOKE指令。

子句	描述	是否必需
REVOKE 权限	指定了需要撤销的权限类型	是
ON 数据库对象	指定了该权限所作用的数据库对象	是
FROM 用户名	指定了需要为哪个（或哪些）用户撤销权限	是

图A-15　REVOKE 指令

下面的REVOKE指令撤销了用户Johnson对SALES_REP表的SELECT权限：

```
REVOKE SELECT
ON SALES_REP
FROM Johnson;
```

A.20 ROLLBACK指令

我们可以使用ROLLBACK指令反转（即取消）上一条COMMIT指令执行以来的所有更新。如果之前没有执行过COMMIT指令，那么当前工作阶段的所有修改都会被取消。图A-16描述了ROLLBACK指令。

子句	描述	是否必需
ROLLBACK	执行回滚操作	是

图A-16 ROLLBACK指令

下面的指令反转了上一条COMMIT指令之后的所有更新：

```
ROLLBACK;
```

注意，在SQL Server中，下面的指令反转了上一条COMMIT指令之后的所有更新：

```
ROLLBACK TRANSACTION
```

A.21 SELECT指令

我们可以使用SELECT指令从一个或多个表中提取数据。图A-17描述了SELECT指令。

下面的SELECT指令连接了INVOICES和INVOICE_LINE表，选择了顾客ID、发票号码、开票日期，以及订购数量和单价的乘积之和（被命名为INVOICE_TOTAL）。记录是根据发票号码、顾客ID、开票日期进行分组的，只有发票总额大于250美元的组才会被包含，各个组是根据发票号码进行排序的：

子句	描述	是否必需
SELECT 列或表达式的列表	指定了需要提取的列或表达式	是
FROM 表的列表	指定了查询所需要的表	是
WHERE 条件	指定了一个或多个条件。只有满足条件的列才会被提取	否（如果省略了 WHERE 子句，所有的行都会被提取）
GROUP BY 列的列表	指定了根据哪个（或哪些）列对行进行分组	否（如果省略了 GROUP BY 子句，就不会对提取的行进行分组）
HAVING 关于分组的条件	指定了用于分组的条件。只有满足条件的组才会被包含在查询中。只有当查询的输出被分组时才能使用 HAVING 子句	否（如果省略了 HAVING 子句，所有的分组都会被包含）
ORDER BY 列或表达式的列表	指定了根据哪个（或哪些）列对查询结果进行排序	否（如果省略了 ORDER BY 子句，就不会对查询结果进行排序）

图 A-17　SELECT 指令

```
SELECT INVOICES.CUST_ID, INVOICES.INVOICE_NUM, INVOICE_DATE,
SUM(QUANTITY * QUOTED_PRICE) AS INVOICE_TOTAL
FROM INVOICES, INVOICE_LINE
WHERE INVOICES.INVOICE_NUM = INVOICE_LINE.INVOICE_NUM
GROUP BY INVOICES.INVOICE_NUM, CUST_ID, INVOICE_DATE
HAVING SUM(QUANTITY * QUOTED_PRICE) > 250
ORDER BY INVOICES.INVOICE_NUM;
```

A.22　子查询

我们可以在一个查询中使用另一个查询。内层的查询被称为子查询，它会被优先执行。

下面这条指令包含了一个子查询，生成了发票号码 14216 所包含的物品 ID 的列表：

```
SELECT DESCRIPTION
FROM ITEM
WHERE ITEM_ID IN
(SELECT ITEM_ID
FROM INVOICE_LINE
WHERE INVOICE_NUM = '14216');
```

A.23　UNION、INTERSECT、MINUS子句

使用UNION操作符连接两条SELECT指令，可以生成第1个查询或第2个查询结果中的所有行。使用INTERSECT操作符连接两条SELECT指令，可以生成在两个查询结果中均存在的所有行。使用MINUS操作符连接两条SELECT指令，可以生成在第1个查询结果中出现，但在第2个查询结果中没有出现的所有行。图A-18描述了UNION、INTERSECT、MINUS操作符。

子句	描述
UNION	生成在第1个查询或第2个查询结果中出现的所有行
INTERSECT	生成在两个查询结果中均出现的行
MINUS	生成在第1个查询结果中出现，但在第2个查询结果中没有出现的行

图A-18　UNION、INTERSECT、MINUS操作符

注意，SQL Server支持UNION和INTERSECT操作符，但不支持MINUS操作符。

下面的指令显示了由销售代表15服务或具有订单的所有顾客的ID和姓名：

```
SELECT CUST_ID, FIRST_NAME, LAST_NAME
FROM CUSTOMER
WHERE REP_ID = '15'
UNION
SELECT CUSTOMER.CUST_ID, FIRST_NAME, LAST_NAME
FROM CUSTOMER, INVOICES
WHERE CUSTOMER.CUST_ID = INVOICES.CUST_ID;
```

下面的指令显示了由销售代表15服务且具有订单的所有顾客的ID和姓名：

```
SELECT CUST_ID, FIRST_NAME, LAST_NAME
FROM CUSTOMER
WHERE REP_ID = '15'
INTERSECT
SELECT CUSTOMER.CUST_ID, FIRST_NAME, LAST_NAME
FROM CUSTOMER, INVOICES
WHERE CUSTOMER.CUST_ID = INVOICES.CUST_ID;
```

下面的指令显示了由销售代表15服务且没有订单的所有顾客的ID和姓名：

```
SELECT CUST_ID, FIRST_NAME, LAST_NAME
FROM CUSTOMER
WHERE REP_ID = '15'
MINUS
SELECT CUSTOMER.CUST_ID, FIRST_NAME, LAST_NAME
FROM CUSTOMER, INVOICES
WHERE CUSTOMER.CUST_ID = INVOICES.CUST_ID;
```

A.24　UPDATE指令

我们可以使用UPDATE指令修改一个表中一行或多行的内容。图A-19描述了UPDATE指令。

子句	描述	是否必需
UPDATE 表名	指定了需要更新内容的表的名称	是
SET 列 = 表达式	指定了需要修改的列以及表示该列新值的表达式	是
WHERE 条件	指定了一个条件，只有满足条件的行才会被更新	否（如果省略了WHERE子句，所有的行都会被更新）

图A-19　UPDATE指令

下面的UPDATE指令修改了LEVEL1_CUSTOMER表中ID为227的顾客的名字：

```
UPDATE LEVEL1_CUSTOMER
SET FIRST_NAME = 'Janet'
WHERE CUST_ID = '227';
```

附录 B

SQL 参考使用指南

图 B-1 回答了关于使用 SQL 可以完成的各种常见任务。参考其中的第 2 列，可在附录 A 中快速找到对应解决方案的确切位置。

任务描述	参考附录A中的位置
把列添加到一个现有的表中	ALTER TABLE 指令
添加或插入行	INSERT INTO（值）指令
计算统计数据（和、平均值、最大值、最小值、计数）	1. SELECT 指令 2. 列或表达式列表（SELECT 子句） （在查询中使用适当的函数）
修改行	UPDATE 指令
指定列的数据类型	1. CREATE TABLE 指令 2. 数据类型
创建表	CREATE TABLE 指令
创建视图	CREATE VIEW 指令
创建索引	CREATE INDEX 指令
删除表	DELETE TABIE 指令或 DROP TABLE 指令
删除视图	DELETE VIEW 指令或 DROP VIEW 指令
删除索引	DELETE INDEX 指令或 DROP INDEX 指令
删除行	DELETE 行指令或 REMOVE 行指令
描述表的布局	DESCRIBE 指令
授予权限	GRANT 指令
在查询中对数据进行分组	SELECT 指令（使用 GROUP BY 子句）
插入行	INSERT INTO（值）指令
使用查询插入行	INSERT INTO（查询）指令
连接表	条件（包含一条 WHERE 子句将表相关联）
使更新永久化	COMMIT 指令
对查询结果进行排序	SELECT 指令（使用 ORDER BY 子句）

图 B-1 SQL 参考使用指南

任务描述	参考附录 A 中的位置
禁止空值	1. CREATE TABLE 指令 2. ALTER TABLE 指令 （在 CREATE TABLE 或 ALTER TABLE 指令中包含 NOT NULL 子句）
撤销权限	REVOKE 指令
删除行	REMOVE 行指令
提取所有的列	1. SELECT 指令 2. 列或表达式列表（SELECT 子句） （在 SELECT 子句中输入*）
提取所有的行	SELECT 指令（省略 WHERE 子句）
只提取某些列	1. SELECT 指令 2. 列或表达式列表（SELECT 子句） （在 SELECT 子句中输入列名的列表）
选择所有的列	1. SELECT 指令 2. 列或表达式列表（SELECT 子句） （在 SELECT 子句中输入*）
选择所有的行	SELECT 指令（省略 WHERE 子句）
只选择某些列	1. SELECT 指令 2. 列或表达式列表（SELECT 子句） （在 SELECT 子句中输入列名的列表）
只选择某些行	1. SELECT 子句 2. 条件（使用 WHERE 子句）
指定外键	表的完整性（在 ALTER TABLE 指令中使用 ADD FOREIGN KEY 子句）
指定主键	表的完整性（在 ALTER TABLE 指令中使用 ADD PRIMARY KEY 子句）
指定权限	GRANT 指令
指定完整性	表的完整性（在 ALTER TABLE 指令中使用 ADD CHECK、ADD FOREIGN KEY、ADD PRIMARY KEY 子句）
指定合法值	表的完整性（在 ALTER TABLE 指令中使用 ADD CHECK 子句）
取消更新	ROLLBACK 指令
更新行	UPDATE 指令
使用计算列	1. SELECT 指令 2. 列或表达式列表（SELECT 子句） （在查询中输入计算）

图 B-1　SQL 参考使用指南（续）

任务描述	参考附录 A 中的位置
使用复合条件	1. SELECT 指令 2. 条件（在 WHERE 子句中使用由 AND、OR 或 NOT 连接的简单条件）
在查询中使用复合条件	条件
在查询中使用条件	1. SELECT 子句 2. 条件（使用 WHERE 子句）
使用子查询	子查询
使用通配符	1. SELECT 子句 2. 条件（在 WHERE 子句中使用 LIKE 和通配符）
使用别名	别名（在 FROM 子句的每个表名的后面输入一个别名）
使用集合操作（并集、交集、差集）	UNION、INTERSECT、MINUS 操作符（使用 UNION、INTERSECT 或 MINUS 连接两条 SELECT 指令）

图 B-1　SQL 参考使用指南（续）

附录 C
编写查询指令的 10 条戒律

1. 总是选择需要显示的列或任何派生列。这些列是 SELECT 指令的组成部分。

2. 在 FROM 子句中，列出列或派生列所属的所有表。指令中要添加连接所需的所有表。

3. 如果 FROM 子句中有多个表，则必须使用 WHERE 子句连接它们。

4. 如果需要在查询结果集中对行进行限制（过滤），可以使用 WHERE 子句。

5. 当 SELECT 子句所列出的一个列是一个分组函数（聚合函数或多行函数）但其他列不是时，必须使用 GROUP BY 子句。必须在 GROUP BY 子句中列出不是分组函数的所有列。

6. 当我们需要对查询结果集中的组进行限制（过滤）时，可以使用 HAVING 子句。

7. ORDER BY 总是 SELECT 语句的最后一条子句。

8. 当我们需要一段数据来回答一个问题时，可以使用子查询。

9. 外层查询中的列对于内层查询总是可见的，但反过来并非如此。

10. 当我们需要从表 A 返回行（即使它们在表 B 中不存在匹配）时，可以使用外部连接。